航空航天遥感

（第2版）

Remote Sensing from Air and Space

（Second Edition）

［美］R. C. Olsen　著

北京空间机电研究所组织翻译

王小勇　等译

国防工業出版社

·北京·

著作权合同登记 图字：军-2020-041 号

图书在版编目（CIP）数据

航空航天遥感：第 2 版/（美）R.C.奥尔森（R.C.Olsen）著；王小勇等译. 一北京：国防工业出版社，2022.1

书名原文：Remote Sensing from Air and Space : Second Edition

ISBN 978-7-118-12381-4

Ⅰ. ①航… Ⅱ. ①R… ②王… Ⅲ. ①航空遥感②航天遥感 Ⅳ. ①TP72

中国版本图书馆 CIP 数据核字（2021）第 255162 号

Remote Sensing from Air and Space(Second Edition) by R.C.Olsen

ISBN: 9781510601505

※

国防工业出版社 出版发行

（北京市海淀区紫竹院南路 23 号 邮政编码 100048）

北京龙世杰印刷有限公司印刷

新华书店经售

*

开本 710×1000 1/16 插页 10 印张 16¾ 字数 292 千字

2022 年 1 月第 1 版第 1 次印刷 印数 1—2000 册 定价 189.00 元

（本书如有印装错误，我社负责调换）

国防书店：（010）88540777 书店传真：（010）88540776

发行业务：（010）88540717 发行传真：（010）88540762

翻译委员会

陈晓丽　郭崇岭　赵占平　潘　杨　王　杰
杨　沐　申才立　高　龙　谢妮慧　颜凡江
刘　湃　王春辉　战　蓝　王　盟

前 言

本书聚焦于遥感技术，面向采用遥感手段进行军事情报研究的学生和学者。本书既可以作为学生的工具书，也可以作为该领域学者的参考书。

在第 2 版中，本书更多地聚焦遥感物理学方面。作为一名物理学家，我对数据获取技术比对最终应用更感兴趣。因此，本书与侧重于遥感应用（特别是地质学、农业、气象（大气）和海洋学）的相关教科书是不同的。本书的重点在于卫星系统，包括电力、数据存储和遥感系统，这些知识对于致力于开发新遥感系统的读者至关重要，如带宽约束如何定义，遥感能做什么、不能做什么。

从战略前景方面，低空间分辨率系统已经不再是重点，因此，本书将着重讲述高空间分辨率系统。但并不是对低分辨率系统的否定，例如，气象系统对于军事的重要性，这是不同的领域，在此不予讨论（例如，本书省略了被动微波传感的内容）。同样地，尽管海洋学对于海军而言十分重要，在本书中也未详述。本书完全没有涉及基于胶片的成像系统技术，只是讨论了历史上的侦察卫星系统。

编写本书的部分想法是：书本内容和当前技术水平之间的差异越来越大。当我开始教授遥感这门学科并编辑本书时，IKONOS 卫星还没有发射。在第 1 版出版时，当时还没有高空间分辨率的成像雷达系统，但现在我已经有了 30cm 分辨率的 TerraSAR-X 卫星提供的插图。

Skybox Imaging 公司（现为 Terra Bella，于 2013 年 11 月 21 日起被 Google 收购）发射了 SkySat1 卫星，这清楚地表明，很多空间成像的新变化即将到来，本书尚未来得及对其进行讨论。更多的卫星技术和更新的焦平面技术意味着成像能力的不断提升。空间视频成像是新硬件设计的结果，前途光明，但用途尚不确定。Skybox Imaging 公司的成功也标志着在通信和导航之后，遥感成为第三个兴起的领域，成为新的空间经济增长点。

本书的结构安排是：先介绍可见光系统，之后是红外系统和雷达系统，该版本增加了激光雷达相关的章节。每个领域增加了相关的物理学知识介绍，并介绍了相对应的应用系统。本书中有一章节内容是关于轨道力学对遥感产生的影响，对于此类著作来说，放在这里有些不同寻常，但之后的经验表明，这其实是个必不可少的主题。

我在红外（IR）、合成孔径雷达（SAR）和激光雷达部分增加了辐射测量内容。红外部分显然需要用它来解决检测问题，并使温度测量更有依据。成像雷达需要雷达测距方程，就像激光雷达那一章需要距离方程一样。

本书的第 1 版基本由我个人独立完成，第 2 版得到了我的技术团队的大力支持，在此，感谢 Angela Kim、Jeremy Metcalf、Chad Miller 和 Scott Runyon 等同事的不懈努力。感谢 Donna Aikens 和 Jean Ferreira 在版权问题上给予的帮助。感谢审稿人精益求精，指出了我写作风格上需要校正的不足之处。最后，感谢编辑 Scott McNeill 坚持不懈、勤勉努力的工作。

加州蒙特雷海军研究生院

R. C. Olsen

2016 年 6 月

目 录

第 1 章　遥感技术

遥感拓展了人类的视野，无论是空间方面还是光谱方面，它都拓展了我们的观测领域，提供了需要的信息。本书将聚焦于应用于战略、战术和军事应用的成像系统以及所获取的信息[①]。

首先，让我们看一幅最早的机载遥感图像。图 1.1 是由 Gaspard-Felix Tournachon[②]（Tournachon 也以他的笔名 Nadar 为人所熟知）拍摄的一张照片。

图 1.1　1858 年，Gaspard-Félix Tournachon 拍摄了他的第一张航拍照片，但是这些早期的照片并没有保存下来[③]。1858 年，他申请了航空测量和摄影的专利。奇怪的是，虽然在美国南北战争期间双方都使用气球进行侦察，但是并没有留下照片。该照片由布朗大学图书馆数字奖学金中心提供

① “遥感”一词随着成像技术的发展而出现，超越了基于胶片的航空摄影。最初推动这个术语的使用要归功于 Evelyn Pruitt【艾弗林·普鲁伊特】和 Walter Bailey【沃尔特•贝利】(约 1960 年)。

② 1854 至 1860 年，Tournachon 是一位著名的肖像摄影师。1861 年，他用人造光在巴黎下水道和地下墓穴中拍摄了照片。他也是热气球的早期实验人员，甚至和儒勒·凡尔纳一起工作。http://www.getty.edu/art/collections/bio/a1622-1.html。

③ Jensen，Remote Sensing of the Environment，page 62（2000）. 环境遥感，62 页（2000）。

1868年，他从1700英尺（1英尺=0.3048m）高空的“希波德罗姆”气球上拍下了这张巴黎的照片。可以将这张照片与100年后由“阿波罗”17号宇宙飞船上宇航员拍摄的照片（图1.2）进行对比。

图1.2　1972年12月7日，“阿波罗”17号宇宙飞船从地球同步轨道拍摄的地球图像（蓝色玛瑙）

Tournachon拍摄的是一幅相当经典的遥感图像，它表现了一个特定时间下的特定地点。从这张图像中我们可以得到什么信息呢？例如，街道在哪里，有什么建筑，这些建筑的用途是什么，哪些建筑至今还存在。这些都是人们想从这些图像中得到的信息。

以下章节建立了一个从遥感数据中提取信息的模型，并且用实例证明了可以从遥感图像中提取哪些信息，以及一些成像系统波长和分辨率选择的结果。

1.1　战争中的信息表单

未经分析的遥感数据只具有有限的价值。一般来说，真正有价值的部分是那些适合做决策的信息。如果人们知道了可以从遥感数据中得到什么信息，就可以回答序言中提出的问题：遥感有什么好处？为了回答这个问题，引入一个范例，称为“战争中的信息表单”（OOB）。这个术语在很大程度上与“事物”的计数有关，但并不完全如此。事实上，信息的水平不应局限于简单的“计数”。还必须注意非字面形式的信息。

根据不同的区域，战争中的信息表单有许多不同的形式：

（1）战争中的空中信息表单（AOB）；

（2）战争中的网络信息表单（COB）；

（3）战争中的电子信息表单（EOB）；

（4）战争中的地面信息表单（GOB），包括后勤；

（5）战争中的工业信息表单（IOB）；

（6）战争中的海军信息表单（NOB）；

（7）战争中的导弹信息表单（MOB）；

（8）战争中的空间信息表单（SOB）。

不同的信息表单有什么特征，需要考虑哪些信息？例如，战争中的地面信息表单可能包括车辆信息，包括它们的数量、位置和类型。类型包括装甲车（如坦克）、运输车（卡车）和单人车辆（高机动性、多用途、轮式车辆或高机动性多用途轮式车辆（HMMWV）。车辆类型信息建立以后，更细的要素信息包括车辆的操作状态（燃料、热、武装等）、能力和武器。战争中的地面信息表单的其他要素包括部队信息（人数、部署、类型等）、防御信息（如雷区、地理、导弹、化学/生物、伪装和诱饵）和基础设施信息（如道路和桥梁）。下面的章节介绍了从图像中获得的战争信息表单实例。

1.1.1　战争中的空中信息表单

战争中的空中信息表单主要针对飞机和机场。表 1.1 提供了编制重要信息要素的表格方法；信息组织得越来越详细。我们需要得到几个不同层级的详细信息，不是所有的信息都可以通过遥感获得。第一步是确定你想获得什么信息，第二步是确定哪些要素可以由遥感器提供。第一个例子使用的图像是由冷战时期的系统拍摄的，最近才解密供公众使用。

表 1.1　详细的空中信息表单

<table>
<tr><td>飞机</td><td>类型</td><td>战斗机</td><td>武器</td><td>空空</td></tr>
<tr><td rowspan="9"></td><td rowspan="9"></td><td rowspan="5"></td><td></td><td>空地</td></tr>
<tr><td>传感器</td><td>FLIR</td></tr>
<tr><td></td><td>雷达</td></tr>
<tr><td></td><td>可见度</td></tr>
<tr><td></td><td>EW</td></tr>
<tr><td colspan="2">轰炸机</td><td rowspan="4"></td></tr>
<tr><td>油船</td><td></td></tr>
<tr><td rowspan="2">运输机</td><td>平民</td></tr>
<tr><td>军队</td></tr>
</table>

（续）

飞机	类型	战斗机	武器	空空
		飞行练习器		
		EW		
		侦察		
	数量			
	地点	碉堡		
		跑道		
		裙板		
跑道	长度			
	组成	（材质：沥青，污垢，混凝土）		
	方向	朝向		
	进场（着路）	地形		
		灯光		
		天气		
		地面控制器		
后勤	供应线/通信线			
石油和润滑油（POL）	汽油桶	容量		
		燃料类型		
		填充因数		
飞行员	数量			
	级别			
	训练			
	经验			
防御	武器	AA 枪		
		AA 导弹		
	雷达	频段		
		范围		
		地点		
		类型		
	地点	视野（FOV）		

表 1.1 的空中信息表单由图 1.3 得到。这副图像由早期的 Gambit 侦察卫星拍摄，这个卫星又称为 KH-7 胶片返回式卫星系统。跑道的长度和方向等重要信息是显而易见的，突-95 飞机的数量也可以很容易地计算出来，较小的飞机在原始图像中也是可见的，基础设施也很清楚。这张苏联杜隆空军基地的照片显示了基地的防御设施较少（该基地远离任何边境）。和许多苏联机场一样，机场跑道上也有奇怪的棋盘图案。因为苏联的建筑使用了大型的（预制）混凝土

砌块，而不像美国机场跑道那样光滑和连续。

图 1.3 哈萨克斯坦查干的多伦空军基地（北纬 50° 32 ' 30 "，东经 079° 11 ' 30 "），由 Gambit 卫星（KH-7 卫星）在 1965 年 10 月 4 日执行 4022 任务时拍摄。插图是突-95（熊式）轰炸机在 4km 跑道上的特写镜头。这些飞机长 46m，翼展 50m。图像的空间分辨率为 0.735m/像素

1.1.2 战争中的电子信息表单

战争中的电子信息表单是信号情报（SIGINT）领域的一个方面，但是图像可以为这个领域提供帮助。相关目标包括用于防御的地空导弹（SAM）和雷达装置等。由于雷达的信息要素包括频率、脉冲频率、扫描类型、脉冲宽度和模式，它的技术细节显然更多地属于信号情报（SIGINT）或电子情报（ELINT）领域，而非图像情报（IMINT）。不管怎样，图像提供的雷达的位置和布局也为我们提供了大量的情报信息。通过天线的尺寸可以判定它的工作距离，也许可以确定它的工作模式。通过和已知系统的对比，可以知道雷达系统的类型，甚至可以知道通信网络的细节信息，如节点或类型（HF、微波、光纤等），甚至电源都可以确定。

图 1.4 描述了一个著名的冷战时期的俄罗斯系统："鸡舍"雷达系统。该系统的定向与它的主要作用相关，即监视地平线附近的弹道导弹。根据雷达的尺寸大小和方向以及它的工作波长，可以确定雷达的分辨率和视场角。该系统发射的"月球反弹"信号被位于切萨皮克湾的海军研究实验室以及帕洛阿尔托（Palo Alto）地区的直径为 150 英尺的斯坦福射电望远镜观测到。通过这些观测结果可以测量雷达的功率。[①]

① 美国中央情报局情报研究中心；《情报研究》系列丛书，第 11 卷第 2 期，第 59-66 页；1967 年春季；月球反弹电子情报，弗兰克•艾略特。https：//www.cia.gov/library/center-for-the-study-of-intelligence/kent-csi/vol11no2/ html/v11i2a05p_0001.htm。

图 1.4　Gambit-1 图像显示了位于萨里沙干的“鸡舍”雷达（中心位置为北纬 46° 36′41″，东经 74° 31′22″）。这张照片拍摄于 1967 年 5 月 28 日。拍摄时间为 1964 年，分辨率为 1m。这些苏联的大型雷达是用来监视弹道导弹和卫星的。该系统功率 25MW，采用两对天线（一个用于发射，另一个用于接收）监测南部和西部地区。这两个雷达系统的图像显示在一帧图像上，胶片的宽度是 9 英寸（1 英寸=2.54cm）（这帧图像的垂直方向）

1.1.3　战争中的空间信息表单

战争中的空间信息是一个相对较新的领域，其图像来自近期的商业和民用系统。空间信息包括两个部分：空间系统和地面系统。地面系统包括发射器（火箭）、发射台和其他基础设施，以及通信地面站。图 1.5 是一个地面系统的图像，即准备发射的航天飞机图像。该航天飞机发射场的一个特征是在附近有一个相同的航天飞机发射场。

图 1.5　Worldview-2 卫星拍摄的“奋进”号航天飞机（STS-134）在发射台上的场景。图中上方是北，这张图像使用了近红外、红色和绿色谱段。植被呈现鲜红色。而巧合的是，原本为红色的航天飞机外部燃料箱却呈现出橘色。该图像的全色分辨率为 0.6m。图片由 DigitalGlobe 提供（见彩插）

信息中的空间部分很重要，包括通信系统（中继卫星）、有效载荷和卫星的轨道数据。图 1.6 展示了 SPOT-5 卫星拍摄的卫星图像（sat-squared，或 Sat^2）。该图像是法国地球成像系统 SPOT-5 卫星拍摄的欧洲雷达 2 号卫星，这是在两颗卫星轨道交叉时近距离拍摄的，分辨率约为 12.5cm。

图 1.6　2002 年 6 月 3 日，SPOT-5 卫星在世界标准时间 23：00 左右拍摄了这张 ERS-2 卫星在南半球上空的照片。ERS-2 卫星在其下方 42km 处，以 81m/s 的相对速度从东北向西南超过 SPOT-5 卫星

由于雷达卫星相对成像系统的速度与地面参考系下的情况不同，因此，图像在水平方向（沿着轨道方向）上会发生畸变。该图像已经通过调整消除了这种畸变。从图 1.6 中可以看到太阳电池阵列、雷达天线和遥测天线。在此之前，SPOT-4 卫星也对 ERS-1 拍摄过分辨率较低的图像。在雷达成像方面，TerraSAR-X 的能力与雷达卫星类似，在 1.2.5 节有所描述。

1.1.4　战争中的海军信息表单

在战争中的海军信息表单中，我们主要关注的是舰船信息。这些信息包括战斗群及其组成（船舶种类、数量、群内排列、航行方向、速度等），以及港口（港口特性、吃水量、码头、防御、通信线路、设施）和港口船舶的战备状态。而对于单个船只来说，人员、物资供应、武器和探测器也都很重要。对于航空母舰来说，其上面的飞机种类以及飞机的装备都是信息中的关键要素（EEI）。

图 1.7 说明了通过俄罗斯海军基地图像可以得到的一些信息。从图中可以清楚地知道潜艇的数量，而且在某种程度上，还可以通过长度和形状来判别潜艇的种类。从周围冰的情况也可以看出潜艇的准备情况：这些潜艇是被冰封住了，还是水面上有一条通向开阔水域的通道？这样可以观察出潜艇附近码头的活跃程度。在这幅图中，一切看起来还是相当平静。

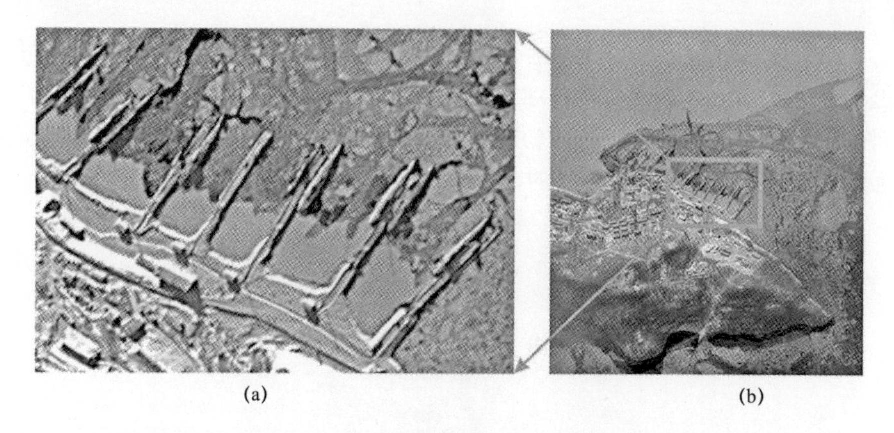

图1.7　2001年12月25日，地球资源观测卫星（EROS）以1.8m分辨率拍摄的俄罗斯堪察加半岛潜艇基地图像。这个半岛地处俄罗斯和苏联的远东边境，历来具有重要的战略意义。堪察加半岛位于里巴赫基地的彼得罗巴甫洛夫斯克对面的阿瓦查湾，是太平洋核潜艇舰队的所在地

选用这幅图像主要为了说明现代遥感的国际性特点——这幅图像来自于以色列的一个商业系统（图1.16、图1.18和图1.20分别为美国卫星和机载系统拍摄的高分辨率航空母舰图像）。

1.1.5　战争中的工业信息表单

一个国家的基础设施情况可以通过夜晚的灯光体现出来。历史上，美国国防气象卫星计划（DMSP）曾经利用卫星上装载的线性扫描系统（OLS）拍摄了夜间的图像，该线性扫描系统的探测器为光电倍增管（PMT）。DMSP具有微光拍摄能力，能够拍摄到城市灯光、大型火灾（如油井和森林的火灾）、北极光，以及一些不太明显的光源，如工业活动产生的光。

近年来，美国国家航空航天局/美国国家海洋与大气管理局（NASA/NOAA）利用其气象卫星Suomi NPP上的可见光红外成像辐射计（VIIRS）拍摄到了细节更丰富的地球夜间图像（图1.8）。Suomi NPP卫星于2011年10月28日发射，它重新定义了我们的微光探测能力。

图1.8所示为埃及和尼罗河的图像，从图像中可以看出埃及的能源（和人口）分布，通过这些数据也可以看出当地的工业生产能力，在这方面，NOAA的Chris Elvidge（译者注：人名）做了大量的研究工作。例如，他通过图像数据分析跟踪了苏联解体后部分地区的去工业化进程。①

① C. D. Elvidge等，“夜间灯光变化探测的初步结果”“城市遥感与城市区域数据融合国际研讨会”论文集（2005年）和“城市区域遥感国际研讨会”论文集（2005年）；编辑：M. Moeller，E. Wentz；国际摄影测量、遥感和空间信息科学档案；第36 8 / W27。

图 1.8　2012 年 10 月 13 日，VIIRS 在 NPP 卫星上拍摄的埃及夜景

本章后面的图 1.16 和图 1.19 说明了战争中的工业信息表单的另一个要素 ——通信线路。在更高的分辨率图像中可以看到科罗纳多大桥和相关道路。本书中的图 4.17 是一幅夜间拍摄的图像，它显示了港口的活动，由于汽车和路灯的存在，使得道路可以被看见。

这些战争中的信息表单定义了图像可以提供的信息类型。下一节将简要介绍以前和现在可用的各种类型的遥感数据，包括可见光图像、红外图像、激光雷达和雷达图像。

1.2　遥感技术概论

本书的第一部分简要介绍了可以从遥感图像中获得的信息类型。本节主要探讨成像系统中两个重要的概念，空间分辨率和工作模式。同时，在一定程度上，对区域覆盖率、时间覆盖率以及空间分辨率之间的矛盾关系进行了初步探讨。当卫星只对星下点进行成像时，这个矛盾尤为突出，但是当成像系统具备倾斜成像能力时，这个矛盾就大大减小了。目前的遥感系统具有国际特性，从事遥感系统的组织也具有多样性，虽然军事和民用系统占主导地位，但是也有一些重要的私人系统。这里要讲到的第一个内容是全球可见光图像，图 1.2 由“阿波罗”17 号拍摄，从图中可以看到几个重要的问题，特别是对遥感造成很大困扰的问题——云层。这里你能看到一些信息情报的迹象吗？

1.2.1 全球观测：可见光和红外成像

1.2.1.1 地球静止轨道环境业务卫星：全球可见光成像

高空卫星（如气象卫星）能拍摄到几乎半个地球的图像。GOES-9 可见光成像仪具有 1km 的空间分辨率，每 30min 对北半球成一次像。在电视的天气报告中，我们经常看到由 GOES 卫星拍摄的图像（图 1.9）。

图 1.9 GOES-9 可见光图像，拍摄于 1995 年 6 月 9 日 18：15。
图像由 NASA-Goddard 太空飞行中心提供，数据来自 NOAA GOES[①]

这些数据在军事方面有什么价值呢？首先，它显示了云层的覆盖程度。在现代战争中，云是我们关注的一个主要问题，因为它直接影响飞行员的飞行以及自主武器的目标定位能力。

这幅地球图像也说明了空间分辨率、时间覆盖率和区域覆盖率之间的相互制约关系。高轨道卫星，如地球同步气象卫星[②]，能够覆盖很大的区域面积，

① http://goes.gsfc.nasa.gov/pub/goes/goes9.950609.1815.vis.gif。

② 地球同步轨道卫星的轨道半径为地球半径的 6.6 倍。

拍摄频率是 15～30min 一次，但是它的空间分辨率只有 1km。

1.2.1.2 地球静止轨道环境业务卫星：全球红外成像

图 1.10 所示为 GOES 气象卫星拍摄的红外图像，从这幅图像能够看到西半球的大部分地区。根据气象界的惯例，灰度图是相反的：寒冷的地方颜色更亮，热的地方颜色更暗，所以寒冷的云在图中为白色。这幅图像是用 3 幅长波红外（LWIR）谱段拍摄的图像合成的假彩色图像，这部分内容会在第 8 章进行进说明。这张图像拍摄于西半球的白天，在白天，地球上的陆地比海洋更热，因此看起来更暗，尤其是美国西部。西部各州植被较少，较为干旱，因此比东部更热。

图 1.10 GOES-15 红外图像，拍摄于 2010 年 4 月 26 日，17:30。这是 GOES-15 卫星上的红外遥感器拍摄的称为“第一束光”的图像。该图像是由 3.9μm 的红外通道（G，B）和 11μm 的长波红外通道（R）图像合成的。云层的颜色显示了云层的高度（对应温度）和含水量信息。图中颜色越白，说明云层越冷，海拔越高[①]

在对流层（有大气的区域）内，地球大气的温度随高度的增加而下降。云层温度受周围大气环境的影响，并且红外辐射波长随温度的变化而变化，因此，图像中云层的颜色反映了云层的温度和高度信息。

1.2.2 地球资源观测系统

典型的地球资源卫星的地面分辨率为 20～40m，包括本书所探讨的光学系

① http://www.nasa.gov/mission_pages/GOES-P/news/infrared-image.html; http://goes.gsfc.nasa.gov/text/goes15results.html。

统和雷达系统。如果利用1970年至2000年的技术，从低轨道上以30m的分辨率观测地球，大约用2周的时间实现全球覆盖。

1.2.2.1 “陆地”7号卫星

多光谱图像常应用于地球资源调查。在过去40多年，“陆地”（Landsat）卫星一直都是地球资源调查领域的佼佼者。卫星位于地球低轨道，每16天对整个地球成像一次。陆地卫星的有效载荷-增强型专题制图仪（ETM+）具有7个谱段，分辨率达到30m[①]。图1.11是把3个可见光谱段拍摄的图像融合成的一张“真彩色”图像。这张图像是陆地卫星拍摄的一张完整视场内的场景。图1.12是圣迭戈港的一小部分。在图1.11和图1.12中“真彩色”图像旁边，是“陆地”卫星拍摄的长波热红外（LWIR）图像。长波红外的图像分辨率是60m，“陆地”卫星上的长波红外探测器是迄今为止民用或商用系统上搭载的空间分辨率最高的长波热红外探测器。

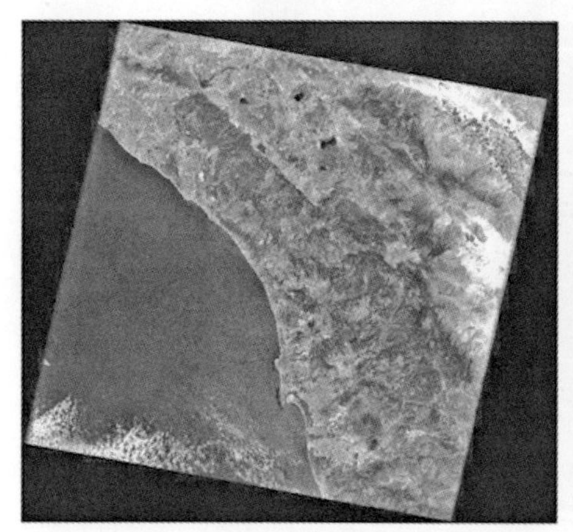

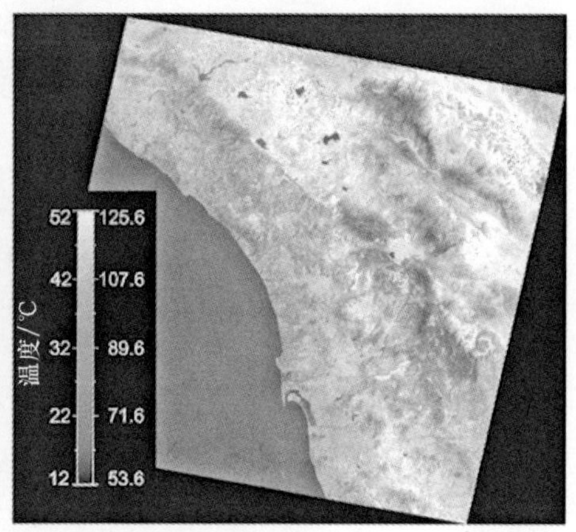

图1.11 “陆地”7号卫星拍摄于2001年6月14日的圣迭戈图像。左边是RGB“真彩色”图像，右边是热红外（LWIR）图像。在这幅图像中白色代表温度较高。温度范围为12～52℃，或53.6～125.6℉

在上面的全色图像中，连接圣迭戈（San Diego）和科罗纳多岛（Coronado Island）的科罗纳多大桥清晰可见。对于长的线性物体，如桥梁和道路，尽管它们的宽度相对于像素尺寸来说比较窄，但也能够看得很清楚。将“陆地”卫星拍摄的近红外反射图像和热红外图像数据进行RGB三色融合编码后的图像如图1.12右侧所示。热的沥青和城市呈现出明亮的红色（意味着温度高），而公园呈现出绿色（意味着温度低，在短波红外反射较高）。

① “陆地”7号卫星还提供了分辨率更高的全色图像，分辨率为15m。ETM+上的长波红外传感器的分辨率只有60m。

图 1.12 “陆地”7 号卫星拍摄的图像的放大图（2001 年 6 月 14 日 18:12:08.07Z 拍摄），左侧为“真彩色”图像，右侧为长波热红外图像。右图使用的是红外波段 6 和 7；红色是 11μm 谱段，绿色和蓝色是 2.2μm 谱段（见彩插）

图 1.13 是增强型专题制图仪（ETM+）拍摄的高分辨率全色图像，与 GOES 卫星上类似的成像仪相比，它以缩小视场的代价换来更高的空间分辨率，它的幅宽只有 185km。

图 1.13 “陆地”7 号卫星上的增强型专题成像仪（ETM+）拍摄的全色图像，分辨率为 15m，图中的科罗纳多大桥清晰可见。因为这个传感器的光谱响延伸到近红外谱段，所以高尔夫球场是明亮的（具体见第 6 章）（见彩插）

1.2.2.2 萨里卫星技术有限公司的灾害监测星座

前面所举的例子都是政府主导的系统，从20世纪90年代末开始，随着搭载成像系统的小卫星成功在轨运行，这种局面发生了显著变化。最早尝试建造商业卫星系统的是萨里大学，并最终催生了一个商业实体，即萨里卫星技术有限公司（SSTL，现在是空客的一部分）①。SSTL设计并发射了很多小卫星，并且多数都卖给了在这方面没有自主能力的国家。

图1.14所示为加利福尼亚州南部和墨西哥北部（巴哈·加利福尼亚）的图像。尽管该图像谱段有限（只有绿色、红色和近红外谱段），但是图像质量和本章前面所提及的“陆地”卫星系统拍摄的图像相当。这种新技术使得图像的幅宽更大。对于这种低轨系统，系统的重访周期一般为两周，但是系统的带宽和图像采集频率有限。为了提高重访周期，萨里公司为客户设计了灾害管理星座（DMC）。随着卫星数量的增长，卫星的重访周期降低到一天左右。

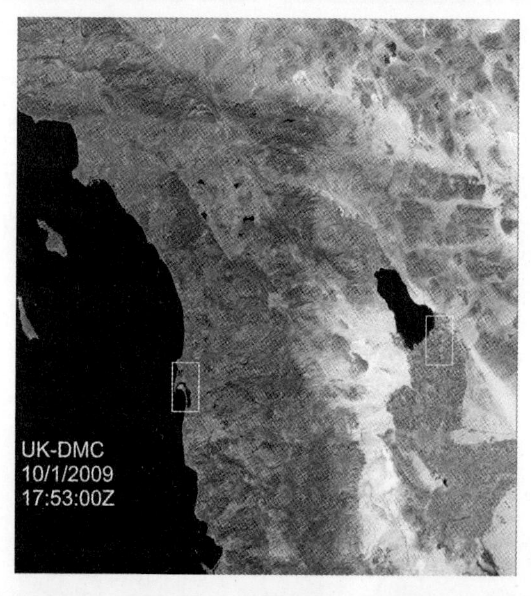

图1.14 由英国DMC拍摄的全帧图像，2009年10月1日17时53分拍摄。假彩色“红外”图像的像素为14400×1555，地面像元分辨率（GSD）为30m。红色的区域表示植被丰富。图像由英国DMC国际成像公司提供，版权归英国DMC国际成像公司（见彩插）

像灾害管理星座（DMC）这样的中分辨率成像系统在农业领域的应用越来越广泛。图1.14的中间偏右部分棋盘状的区域是萨尔顿海北部和南部灌溉植被区域。图1.15是圣迭戈地区的放大图像，与“陆地”7号卫星的图像数据质量相当。图中的亮红色区域是高尔夫球场（每年的这个时候，南加利福尼亚州的

① 现在称为空中客车防务及航天公司（2014）。

自然植被不是特别丰富）。

图 1.15　由英国 DMC 拍摄的全帧图像，2009 年 10 月 1 日 17 时 53 分拍摄。假彩色“红外”图像的像素为 14400×1555，地面像元分辨率（GSD）为 30m。红色的区域表示植被丰富。图像由英国 DMC 国际成像公司提供，版权归英国 DMC 国际成像公司（见彩插）

这个系统有效载荷的分辨率为 10m（全色谱段）/32m（多光谱谱段），系统花费为 1000 万～2000 万美元。

对于小卫星系统，它的主要局限是遥测带宽，这限制了它的区域覆盖范围。高遥测带宽需要更高的功率，因此，高带宽的卫星系统通常比萨里卫星系统大。

1.2.3　高分辨率观测系统

1999 年，IKONOS 卫星的发射极大地改变了整个遥感领域。普通民众首次可以获得质量堪与军用相媲美的图像。IKONOS 卫星可以提供 1m 分辨率的全色图像和 4m 分辨率的多光谱（彩色）图像（图 4.11 为华盛顿特区的首张夜晚灯光图）。从那时起，一批高分辨率商业遥感系统开始投入使用。

1.2.3.1　Worldview-3 卫星

目前，Worldview-3（WV3）卫星是在轨的空间分辨率最高的系统，它具有 0.3m 的全色分辨率和 1.2m 的多光谱分辨率。图 1.16 所示为 Worldview-3 卫星于 2014 年 9 月 6 日拍摄的圣迭戈彩色图像，该彩色图像的分辨率是 1.2m，图中可以清晰地看到科罗纳多大桥（在之前的图像中，它是一条非常纤细的细线），甚至港口里的许多小船也能看清。在图1.16的全色图像中，能够看到美国的“中途岛”号航空母舰（U.S.S.Midway）博物馆。在图1.18和图1.20中也可以看到该博物馆，它的甲板上有大量军用飞机。参照之前所讲的战争中的海军和空中信息表单，从这张图像中，可以知道飞机的数量，一般可以确定飞机的类型。将Worldview卫星与前面描述的系统进行直接的对比是比较困难的，因为现代系统不仅具有更高的带宽，而且还具有倾斜成像的能力，这样大大缩短了重访周期。看看你是否能在图中找到写在德尔-科罗纳多酒店附近沙子上的单词“Coronado”。

图1.16　2014年9月16日，Worldview-3卫星拍摄的加州圣迭戈的科罗纳多岛的图像。“北”约在右边，太阳在左上角。左上角的插图为德尔-科罗纳多酒店，下面的插图为“中途岛”号航空母舰，为0.3m分辨率全色图像。图像由DigitalGlobe提供（见彩插）

1.2.3.2　高分辨率机载激光雷达

图1.17是使用激光扫描仪（或激光雷达）拍摄的科罗纳多酒店周围的一小块区域，上面可以看到用的沙子堆成的“Coronado”字样。海拔高度用不同的颜色表示，深蓝色为2m左右，红色为25m。“Coronado”字样的沙丘高度约为2m（在深蓝色背景下显示为浅蓝/青色），长约260m。

图 1.17　美国地质调查局利用激光雷达拍摄的加利福尼亚州圣迭戈的科罗纳多岛。拍摄使用的传感器是 Optech 公司研制的机载激光地形绘图仪（ALTM）1225。这些激光雷达数据采集于 2006 年 3 月 24 日至 25 日，激光脉冲频率为 25000Hz，扫描频率为 26Hz，扫描角为 ±20°，飞行高度为 300～600m，相对地面所的速度为 95～120kts（见彩插）

激光扫描仪被广泛应用于测绘和测量领域。根据应用场景的不同，其点密度为 1～30pts/m^2。在这幅图中，其标称的点密度为 3.5pts/m^2。这个点密度是当时测绘领域的典型值，相当于 0.5～1.0m 的地面分辨率。

1.2.4　高分辨率机载成像系统

从航空平台上可以获得更高分辨率的图像。在过去几年，传输型相机逐渐取代了胶片相机。这里介绍的是一个胶片相机系统，它拍摄出了当年（2004 年）最高质量的图像。图 1.18 所示采用胶片相机拍摄的圣迭戈港的照片，其分辨率

(a)

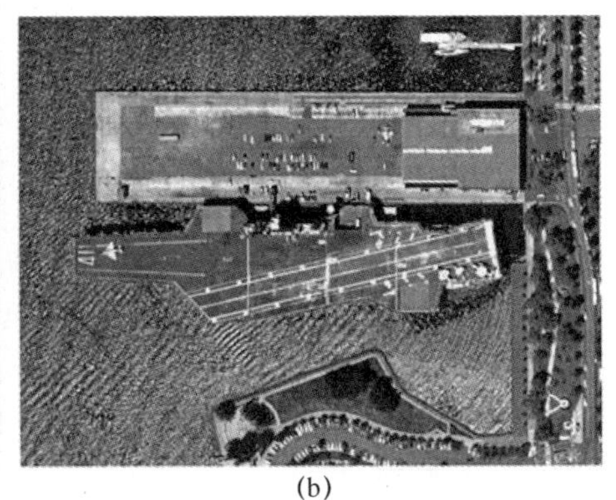
(b)

(c)

图 1.18　2004 年圣迭戈港的航拍照片

注意上图中水面上的眩光以及风引起的水波。这艘航空母舰是美国中途号航空母舰，是圣地亚哥海事博物馆展览的一部分。

（a）全图；（b）从 21000×21000 像素的图像中扫描出的一小部分；（c）进一步放大的 1.3G 的图像，分辨率在 6～12 英寸之间。

优于 1 英尺。因为采用高分辨率对较广阔的区域进行成像，图像的尺寸很大（大于 4 亿像素）。用于航空制图的现代数码相机的分辨率一般为 4～6 英寸。

1.2.5　合成孔径雷达

2007 年底，RADARSAT-2 卫星发射成功，之后，一系列高空间分辨率雷达卫星系统发射入轨。RADARSAT-2 卫星使用 C 波段（6cm 波长）频率，空间分辨率为 1～3m，德国的 TerraSAR-X、意大利的 Cosmo SkyMed 和以色列的 TecSAR 系统使用 X 波段（3cm 波长）频率，空间分辨率为 1m 或更高。图 1.19 所示为 RADARSAT-2 卫星拍摄的圣迭戈地区的图像。在这样的空间分辨率下，船舶变得显而易见，雷达成为海洋遥感领域一个非常重要的工具。停泊在科罗纳多岛的航母在这种分辨率条件下清晰可见。

本部分最后一幅图像来自于德国的 TerraSAR-X 卫星。德国航空航天中心（DLR）被授权可以接收 25cm 分辨率的图像数据。这里展示了一张圣迭戈地区的图像，如图 1.20 所示。其优点是空间分辨率得到显著提升，但在这样高的分辨率下，可以拍摄的图像面积就会减小（约 3km×5km）。图中显示的是 2015 年 8 月 24 日 01:50:58（约为当地的黄昏时间）拍摄的图像数据的一部分，美国“中途岛”号航空母舰再次以更高的放大倍数显示出来。

最后，我们再次探讨空间态势感知或卫星对卫星成像（Sat²）。图 1.21 所示为德国 TerraSAR-X 系统拍摄的奋进号航天飞机停靠在国际空间站（ISS）期间的合成孔径（SAR）雷达图像。像太阳能电池板这样的光滑表面往往会把雷达系统的能量反射出去。因此，它们看起来就像是透明的（黑色）。这些物体的边和角反射更多的能量[①]。

图 1.19 2009 年 5 月 5 日，RADARSAT-2 卫星以 3m 分辨率拍摄的图像。其极化为 HH。雷达系统能够很好地捕捉到其他系统得不到的场景信息。科罗纳多大桥在图中清晰可见。由于没有反射现象，机场也清晰可见。像 RADARSAT-2 卫星这样的系统几乎每天都能拍摄中纬度和高纬度地区的目标

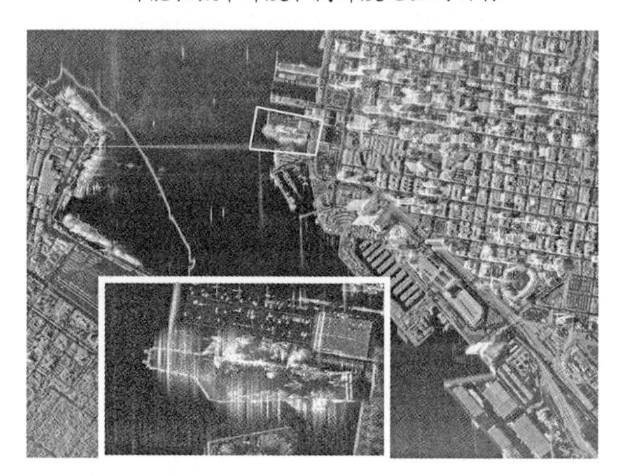

图 1.20 TerraSAR-X 卫星拍摄的亚米级图像。由于它依靠反射回卫星的能量信息成像，所以建筑物的外观看起来有点不同。从图中，我们不仅可以看到“中途岛”号航空母舰，还能看到停靠在北岛的 3 艘尼米兹级航空母舰以及圣迭戈教士棒球场。水中的小条纹是由快速驶过的小船造成的。该图像的分辨率略优于 25cm。与前面的 WorldView3 的图像（WV3）以及机载图像相比，“中途岛”号航空母舰甲板上的飞机似乎消失了。在插图中，我们能够看到“中途岛”号航空母舰北边停车场里的汽车

① http://www.nasa.gov/mission_pages/shuttle/shuttlemissions/sts123/multimedia/fd15/fd15_gallery.html; http://www.dlr.de/en/desktopdefault.aspx/tabid-6840/86_read-22539/。

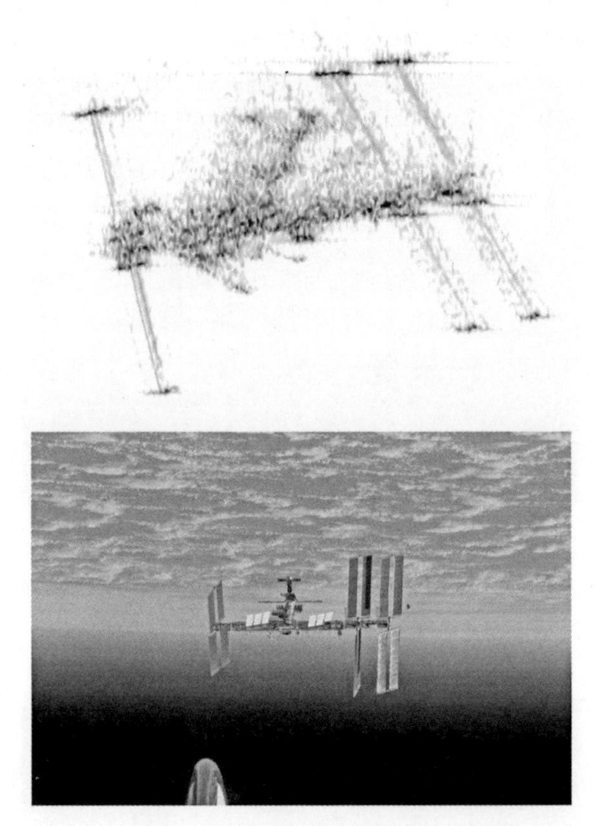

图 1.21 2008 年 3 月 13 日，TerraSAR-X 卫星拍摄的国际空间站图像。TerraSAR-X 卫星在距国际空间站 195km 处，以 9.6km/s 的相对速度飞过。该图像分辨率约为 1m，曝光时间是 3s。图像灰度是反向的（黑色表示较强的反射信号）。国际空间站的大小约为 110m×100m×30m。在图中可以看到"奋进"号航天飞机，因为此时它正对接在国际空间站上。下面那张图是 3 月 24 日"奋进"号航天飞机（STS-123）离开时拍摄的。参考 NASA 图像 S123E010155[①]

1.3 三坐标轴

本书通过一系列图像介绍了几种不同的成像方式（可见光、红外、雷达和激光雷达），并探讨了提高空间分辨率和覆盖区域下降之间的关系。在空间分辨率和视场之间存在着一个基本矛盾：拍摄的范围越大，（通常）空间分辨率就会越低。通常，遥感成像系统包含 3 个维度的信息，即空间、光谱和时间。图 1.22

① TerraSAR-X 本月拍摄的图像：国际空间站（ISS）；新闻稿日期：2010 年 3 月 4 日。图像获取于 2008 年 3 月 13 日，图像代码#SWE1-E1058981，http:// www.dlr.de/en/desktopdefault.aspx/tabid-6215/10210_read-22539/10210_page-4/。

对这 3 个维度进行了说明，从图中也可以看出它们之间的相互制约关系。可以拥有较高的空间分辨率和全球覆盖范围，但是这样就导致时间覆盖率较低（如“陆地”卫星，它每 16 天左右才能拍摄一次完整的图像）。当然，你也可以选择较高的时间分辨率（如 GOES，它每 30min 就能拍摄一张完整的图像），但是 GEOS 的空间分辨率只有 1km。如果是为了满足光谱分辨率的要求（多光谱或高光谱），那么，其他维度就会受到影响。[①]

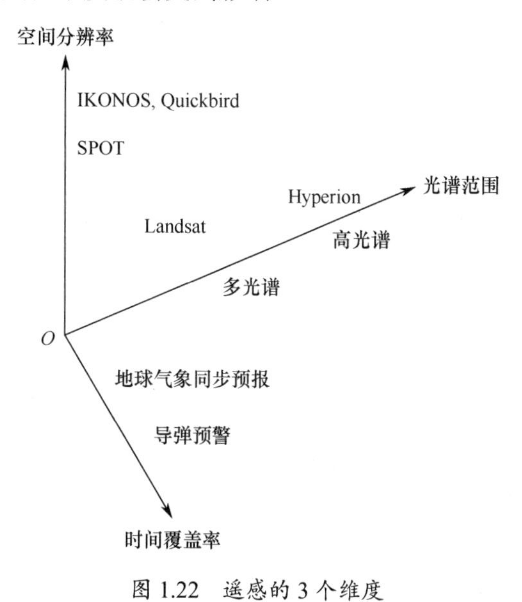

图 1.22　遥感的 3 个维度

除上面 3 个轴以外，还有一个称为“极化轴”的第四轴。它是无源和有源雷达系统的一个重要术语，并且已经开始作为一个新的信息维度出现在光学遥感领域。

1.4　参考书籍

这里列举了一些经典的和当代的遥感书籍目录供大家参考：

（1）《遥感和航空图像解译基础》（1992 年），Thomas Eugene Avery 和 Graydon Lennis Berlin 合著。虽然该书的第 5 版（1992 年）相对现在也有些过时了，但它仍然是一本很好的参考书并且书中有很多实例。

（2）《环境遥感：地球资源概览》第 2 版，出版于 2006 年。它是由遥感领域顶尖人物之一的 John R. Jensen 编写的一本优秀著作。

---

① http://www.navsource.org/archives/02/41.htm。

（3）《遥感物理学与技术导论》第2版（2006），Charles Elachi 和 Jakob J. van Zyl 合著，它是对 1987 年出版的经典教材的更新。

（4）《遥感与图像解译》（2007），托 Thomas M. Lillesand，Ralph W. Kiefer 和 Jonathan W. Chipman 合著的一本经典著作，目前已出版到第 6 版。

（5）《遥感原理与解译》第 3 版（2007），是 Floyd F. Sabins 所写的一部与地理相关的优秀书籍。

（6）《遥感的物理原理》，由 W. G. Rees 撰写。该书于 2013 年出版了第 3 版，其中增加了本书没有探讨的地球物理领域的相关知识。

（7）《遥感概论》，James B. Campbell 所著。本书中没有很多烦琐的公式，但仍是研究遥感方面很好的书籍。现在已经出版到第 5 版（2011）。

（8）《遥感数字图像分析导论》，第 5 版（2012），作者是 John A. Richards，是迄今为止关于数据分析方面最好的书籍。

1.5 问题

1．列出 5～10 个可以从图像中确定的，海军战争信息清单（NOB）关注的信息要素。一些典型的信息要素有战斗群、舰艇、潜艇、港口、天气、人员和医疗。

2．在本章所示的图像中都使用了哪些波长的电磁辐射？

3．画一个表格/图表，表示本章所讲的遥感器的地面分辨率和覆盖面积之间的关系。

4．比较圣迭戈港的各种图片。说出以下几个系统中所展示的信息都有哪些不同，最高分辨率系统（如 IKONOS）、地球资源系统（陆地卫星，可见光和红外）和雷达系统？这几个系统哪个最适用于观测通信线路？哪个最适用于地形分类？哪个最适用于战争中的空中信息表单？哪个最适用于海军战争信息清单？

第 2 章　电磁理论基础

接下来的两章介绍了能量（光）从光源（通常为太阳）到检测这种能量的探测器的转变过程。提出了目标反射率和大气传输的概念，讨论了地面数据采集的问题。

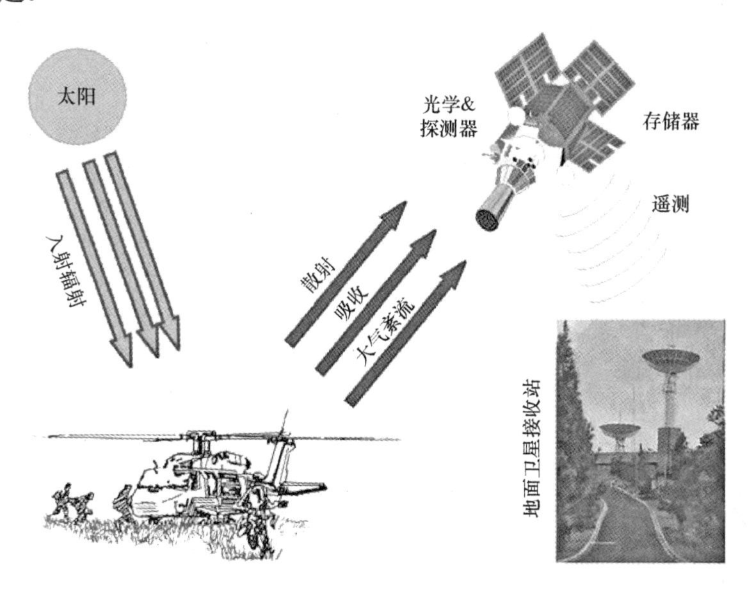

2.1　电磁波谱

前面讨论了多种遥感模式和现代系统的一些特征，在此有必要回顾一些与电磁波和遥感相关的基本物理学知识。

首先要了解的是电磁波谱和电磁辐射，如光、雷达和无线电波都属于电磁波。本节简要介绍电磁波的基础物理方程，以及由此推导的波动方程，另外还介绍了光电效应下的能量问题、电磁辐射源以及电磁波与物质世界之间的普遍联系。

2.1.1　麦克斯韦方程组

19 世纪末，詹姆斯·麦克斯韦用 4 个以他名字命名的方程式描述了电和磁

的基本定律，即

$$\int \boldsymbol{E} \cdot \mathrm{d}\boldsymbol{S} = \frac{Q}{\varepsilon_o} \quad (\nabla \cdot \boldsymbol{E} = \frac{\rho}{\varepsilon_o}) \tag{2.1a}$$

$$\iint \boldsymbol{B} \cdot \mathrm{d}\boldsymbol{S} = 0 \quad (\nabla \cdot \boldsymbol{B} = 0) \tag{2.1b}$$

$$\iint \boldsymbol{E} \cdot \mathrm{d}\boldsymbol{I} = -\frac{\partial}{\partial t}\iint \boldsymbol{B} \cdot \mathrm{d}\boldsymbol{S} \quad (\nabla \times \boldsymbol{E} = -\frac{\partial \boldsymbol{B}}{\partial t}) \tag{2.1c}$$

$$\int \boldsymbol{B} \cdot \mathrm{d}\boldsymbol{I} = \mu_o \boldsymbol{i} + \mu_o \varepsilon_o \frac{\partial}{\partial t}\iint \boldsymbol{E} \cdot \mathrm{d}\boldsymbol{S} \quad (\nabla \times \boldsymbol{B} = \mu_o \boldsymbol{J} + \mu_o \varepsilon_o \frac{\partial \boldsymbol{E}}{\partial t}) \tag{2.1d}$$

上述4个方程式分别说明了以下几方面。

（1）通过任一闭合高斯曲面的电通量等于该闭合曲面所包围电荷量的总和。

（2）在没有磁单极子的情况下，通过任一闭合高斯曲面的磁通量恒等于零。

（3）闭合导体线框所围磁通的变化率决定了该线框上产生的感应电动势的大小（这是制作发电机的理论依据）。

（4）导线中的电流和随时间变化的电场（位移电流）均能激发磁场。

对麦克斯韦方程组进行微分得出一组新的微分方程，即电场和磁场的波动方程，如下所示，即

$$\nabla^2 \boldsymbol{E} - \varepsilon_o \mu_o \frac{\partial^2 \boldsymbol{E}}{\partial t^2} = 0$$

$$\nabla^2 \boldsymbol{B} - \varepsilon_o \mu_o \frac{\partial^2 \boldsymbol{B}}{\partial t^2} = 0 \tag{2.2}$$

麦克斯韦推断上述两个方程的解由振荡的电场和磁场（$\boldsymbol{E}$ 和 $\boldsymbol{B}$）决定。特别地，该方程组可以快速给出光的传播速度方程：$c = 1/\sqrt{\varepsilon_o \mu_o}$。方程解的复杂程度各不相同，但也有一些相对简单的情况，例如，当描述平面波在直线上的传播时。与所有的波动现象一样，波动方程的解与波长、频率和辐射的传播速度有关。典型的解的形式为

$$\boldsymbol{E}(z,t) = \boldsymbol{E}\boldsymbol{x}\cos 2\pi\left(\frac{z}{\lambda} - ft\right) \quad (\boldsymbol{E}(z,t) = \boldsymbol{E}\boldsymbol{x}\cos(kz - \omega t)) \tag{2.3}$$

式中：$\boldsymbol{E}$ 为电场的幅值；λ 为波长（m）；f 为频率（Hz，r/s）；c 为波的相位速度（m/s）；ω 为角频率，$\omega=2\pi f$；k 为波数，$k=2\pi/\lambda$。

上述方程为沿 $\boldsymbol{z}$ 的正方向传播，并在 $\boldsymbol{x}$ 方向产生电场极化的波动方程。

波动方程式（2.2）的解与波长和频率相关，而波长和频率与波的传播速度满足

$$\lambda f = c \tag{2.4}$$

电磁波在真空中的传播速度 $c=2.998\times10^8$m/s 是一个很重要的物理常量。与频率和波长相比，角频率和波数并非电磁波的固有特性，但也是描述电磁波的

标准术语。角频率的定义为 $\omega=2\pi f$。波数的定义为 $k=2\pi/\lambda$。由于电磁波必须满足 $\omega\cdot\tau=2\pi$ 或者 $f\cdot\tau=1$ 的关系，因此周期 τ 是频率的倒数（图 2.1）。

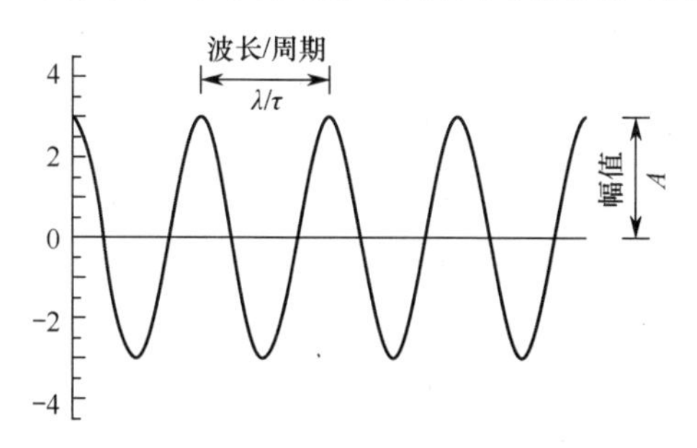

图 2.1　4 个周期的波形图，其中波长为 λ，周期为 τ，波形的幅值 A 等于 3

2.2　辐射的偏振特性

一个重要的特征是 $\boldsymbol{E}$ 和 $\boldsymbol{B}$ 都是矢量。电磁辐射的这种矢量特性对于偏振概念的讨论非常重要。偏振的应用出现在我们比较熟悉的昂贵的太阳镜中，以及光学观测和雷达中。在此有必要简要说明电磁波是如何传播的。

图 2.2 显示了真空中电磁波的电场和磁场如何互不干扰的进行振荡传播。电场和磁场的振荡方向互相垂直，而且均与传播方向 k 垂直。这些电磁波是横向波，而不是纵向波（纵向波又称为压缩振动，如声波）。当然，自然界中还存在一些其他形式，却难以描述的偏振形式。这里讨论的线性偏振是在自然环境中比较普遍存在的一种形式。

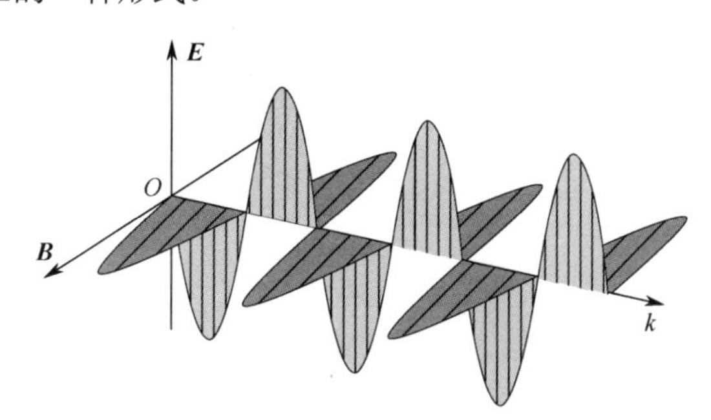

图 2.2　电磁波。电场与磁场振荡方向相互垂直（$\boldsymbol{E}\perp\boldsymbol{B}$），而且二者均与传播方向 k 垂直。遵从一个特定的约定，$\boldsymbol{E}$ 在 x 方向振荡，$\boldsymbol{B}$ 在 y 方向振荡，且波沿 z 方向进行传播。在式（2.3）中使用了同样的约定

第 10 章（图 10.0）中将会具体说明雷达系统中极化的例子。雷达信号本身是线性偏振的，方向可根据需要进行校正。接收器可以校正为接收同向极化

的信号，或者是接受垂直极化的信号，即分别与传输信号同向的或垂直的信号。光学极化在自然界相对比较微弱。

图 2.3 显示了一组包含建筑物、树和蓝天的彩色照片。两幅图像在一组相互垂直的方向上分别采用了线性光学偏振滤波器。两幅图像的主要区别为天空的亮度不一样；天空的光在瑞利散射的过程中被彻底极化了，如第 3 章所述。太阳在拍摄这幅图片相机的左后方。这样就允许了最大量的散射以及最大化的偏振。左图还有一个更微妙的特征就是减弱了红色瓦片屋顶的眩光，以至于颜色看起来更加饱和。圆极化一种很普遍的应用是在三维（3D）电影中，另外圆极化还被广泛地应用于高频卫星通信中。

图 2.3　位于海军研究生院校园内的赫尔曼礼堂的彩色照片。左图中，低空的云朵在相对较暗的蓝天的映衬下显而易见；来自云层的反射光并没有被过度极化。拍摄的相机是尼康 D70，相机的曝光设置是固定的。另一类似的现象参见第 6 章（图 6.25）（见彩插）

2.3　电磁波能量

电磁辐射（以及光）的波动理论解释了大量我们所观察到的物理现象，但是在 20 世纪初期，迫切的需要一种新视角解释光和物质世界的一些相互作用，特别是诸如光电效应的产生过程（以及对于检测光谱很重要的类似过程）。波动理论的不足导致了另一种观念的复兴，即光或者电磁辐射也许更应该被看作是粒子，称为光子。光子能量的计算公式为

$$E = hf \tag{2.5}$$

式中：f 为电磁波的频率（Hz）；h 为普朗克常量，即

$$h=\begin{cases}6.626\times10^{-34}\ \ \mathrm{J\cdot s}\\4.136\times10^{-15}\ \ \ \mathrm{eV\cdot s}\end{cases}$$

电子伏（eV）是与标准公制单位焦耳（J）相关的对于计算很方便的一种能量单位，其关系式为 $1\mathrm{eV}=1.602\times10^{-19}\mathrm{J}$。转换系数正好是一个电子的电荷。这并非巧合，而是非公制单位定义的结果。

光子能量 E 由电磁辐射波的频率决定：频率越高，能量越大。虽然光子以光速移动（如电磁辐射所预期的那样），但它们的静止质量为零，因此不会违反狭义相对论。

那么，光到底是波还是粒子？答案是“两者都正确”。其立场取决于所观察的过程或所进行的实验。适用的角度通常取决于光子的能量（频率）。通常情况下，当频率约低于 10^{15}Hz 时，波的特性占主导地位；在较高频率时，粒子特性占主导地位。在可见光范围内，这两种描述都是有用的。

图 2.4 汇总了目前认识到的光的概念。垂直绘制了波长、频率和能量的相互关系，并采用了标签来标注各个波长区域，还给出了常用的波长缩写。通常采用微米（μm）作为波长单位，$1\mu\mathrm{m}=10^{-6}\mathrm{m}$。埃（Å）是一个非公制单位，但它被广泛使用，特别是岁数比较大的物理学家。可见，光对应的波长范围为 0.38～0.75μm，能量范围为 2～3eV。

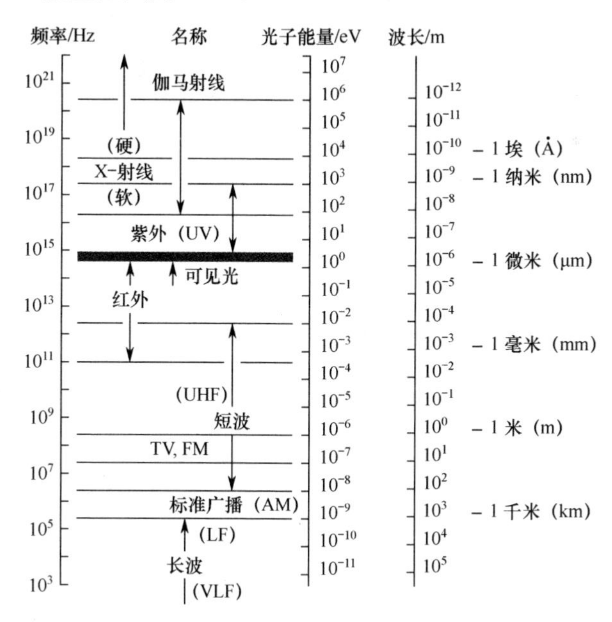

图 2.4　电磁辐射频谱

例：

思考以下有关光学频率和能量特性的计算：

光谱中绿色光谱对应的光子标准波长为0.5μm，频率为6×10^{14}Hz。这种光子的能量可以使用普朗克常数进行计算，其能量单位为eV。

$$E = hf = (4.14\times10^{-15}\,\text{eV}\cdot\text{s})(6\times10^{14}\,\text{Hz}) = 2.48\,\text{eV}$$

这个能量近似于（或略小于）典型的原子结合能。

典型X射线光子的能量在$10^4\sim10^5$eV范围内，而100MHz无线电信号的光子能量只有约4×10^{-7}eV。

激光雷达系统（第11章）一般输出能量约10μJ的短脉冲（约5ns）。那么，对于波长为1.064μm的激光束来说，它含有多少光子？从能量$E = N\cdot hf$开始计算，N为光子的数量，以波长的角度，该公式应该写为

$$E = N\cdot h\frac{c}{\lambda} \Rightarrow$$

$$N = E\cdot\frac{\lambda}{hc} = 10\times10^{-6}\,\text{J}\cdot\frac{1.064\times10^{-6}\,\text{m}}{6.626\times10^{-34}\,\text{J}\cdot\text{s}\cdot3\times10^{8}\,\text{m/s}}$$

$$= 5.35\times10^{13}\text{个光子}$$

2.3.1 光电效应

光子能量的概念对探测器技术的发展非常重要。其中一个例证涉及光电效应理论，该理论的发现使阿尔伯特·爱因斯坦获得了诺贝尔奖。光电效应现象通常在实验背景下描述，如图2.5所示。当光束在真空中照射金属表面时，金属表面会释放电子，然后通过二级表面如集电极来收集这些电子。可通过对集电极板施加反向偏压（负电压）抵消电子的运动来测量这些电子的能量。通常，1～2V的电势就足以使电流降为零。传统的波动理论认为电流的幅值会随着入

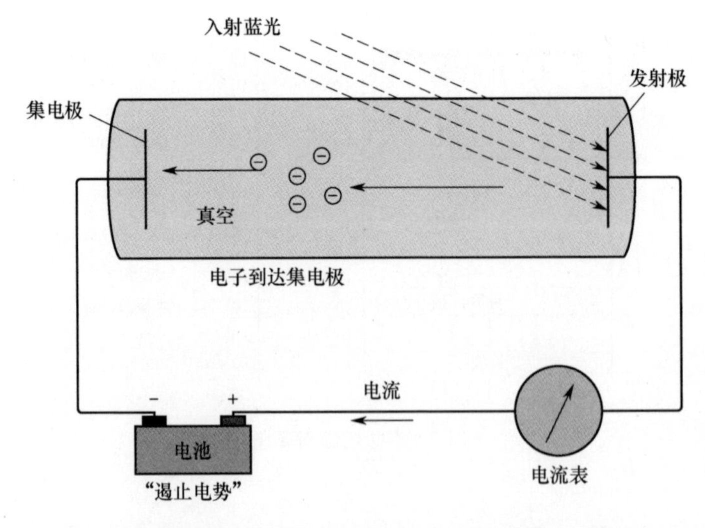

图2.5 光电效应示意图（电流方向与电子的运动方向相反）

射光振幅（光照强度）变化而变化，事实也确实如此。然而，波动理论无法解释我们所观察到的电流与入射光波长（频率）之间的相互关系。入射光的频率越高（入射光越蓝），电子能量越大（电流越大）。爱因斯坦将 $E=hf$，与逸出功的概念结合起来。逸出功是指从金属表面释放电子所必须的固定能量，通常为 1～2eV。

图 2.5 演示了经典的光电效应实验。不同波长（颜色）的光束照射在密封真空圆筒中的金属板上。如果光束频率足够大，光子就会从表面发射出来，并通过一个短间隙传播到集电极（阳极），可以通过测量电流的方式测量收集到的电子。电路中装有校准过的电压源，以阻挡电流的流动。随着电压源的电压变化，电流也随之变化。图 2.6 所示为一种光源——水银灯，在 3 种不同光谱情况下，电流随着遏止电势的变化曲线。

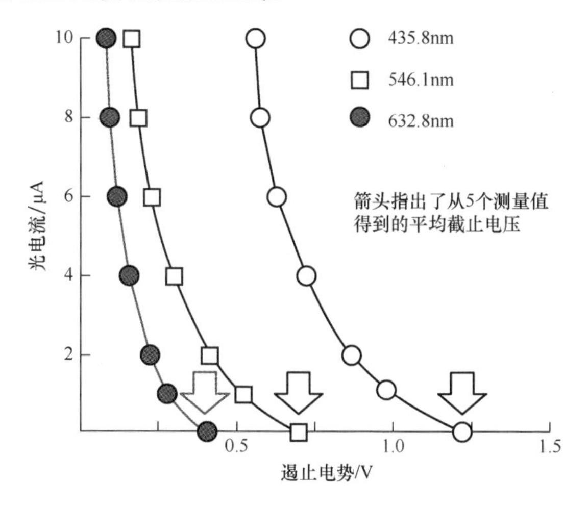

图 2.6　使用汞（Hg）光源产生的光电效应结果①

图例中使用了 3 种波长的光：λ=435.8nm，546.1nm，以及 632.8nm（分别对应蓝光、绿光和红光），以蓝色光谱为例，计算对应波长的能量为

$$E = hf = \frac{hc}{\lambda}$$

$$= \frac{4.136\times10^{-15}\,\text{eV}\cdot s\cdot 3\times10^{8}\,\text{m/s}}{435.8\times10^{-9}\,\text{m}}$$

$$= \frac{1.24\times10^{-16}}{4.358\times10^{-7}} = 2.85\text{eV}$$

与此类似，波长为 546.1nm 和 632.8nm 的光束，其能量分别为 E=2.27eV 和 E=1.96eV。表 2.1 中的实验数据说明光子能量等于电子能量加上逸出功，即

① Tel-Atomic 公司，邮政信箱 924 号，杰克逊市，美国密歇根州 49204，电话 800-622-2866，邮箱 sales@telatomic.com，http://www.telatomic.com/peffect.html。

$$E = hf = KE + q\Phi \tag{2.6}$$

式中：总能量为E，动能为$KE=qW$，势能项$q\Phi$由逸出功给出。方程中电子电荷的大小为q，它从eV转换为J。

表2.1　图2.6中的实验数据

波长/nm	光子能量/eV	电子遏止电势 W/V	功函数 Φ/eV
435.8	2.85	1.25	1.6
546.1	2.27	0.7	1.6
632.8	1.96	0.4	1.6

2.3.2　光电倍增管

光电效应证明了光（光子）具有能量，同时也引出了关于探测器如何工作的第一个例子：光电倍增管（PMT）。这项古老的技术至今仍在使用中，并在现代技术设备如夜视仪中使用。

PMT的光电阴极是一个光电发射源，它在所检测的光谱范围（光子能量）内响应率很高。一个初始入射光子产生一个电子（据统计，只有70%～90%的光子产生电子），然后电子通过二次发射被放大，与光电效应原理相似。该项技术被应用于美国国防气象卫星的主载荷线性扫描业务系统中的光电倍增管（DMSP/OLS-PMT）探测器以及现代激光雷达系统中。

如图2.7所示，二次发射是指一个电子撞击物体表面产生多个电子的过程。

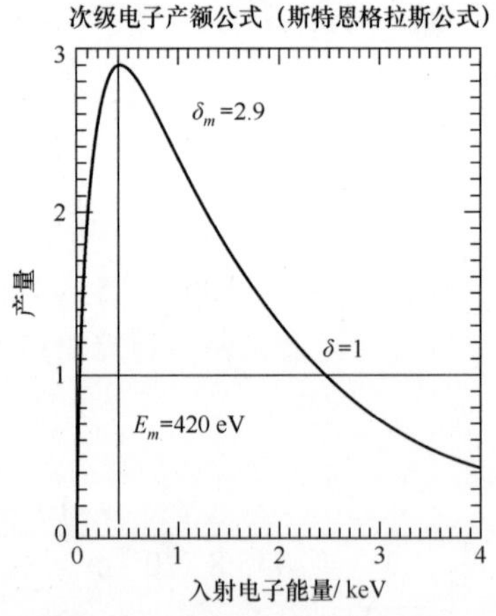

图2.7　Sternglass（斯特恩格拉斯）公式是关于“二次电子的产量为入射电子能量的函数”的标准描述。Sternglass利用产量函数$\delta(E)=7.4\delta_m(E/E_m)\exp[-2\sqrt{(E/E_m)}]$给出了电子碰撞产生的二次电流的表达式，其中最大产量δ_m以及导致该最大产量的能量E_m因材料的不同而不同。以玻璃（SiO_2）为例，δ_m=2.9，E_m=420eV[①]

① Sternglass, E.J. (1954) Sci. Pap. 1772，西屋电气研究实验室，匹兹堡市，美国宾夕法尼亚州。

产生的电子数随倍增极材料的不同而不同，当电子能为几百伏特时，通常是 2 倍或 2 倍以上的电子数。当光电子从一个倍增极到下一个倍增极逐级移动时，这种行为使放大过程得以发生。图 2.8 所示为一个非常标准的末端照明 PMT 设计。一个典型的倍增管有 10 个左右的倍增级，总的净加速度为 1～2kV，分布在各个倍增级上。光子入射到左边的碱性光电阴极窗口上，然后被逐级倍增，直到在右边的光电阳极上，可输出 10^5～10^6 个电子的可测量电荷脉冲。

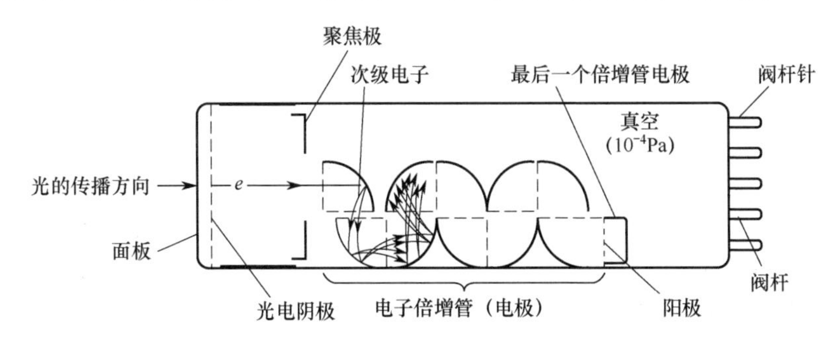

图 2.8　滨松（日本城市）光电倍增管[①]

光电倍增管技术已经发展到使用光纤束的新形式，其中，薄光纤被通道或空心管取代，通过二次发射实现倍增的过程。图 2.9 说明了该项技术是如何实现的。

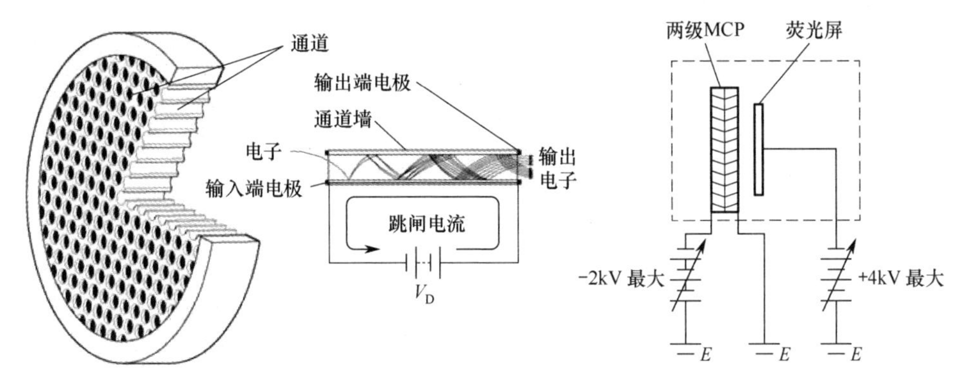

图 2.9　微通道板（图像增强器）设计图。标准的滨松产品，直径为 1～10cm，厚度为 0.5～1.0mm，并且沟道间距为 10～30μm。可以将其分组以增加倍增因子（通过一级实现 10^4 的倍增，二级实现 10^6 的倍增，三级实现 10^8 倍增）。为了形成一幅图像，在堆叠的末端放置一块荧光粉板[②]

① https://www.hamamatsu.com/resources/pdf/etd/PMT_handbook_v3aE.pdf; 或光电倍增管，产品销售手册，TPMO0005E01, 2002 年 6 月，滨松光电公司。

② 参考文献：都是滨松公司生产，矩形 MCP 和装配系列 TMCP1006E02，1999 年 12 月；圆形 MCP 及封装系列，TMCP1007E04，1999 年 12 月；以及图像增强器，TII0001E2，2001 年 9 月. https://www.hamamatsu.com/resources/pdf/etd/PMT_handbook_v3aE.pdf。

2.4 电磁辐射源

既然已经定义了电磁波，也解释了光子被探测的方式，本节将讨论电磁波是如何产生的。电磁辐射有几种主要来源，在某种形式上，它们最终都与带电粒子（主要是电子）的加速度（能量变化）有关。在遥感方面，可以分为以下三类。

（1）单个原子或分子辐射产生线光谱。

（2）热的、密度大的物体辐射产生连续的“黑体”光谱。

（3）在导线中流动的电流（如天线）。

2.4.1 线光谱

单个原子或分子以一种称为线光谱的形式发射出光谱。有效独立的原子或分子（如在常温常压下的气体中）会辐射一组离散频率的光谱，称为线光谱。当一组连续频率的光谱辐射通过气体时，气体会吸收其中一些离散频率，从而产生一组离散的光谱吸收线。

辐射（和吸收）的波长反映了原子或分子的特征。这样就为确定辐射（或吸收）气体的成分提供了一个强有力的工具。线光谱分析对我们了解恒星（包括太阳）化学成分提供了很大帮助。20 世纪初发展起来的玻尔原子模型很好地解释了光子的吸收和发射过程，该模型使用了我们熟悉的近似太阳系的原子结构。在该模型中，原子中心有一个由质子（+）和中子组成的占原子大部分质量的原子核。占比质量较小的电子（−）以确定的半径围绕原子核旋转，这些半径分别对应不同的能级。电子的轨道离原子核越近，能级越低（更惰性）。当电子吸收能量之后，轨道的半径增加，直到它们挣脱原子核的引力。玻尔假设轨道的半径受量子力学的约束（实际上是角动量的约束），具有确定的值。这就产生了一组电子存在的离散能级。玻尔还假定，原子对能量（光）的发射和吸收只会产生电子在确定的离散能级之间的跃迁。图 2.10 说明了光子在这些离散能级之间变化时被发射（或吸收）的概念。有关玻尔模型的更详细分析，请参见附录 1。

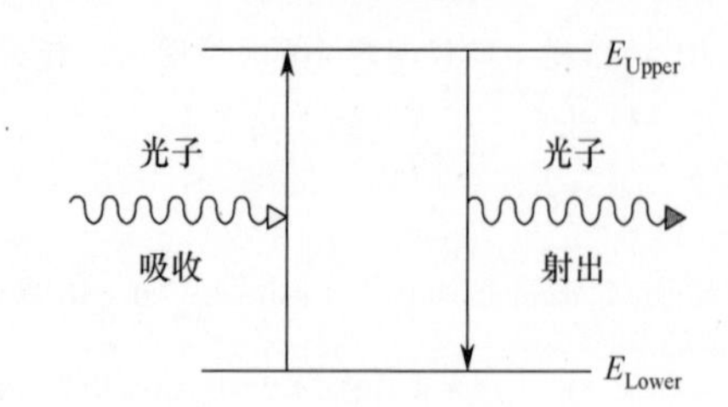

图 2.10 玻尔假设：原子从一个能量跃迁到另一个能量时发射或吸收光子

附录中的数学公式给出了电子在类氢原子的轨道上运动时的能量公式，即

$$E = -\frac{1}{2}\left(\frac{Ze^2}{4\pi\varepsilon_0 h}\right)^2 \frac{m}{n^2} = Z^2 \frac{E_1}{n^2} \tag{2.7}$$

当 $Z=1$ 时，我们发现此时氢的能量 $E_1 = -[(me^4)/(32\pi^2{\varepsilon_0}^2h^2)] = -13.58\text{eV}$（$n$=量子数 1,2,3，…；$Z$=原子序数；$e$=电子电荷；剩余项均为常数）。

图 2.11 和图 2.12 展示了玻尔的氢原子模型的能级。电离能——电子克服“势阱”所需要的能量，为 13.58eV。如果电子获得较少的能量，它将会向上

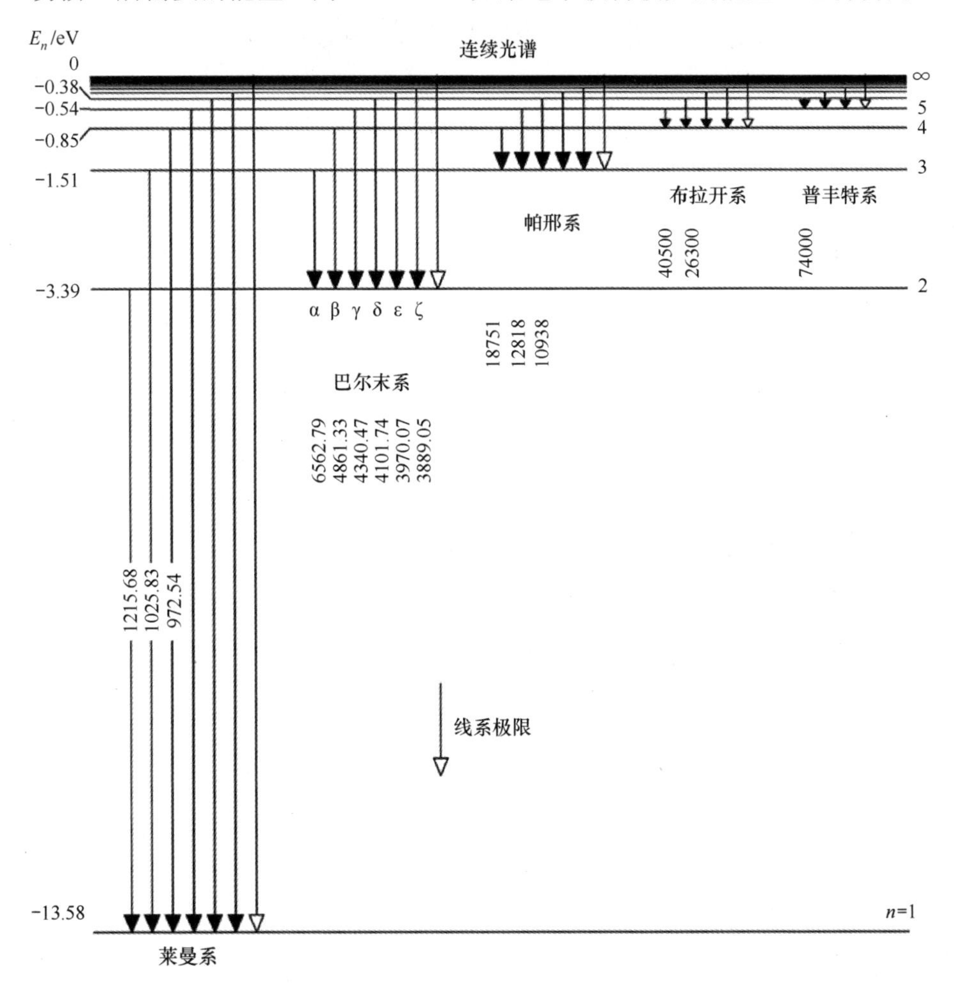

图 2.11　氢原子能级图，显示了与不同光谱线系相对应的可能发生的跃迁。沿着跃迁的数字是以埃为单位的波长，其中 1nm = 10Å①

① 引自《原子物理基础》，Atam P. Arya，第 264 页，1971 年。

跃迁到激发态，激发态的 $n>1$。例如，如果一个处在基态的电子获得 10.2eV 能量，它会上升到 $n=2$ 级。如果电子获得 13.58eV 或更多的能量，原子就会完全被电离。

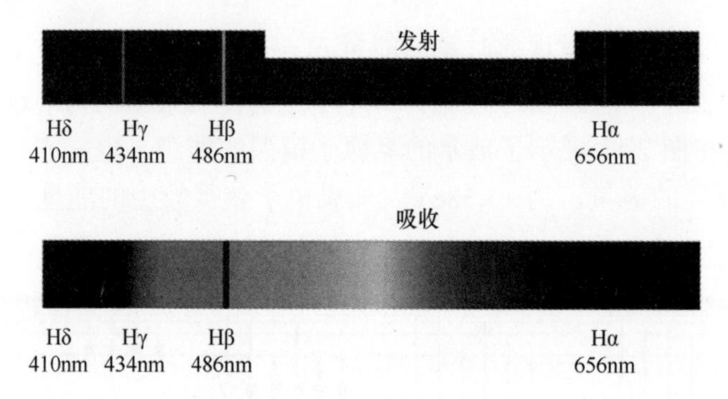

图 2.12　巴尔末光谱线系：氢原子可见光范围内的发射和吸收光谱[①]

当电子从 $n=2$ 降到 $n=1$ 级时，原子就会发射能量为 10.19eV 的光子，波长为

$$\lambda = \frac{hc}{\Delta E} = 121.6\text{nm} = 1216\,\text{Å}$$

如果 ΔE 用 eV 表示（通常也是如此），上式分子中的常量 hc 可以写为

$$hc = 4.14\times10^{-15}\,\text{eV}\cdot\text{s}\times3\times10^{8}\,\text{m/s} = 1.24\times10^{-6}\,\text{eV}\cdot\text{m}$$

因此，波长 λ 的值为

$$\lambda = \frac{1.24\times10^{-6}}{\Delta E(\text{eV})},\quad \lambda = \frac{1240}{\Delta E(\text{eV})} \tag{2.8}$$

通常，跃迁会发生在不同的能级之间，产生一定谱段的离散线性光谱。从（或到）$n=1$（基态）能级的跃迁称为莱曼系。从 $n=2$ 到 $n=1$ 的跃迁组成了莱曼 α 跃迁。这种紫外发射是太阳上层大气最主要的光谱（发射）线之一。太阳光谱中可见部分的发射（或吸收）线是巴尔末线系，即从 $n>2$ 到 $n=2$ 的跃迁。更高阶级数的跃迁对我们来说就没有那么重要了。

虽然玻尔模型最终被薛定谔方程的解和更通用的量子力学所取代，但是它成功地预测了可以观测到的单个电子的能级，并证明了原子的量子特性和相应的能级。这也有助于更好地了解反射光和辐射光可能在遥感应用中表现出的有趣的光谱特征。

2.4.2　黑体辐射

黑体辐射是由热的固体、液体或稠密的气体所发射的具有连续波长分布的

① 图片来自弗朗·巴格纳尔，http://dosxx.colorado.edu/~bagenal/1010/SESSIONS/13.Light.html。

电磁辐射，如图 2.13 所示。图中曲线给出了辐射率（黑体光谱辐出度）L 与如下因素的关系，即

$$L=\frac{\text{功率}}{\text{单位面积}\cdot\text{波长}\cdot\text{立体角}}$$

单位是：W/（m^2 • μ • ster）。辐射率（黑体光谱辐出度）方程为

$$\text{辐射率（黑体光谱辐出度）}=L=\frac{2hc^2}{\lambda^5}\cdot\frac{1}{e^{\frac{hc}{\lambda kT}}-1} \tag{2.9}$$

其中

$$c=3\times10^8\text{m/s},\ h=6.626\times10^{-34}\text{J/s},\ k=1.38\times10^{-23}\text{J/K}$$

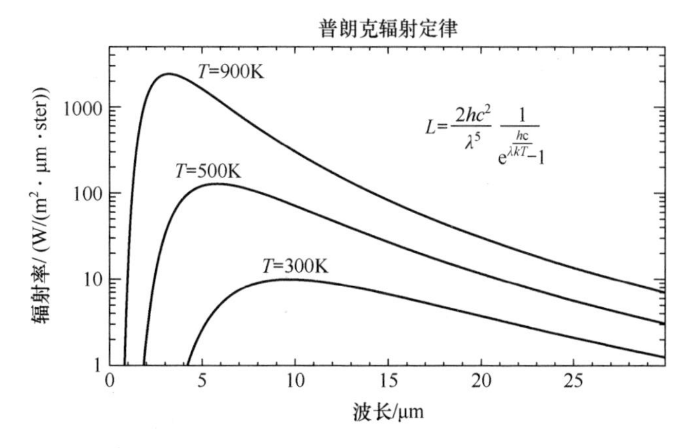

图 2.13　黑体辐射率（黑体光谱辐出度）是关于波长的函数。辐射率（黑体光谱辐出度）的单位是 W/（m^2 · μm · ster），表示单位面积、单位波长、单位立体角的功率

如果稍微变化一下式（2.9），就容易发现其本质，即

$$L=\frac{2}{c^3h^4}\cdot\frac{\left(\frac{hc}{\lambda kT}\right)^5}{e^{\frac{hc}{\lambda kT}}-1}(kT)^5=\frac{2}{c^3h^4}\cdot\frac{x^5}{e^x-1}(kT)^5 \tag{2.10}$$

定义无量纲项 $x=\frac{hc}{\lambda kT}$。关于波长 λ 的这种函数形式不会随着温度的变化而变化，只有整体幅值会变化（以及波长变化时，峰值的位置会变化）。

真实的物质与理想的黑体在辐射的发射上是不同的。表面发射率是衡量表面吸收（或辐射）能量效率的一个指标，该效率介于 0（理想的反射器）和 1（理想的吸收器）之间。ε=1 的物体称为“黑体”。在红外线下，许多物体几乎都是黑体——尤其是植物。ε<1 的物质称为灰体。发射率 ε 随波长而变化。

一些教科书强调另外一种形式的普朗克定律，引入了额外的 π：

$$辐射出射度=M=\frac{2\pi hc^2}{\lambda^5}\cdot\frac{1}{e^{\frac{hc}{\lambda kT}}-1}\left(\frac{W}{m^2\cdot\mu m}\right) \tag{2.11}$$

不同之处在于，通过对立体角积分，没有了对发射辐射角度的依赖关系。这可以用在黑体上，因为根据定义，黑体是朗伯体表面——发射的辐射不依赖于角度，且 $M=\pi L$。

考虑到本书写作的目的，普朗克曲线的两个方面是我们所关注的：一是辐射的总功率，用曲线下的面积表示；二是曲线达到峰值时 λ 的值 λ_{max} 。

辐射功率（对所有波长进行积分）由斯特藩—玻耳兹曼定律给出，即

$$R=\sigma\varepsilon T^4 \ \mathrm{W/m^2} \tag{2.12}$$

式中：R 为每平方米的辐射功率；ε 为辐射率（以黑体为单位）；$\sigma=5.67\times10^{-8}(\mathrm{W/m^2})\cdot\mathrm{K}^4$（斯特藩常量）；$T$ 为辐射体温度。

维恩位移定律给出了辐射峰值出现时的波长，即

$$\lambda_{max}=\frac{a}{T} \tag{2.13}$$

对于给定的温度 T，维恩常数 a 的值为

$$a=2.898\times10^{-3}\ (\mathrm{m/K})$$

T 的单位为 K，λ_{max} 单位为 m。

例题：

假设太阳辐射类似黑体（这不是一个坏的假设，因此需要选择两个有细微差别的温度匹配观测数量）：

（1）找出辐射达到峰值时的波长 λ_{max} 。太阳光谱在可见光区最匹配的温度约 6000K，即

$$\lambda_{max}=\frac{a}{T}=\frac{2.898\times10^{-3}\,\mathrm{m/K}}{6000\mathrm{K}}=4.83\times10^{-7}\,\mathrm{m}$$

光谱辐照度达到峰值时波长约 500nm，如图 2.14 所示。

（2）找出太阳辐射的总功率。斯特藩—玻耳兹曼定律在此处的可采用有效温度约 5800K。

可通过公式 $R=\sigma\varepsilon T^4$ 并假设 $\varepsilon=1$（黑体）计算每平方米表面释放的功率 R，通过计算得到

$$R=5.67\times10^{-8}\times1\times5800^{\,4}=6.42\times10^7\,\mathrm{W/m^2}$$

为了得到输出的总太阳功率，需乘以太阳表面积 $S=4\pi R^2$ ，此处取太阳的平均半径 $R=6.96\times10^8\,\mathrm{m}$ 。于是，总的太阳辐射功率 P 为

$$P=R(4\pi R^2)=4\pi(6.96\times10^8)^2\times(6.42\times10^7)$$

$$P=3.91\times10^{26}\,\mathrm{W}$$

按照 5800K 温度时黑体迭代出的太阳光谱如图 2.14 所示。①

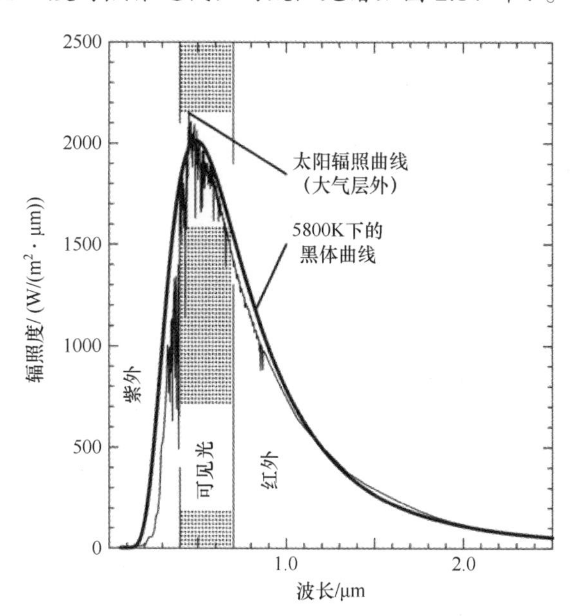

图 2.14　太阳光谱，基于 Neckel 和 Labs 光谱。峰值发生在 460nm 处（蓝色或蓝绿色）。这里的数据是指大气顶层的入射辐射。转自《太阳物理》(1984) 第 90 页，第 205～258 页：“太阳辐射发生在 3300～12500km 的高度。”感谢 Bo-Cai Gao,NRL 的数据文件

2.5　电磁、辐射、物质世界的普遍联系②

作用于物质的电磁辐射（EMR）称为入射辐射。对地球来说，入射辐射最强的辐射源是太阳。这种辐射被称为日射能量，是“太阳入射辐射”的缩写。满月是第二强的辐射源，但它的辐射能量只有太阳辐射能量的百万分之一左右。入射到物质上，电磁辐射会被传播、反射、散射或吸收，传播、反射、散射或吸收的比例由以下因素决定。

（1）介质的组成和物理属性。

（2）入射辐射的波长或者频率。

（3）入射辐射到介质表面的入射角度。

4 种基本的能量作用如图 2.15 所示。

① K.Phillips，《太阳指南》，第 83 页～第 84 页，剑桥出版社，英国剑桥（1992）。

② 本节改编自 T.E.Avery 和 G.L.Berlin 的经典文本《遥感和航空照片解释基础》，麦克米伦初版公司，纽约（1992）。

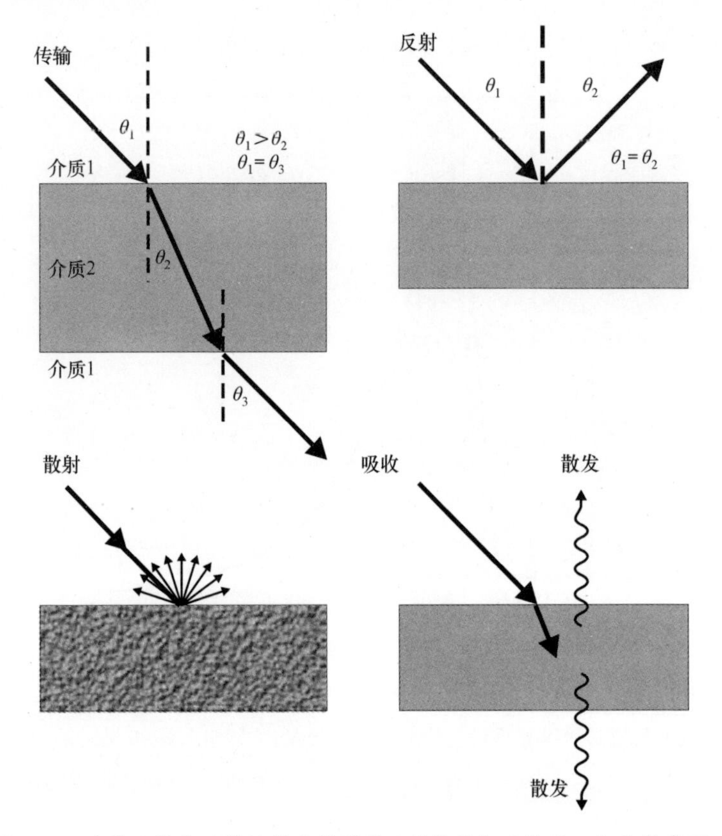

图 2.15 这是从纯物理学的角度得到的 4 种能量相互作用，却非常有用。图片转自 Avery 和 Berlin（1992）[⑧]，并通过允许

2.5.1 透射

透射是指入射辐射通过物质而没有明显的衰减的过程，因此这种物质对辐射是透明的。透过不同密度的物质介质（如从空气到水），辐射会折射或偏离直线路径，并随着速度和波长的改变而改变，而辐射的频率总是保持不变。由图 2.15 可见，入射光束偏离法线 θ_1 角度从低密度介质传输到高密度介质，出射角度为 θ_2。光束从密度较大的介质的远端发出，在与法线夹角为 θ_3 的方向折射出。图 2.15 的角度关系为 $\theta_1>\theta_2$ 和 $\theta_1=\theta_3$。

电磁辐射速度的变化可以用折射率 n 来表示。折射率 n 为电磁辐射在真空中的速度 c 与在其他材料介质中的传播速度 v 的比值，即

$$n=c/v \tag{2.14}$$

真空（完全透明的介质）中的折射率为 1，或单位折射率。因为 v 永远不可能大于 c，所以 n 在任何物质中都不可能比 1 小。折射率从 1.0002926（地球空气）到 1.33（水）以及 2.42（钻石）不等。折射率的概念可以得出斯涅耳定律，即

$$n_1\sin\theta_1 = n_2\sin\theta_2 \tag{2.15}$$

2.5.2　反射

反射（也称为镜面反射）描述入射辐射从物质表面以单一可预测方向反射的过程。反射角总是与入射角相等且对称（图 2.15 中，$\theta_1=\theta_2$）。反射是在相对于入射辐射波长来说比较光滑表面产生的。这种平滑、像镜子一样的表面被称为镜面反射。镜面反射对电磁辐射的传播速度和波长都没有影响。

在绝缘体介质表面反射的波形的理论振幅可由电磁理论基础导出，并可以表示如下①

E 垂直于入射面的偏振，即

$$r_\perp = \frac{n_1\cos\theta_1 - n_2\cos\theta_2}{n_1\cos\theta_1 + n_2\cos\theta_2} \tag{2.16a}$$

E 平行于入射面的偏振，即

$$r = \frac{n_2\cos\theta_1 - n_1\cos\theta_2}{n_2\cos\theta_1 + n_1\cos\theta_2} \tag{2.16b}$$

式中：n_1、θ_1 和 n_2、θ_2 分别代表介质 1 和介质 2 中的折射率、入射角和折射角。菲涅耳定律定义了 θ_2，这些方程的一些版本表示成了入射角的函数，但那些表述过于烦琐。）这里，r 表示反射电场与入射电场的振幅比值。反射辐射的强度是这个值的平方。图 2.16 表示了反射辐射强度与入射角的关系，这里采用典型

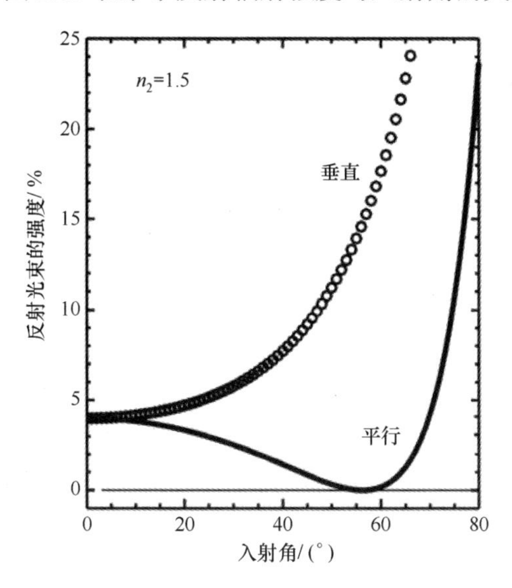

图 2.16　菲涅耳方程。当入射角接近 90° 时，两条曲线都接近 1（100%反射）。当入射角在某个范围内时，平行分量的强度非常小，在布鲁斯特角处达到零

① 例如，E. Hecht，光学，第 4 版，Addison Wesley 出版社，2001 年。

的从空气到玻璃的折射率值。这些数据之间的差异就是为什么像水这样的表面反射光会变得高度偏振。

2.5.3 散射

散射（也称为漫反射）发生在入射辐射不可预测地向许多方向分散或扩散时，包括它产生的方向（图 2.15）。在自然环境中，散射比反射更常见。散射发生的介质表面相对入射辐射的表面来说较为粗糙，这样的表面称为漫反射面。电磁波的速度和波长不受散射的影响。

散射的变化表现为双向反射分布函数（BRDF）的变化特性。对于一个理想的朗伯曲面，这个函数通常是余弦曲线，但是实际情况通常相差很大。除了遥感领域，BRDF 还在计算机图像学和可视化领域有广泛的研究。

图 2.17 是美国宇航局 Terra 卫星上多角度成像光谱仪（MISR）在 700km 高空轨道上拍摄的关于散射结果不同的造成图像。左边是来自 MISR 上的俯视相机的“真彩”图像。这张以冰雪为主的景象的图片大部分是灰色的。右边的伪彩色图像是由 MISR 的 45.6° 前视相机、俯视相机以及 45.6° 后视相机分别在蓝光、绿光和红光谱段所拍摄的红色谱段数据融合而成的。右图的颜色变化表明角反射率特性不同，紫色区域是低云，海湾边缘的浅蓝色是由于快速（平

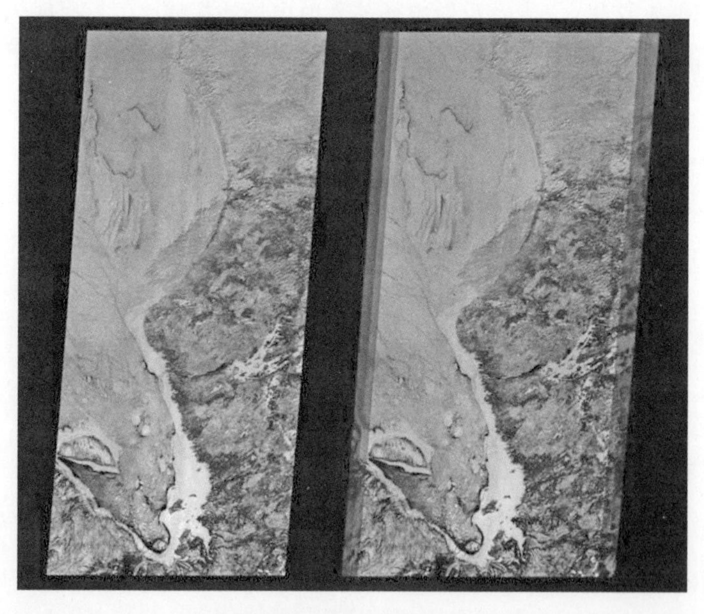

图 2.17　2000 年 2 月 24 日，多角度成像光谱仪在加拿大哈德逊湾和詹姆斯湾拍摄的图像。这个例子说明了如何通过多角度观察实现物理结构和纹理的区分。两个图像宽约 400km，空间分辨率约 275m。图片的顶端是北向。照片来自 NASA/GSFC/JPL，MISR 科学团队（PIA02603）（见彩插）

滑）的冰增加了正向散射。橙色的区域是更粗糙的冰，将更多的光散射到后面的方向。

2.5.4　吸收

吸收是指入射辐射被介质吸收的过程。要做到这一点，物质必须对入射辐射不透明。被吸收的那部分辐射首先被转换成物质的热能，然后再以较长的热红外波段发射或重新辐射出去。

2.6　问题

1．中波红外辐射覆盖了波长范围为 3～5μm 的电磁波谱，那么，它对应的能量范围是多少 eV？

2．波长为 1μm 的光的能量是否约为 1eV（这是一个必须记住的非常有用的关系式）。

3．X 波段雷达的频率是多少？波长是多少（参考第 9 章）？

4．He^+离子的基态能量是多少 eV（Z=2）？

5．计算氢原子（Z=1）从 n=4 到 n=2 跃迁时产生的光谱的能量（单位：eV）、频率（单位：Hz）、波长（单位：m、μm 和 nm）。这就是巴尔末-β 跃迁。

6．测深（绿色）激光雷达系统工作在 532nm，较新的激光雷达系统将脉冲长度降低到 2ns。对于能量约为 10μJ 的脉冲，单个脉冲中有多少光子？激光器输出功率为多少？在空间维度上，激光雷达脉冲有多长？也就是说，光在 2ns 能传播多远？

7．T=1000K 时，分别计算 λ=0～20μm 的辐射强度 $L(\lambda)$，然后将结果绘制成曲线。这是一个计算练习，要确保能用计算器计算至少两个波长的值并且答案正确，如 3μm 和 10μm。

8．计算 T=297K、T=1000K、T=5800K 时辐射的峰值波长（单位：μm 和 nm）。

9．计算黑体在 297K 时的辐射功率（单位 W/m^2 ）。假设黑体 ε=1。假设表面面积为 $2m^2$，计算辐射功率（单位：W）。

10．根据黑体辐射的计算公式，分析公式 $x^5/(e^x-1)$。当 x 为多大时，方程式有最大值？由此可以得到维恩常数吗？如果使用微积分的方式，问题将会变得很复杂，比较直接的方法是用计算器或计算机画出 x 的函数曲线图。

11．斯奈尔定律问题：对于空气—水界面，可以使用典型的值：n_1=1，n_2=1.33。在此条件下，当 θ_1=30° 时，计算 θ_2。光在水中的传播速度是多少？反射光的角度是多少？

12．式（2.16a）和式（2.16b）给出了入射电磁波反射率幅值的计算公式，简化为正常入射（θ=0°）。方程均可简化为 $r=(n_1-n_2)/(n_1+n_2)$。反射电磁波（光）的强度是电场强度的平方，所以对于非偏振入射光，光的强度为

$$R=((n_1-n_2)/(n_1+n_2))^2$$

从空气入射到玻璃上的光波，计算 R。空气中的折射系数 $n_1=1$，玻璃中的折射系数 $n_2=1.5$。这是否与你在夜晚从灯火通明的房间往窗外看时的经历一致？

第 3 章　光学成像

本章主要讲述电磁波谱中的可见光遥感，其中 3.1 节讲述了第一颗遥感卫星（“科罗纳”间谍卫星）的发展历史、技术水平及应用案例，后面几节将重点讲述第 2 章中提到的光子穿过大气层进入航天器的过程。

3.1　第一颗光学遥感卫星：“科罗纳”卫星

3.1.1　历史

第二次世界大战结束后，美国立即开展了太空成像实验，首先将缴获德国的 V2 火箭发射升空，后续将美国导弹计划项目开发出来的各种规格的火箭进行了飞行试验。这些实验使得从太空拍摄地球成为可能。20 世纪 50 年代末，美国开始尝试从太空对地球成像。

“科罗纳”（Corona）卫星是美国第一个太空侦察项目，保密代号为 Corona 计划，由美国中央情报局（Central Intelligence Agency，CIA）和美国空军（United States Air Force，USAF）联合管理，后来发展成国家侦查局（National Recon Organization，NRO）。1957 年 10 月 14 日，苏联成功发射了历史上第一颗人造卫星——“斯普特尼克号”（Sputnik）。在此背景下，1958 年 1 月 31 日，美国用“红石”火箭成功发射了范·艾伦的“探险者”1 号卫星。1958 年 2 月，艾森豪威尔总统批准了 Corona 计划，事实证明这个决定是有远见的。1960 年 5 月 1 日，由弗朗西斯·加里·鲍尔斯（Francis Gary Powers）驾驶的一架 U-2 高空侦察机被苏联导弹击落，美国总统被迫终止了在苏联上空的侦察飞行（图 3.1）。

1959 年 2 月 28 日，美国发射了第一颗侦察卫星——“发现者”1 号，由此开始了 12 次“发现者”系列侦察卫星发射失败的历程，其中有 7 次是由于发射问题导致的失败，其余 5 次，虽然卫星成功进入了预定轨道，但是在执行完拍摄任务，胶片返回舱返回地球时失联，12 次发射均未能获得太空影像。

1960 年 8 月 10 日，“发现者”系列侦察卫星的第 13 次发射任务圆满完成，卫星返回舱成功回收①。

第一批高分辨率太空照片得益于1960年8月18日发射的“发现者”14号侦察卫星。Corona计划的最后一颗卫星于1972年5月25日发射，编号为145，最后一批照片拍摄于1972年5月31日。令人好奇的是，电子信号情报卫星的起步更早一点，1960年6月22日，第一颗“银河辐射与背景试验”（Galactic Radiation Background Experiment，GRAB）科学卫星发射，在科学实验的掩护下主要用于秘密军事侦察，属于详查型电子侦察卫星。这颗卫星将电子情报学科的发展延伸到了太空。

适合刊登的所有新闻

纽约时报

后期城市版

VOL. CIX...No. 37,464. NEW YORK, SATURDAY, AUGUST 20, 1960. FIVE CENTS

太空舱从轨道返回途中被美军飞机在空中捕获

飞行物被牵引

返回舱在8500英尺高空被C-119捕获

RECOVERY: While orbiting earth (1), satellite is tilted by gas jets into re-entry position (2). Capsule is separated, slowed by retro-rocket (3) and started down (4). Then a parachute opens (5). The satellite's radio guides planes to scene, where one aircraft (6) snags capsule.

Succeed on Third Try

俄罗斯将载有2只狗和电视的卫星送入轨道

By WALTER SULLIVAN

MOSCOW, Aug. 19—The Soviet Union launched an earth satellite today weighing more than five tons as an important step in its man-in-space program.

美国金条贷款用于古巴食糖

Forbids Purchases With Aid From Washington—Cites 'Difficulty of Business'

安理会明天讨论刚果危机

卢蒙巴就袭击事件对哈马舍尔德进行谴责

By LINDESAY PARROTT

UNITED NATIONS, N.Y., Aug. 19—The Security Council was called today to meet at 12:30 P. M. Sunday in emergency session to consider the deepening crisis in the Congo.

Congolese Aides Arrive

鲍尔斯被判10年徒刑；苏联坚称惩罚温和，但艾森豪威尔认为很严厉

PILOT IS SENTENCED: Francis Gary Powers listening yesterday to the reading of his sentence in Moscow. At left is Mikhail I. Griayev, Soviet lawyer for the defense. Like other interior photos of the trial, this one is from Tass, Soviet press agency.

U-2侦察试验结束

三年监禁，剩余时间在苏联劳动改造

By OSGOOD CARUTHERS

MOSCOW, Aug. 19—Francis Gary Powers was found guilty today of espionage for the United States and sentenced to ten years' loss of liberty.

Only One Other Chance

图3.1 1960年8月20日《纽约时报》头版（注意右侧小标题）

在Corona计划执行的12年内，早期卫星的成像分辨率为8～10m，后期提高到2m（6英尺），从太空拍摄的照片超过80万张，每张照片的平均覆盖面积为10mile×120mile（1mile=1.609344km）。已解密的图片集装在39000个胶片盒里，其胶片总长210万英尺（1英尺=0.3048m）。后续的Gambit系列或KH-7

① 1959年8月，美国的“探险者”6号（Explorer-6）卫星发回了世界上第一张从轨道上拍摄的地球（电子）照片，这颗自旋稳定的卫星上装有电视摄像机，虽然这些图像已经丢失了，但显然比1960年4月1日发射的第一颗气象卫星“泰罗斯”1号卫星（TIROS-1）从太空拍摄的第一批民用图片更早（参见第8章和http://nssdc.gsfc.nasa.gov/，NSSDC ID：59-004A-05）。1959年10月，俄罗斯通过“月球”3号（Luna-3）卫星拍摄到了月球背面的图像，并将其传回地球（10月7日至18日期间，共传回17幅图像），http://nssdc.gsfc.nasa.gov/database/MasterCatalog?sc=1959-008A）。

卫星的任务是高分辨率成像，1963 年 7 月开始投入使用的 KH-7 卫星减小了成像幅宽，图像分辨率高达 2～4 英尺[①]。更高分辨率的 KH-8 卫星系统已经解密，但其高分辨率图像数据尚未解密。

3.1.2　技术

Corona 任务的设计理念是使用胶片相机在太空对地球照相，记录几天内地球不同位置的图像，然后通过卫星胶片返回舱将胶片从太空回收。胶片返回舱按预定轨道返回地球，通过降落伞减速漂浮接近地球时，由空军 C-119（和 C-130）运输机在空中拦截回收。卫星系统采用的是恒旋全景立体相机空中摄影技术（图 3.2（a）、（b）和图 3.3）。低轨道（轨道高度通常低于 100mile）和微小椭圆轨道更容易获取高空间分辨率图像，Gambit 系列的 KH-7 卫星近地点轨道高度低至 120km。Corona 任务的相关信息详见附录 2[②]。

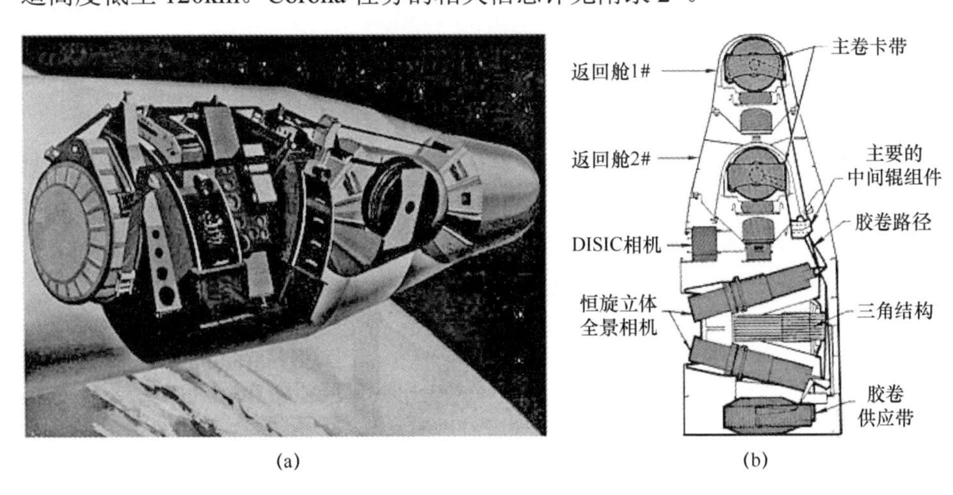

图 3.2　KH-4B（设计模型图）（a）和 KH-4B 或-J3 相机系统结构设计图（b）（DISIC 指的是一种双改进的恒星索引相机）。图片来源：美国国家侦查局[③]

“锁眼”（Keyhole）相机最初是航空摄影产品的变体，也是第一代“C”系列相机，由李顿系统公司（Itek）设计，仙童公司（Fairchild）制造，由两个反向旋转的相机组成，分别指向前方和后方，可对同一个地区进行重叠观测，立体视图如图 3.4 所示，相机采用长胶片（2.2 英寸×30 英尺）和天塞（Tessar）镜头，镜头 F 数为 5，焦距 24 英寸，基于 50～100 线对/mm 的胶片分辨率，第一批图像的地面分辨率为 40 英尺（柯达胶卷技术的进步是“科罗纳”计划中最

① 里切尔森（Richelson），美国《空军》杂志 2003 年 6 月刊第 72 页。

② 很有竞争力的美国空军人造卫星观测系统未曾完全正确地工作过。http://www.lib.cas.cz/www/space.40/1963/028A.HTM。

③ http://www.nro.gov/history/csnr/corona/imagery.html。

重要的技术进步之一，柯达开发了一种特殊的聚酯基胶片，取代了原来的醋酸质胶片）。

图3.3 “发现者”号卫星返回舱由美国空军C-119运输机，后来改用C-130运输机（图中所示）在空中回收，改装后的C-130运输机的后货舱门由伸出的杆、线和绞盘组成。据报道，在空中捕捉卫星返回舱被认为是整个过程中最不可能完成的部分[①]

KH-4系列相机（图3.2）对镜头和胶片进行了改进设计，采用Petzval镜头（镜头F数3.5，焦距仍然是24英寸），胶片分辨率160线对/mm，可以分辨6英尺的地面目标。Corona（KH-4）系列相机上使用的胶片感光度基本都在ASA2到ASA 8之间，只有普通胶片灵敏度或感光度的百分之几，这是为了获得高胶片分辨率的折中方法，也是为什么需要超大光学元件的原因之一[②]。相机实物如图3.5所示。

Corona系列胶片相机的图像绝大多数都是黑白的（全色），但也有例外，在1104号任务上使用的是红外膜胶卷，在1105号和1108号任务上使用的是彩色膜胶卷。然而，图像解译人员不喜欢彩色胶片，因为其分辨率比较低[③]，但试验表明，彩色图像对矿产勘探和其他地球资源研究具有重要价值，其优势间接导致了陆地资源卫星的发展，如图3.5所示。

① 最近，美国宇航局试图复制这项技术，但以失败告终。2004年9月8日，由于降落伞未能正确打开，“创世纪”号卫星坠毁，2004年9月12日，在犹他州沙漠一个很深的洞中被发现。http://www.nasa.gov/mission_pages/genesis/main/index.html。

② 德韦恩·戴（Dwayne Day）撰写了大量关于Corona及后续任务的文章，经常发表在《太空飞行》杂志，http://www.thespacereview.com/index.html。

③ 德韦恩·戴等人，《天空之眼：Corona间谍卫星的故事》，华盛顿特区：史密森学会出版社，1998年，第82页，KH-4B，12/04/69，相机运转良好，其任务携带的胶卷供应装置的最后是811英尺长的航空彩色胶卷。

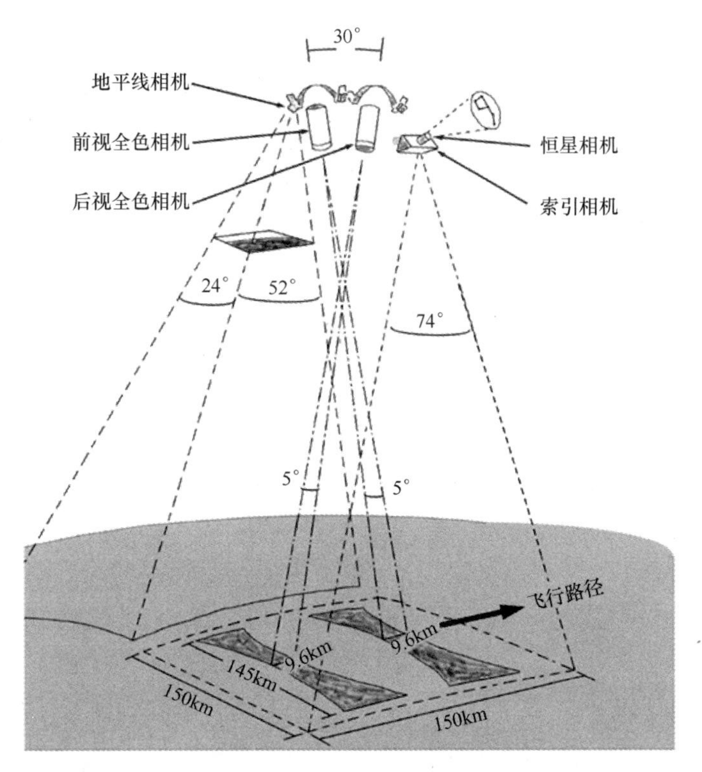

图 3.4　KH-4B 相机采用机械扫描的方式，保持地面的像始终在相机的焦点上。双相机提供了立体图像，在评估文物高度和自然特征时非常有用

图 3.5　史密森尼（美国博物馆）的 Corona 卫星（右边的是返回舱）

俄罗斯将胶片返回侦察技术一直保持到21世纪。2004年9月24日，“钴-M”（Kobalt-M）系列胶片返回式卫星开始发射，对外代号“宇宙”-2410

（Kosmos2410）卫星。2014 年 5 月 6 日，他们启动了（显然）最后一次任务，或许也是为了回应克里米亚的入侵。

2014 年发射的卫星是近地倾斜轨道，近地点 176km，远地点 285km，轨道倾角 81.4°，此卫星的寿命只有几个月[①]。有迹象表明，俄罗斯正在转向光电传输型卫星。

3.1.3 应用实例

Corona 卫星任务的首张照片是拍摄的苏联梅斯施密特机场（Mys Shmidta），如图 3.6 所示，图像分辨率足够高，可以辨别跑道和邻近的停机坪。后来，通过改进卫星系统获得了更高分辨率的图像，如图 3.7 所示的华盛顿特区五角大楼和华盛顿纪念碑图像。美国地质勘探局（USGS）可获得解密图像[②]。

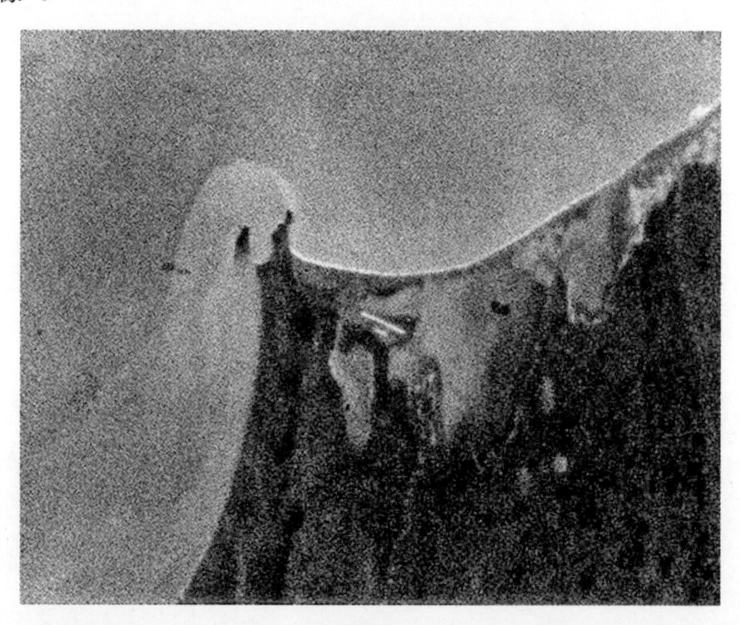

图 3.6 1960 年 8 月 18 日，Corona 卫星拍摄的首个情报目标图像——苏联（U.S.S.R）梅斯施密特军用机场（Mys Shmidta Airfield），此机场位于俄罗斯东北部楚科奇海（Chukchi Sea）附近（北纬：68° 54′，西经：179° 22′12″，西伯利亚东北部，阿拉斯加州巴罗市西部），左上角为北。图片来源：美国国家侦查局（NRO）

① http://www.russianspaceweb.com/kobalt_m.html;http://www.nasaspaceflight.com/2014/05/soyuz-2-1a-kobalt-m-reconnaissance-satellite/。

② http://pubs.usgs.gov/fs/2008/3054/。

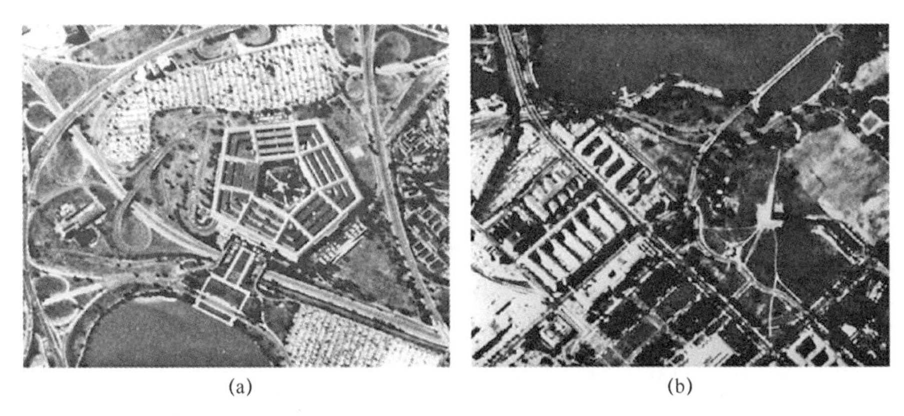

(a)　　　　　　　　　　　　(b)

图 3.7　华盛顿特区资料图片（图片来源：美国国家侦察）

（a）五角大楼，拍摄于 1967 年 9 月 25 日，一张非常流行的图片；（b）华盛顿纪念碑，拍摄于 1967 年 9 月，请注意其阴影。

当然，Corona 计划的重点也是为了追踪苏联的军事活动。图 3.8 所示为 1969 年 2 月 10 日拍摄的苏联北海的一个港口——北德文斯克造船厂（Severodvinsk Shipyard），图中心的大长方形是船厂建筑大厅，左边的广场庭院（干船坞）是船只（潜艇）下水的地方，弯曲的冰雪痕迹揭示了潜艇漂流到河里的位置。卫星在港口设施的南向通道上飞行[①]。

图 3.8　北德文斯克造船厂（拍摄于 1969 年 2 月 10 日）

① 《天空之眼，Corona 间谍卫星的故事》，第 224 页，D. A. Day, J. M. Logsdon 和 B. Latell 合编（1998）。

北德文斯克（Severodvinsk）在图 3.9 和图 3.10 的大场景图像中仅显示为一小片区域，如图 3.9 中的红点位置。图中的条带垂直于卫星的运动轨迹，卫星朝着东南方向飞行，其地平线相机胶片边缘所成的图像展示了地球是圆形的，当系统沿地平线扫描时，来自地平线相机的图像可提供参考时间信息。

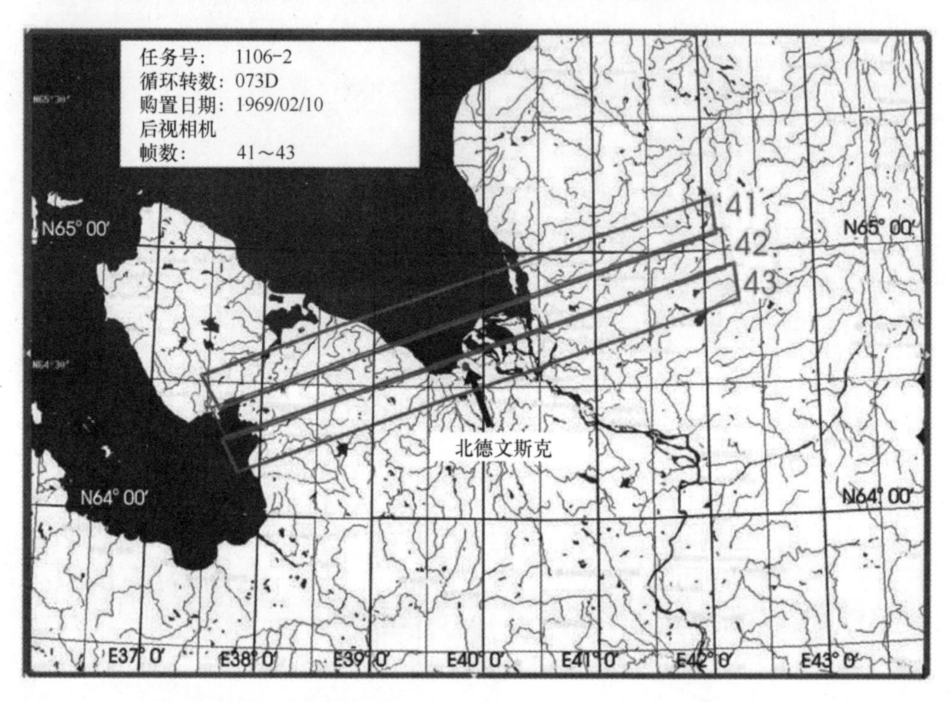

图 3.9 Corona 卫星的覆盖图（图片来源：美国地质调查局）（见彩插）

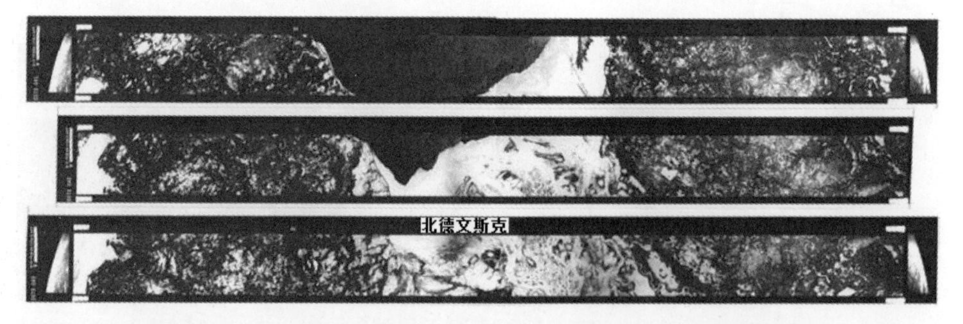

图 3.10 Corona 卫星的 3 幅连续图像。图 3.8 中的造船厂在最下面一帧图像中“Severodvinsk”的下面，请注意胶片的末端：“当卫星的主相机拍摄地面照片时，两个小相机在同一个胶片上同时拍摄地球的地平线。”地平线相机帮助解析器计算出航天器相对地球的位置，并验证了照片中所覆盖的地理区域[①]

① http://airandspace.si.edu/exhibitions/space-race/online/sec400/sec431.htm。

在执行 Corona 系列任务期间，还有其他几个胶片式返回卫星也被送入了太空，从某种意义上说，最有代表性的是"Gambit"系列的 KH-7 和 KH-8 卫星，为满足更高的空间分辨率，缩小了成像区域，KH-7 卫星的插图详见第 1 章。

3.2　大气吸收、散射和湍流

第 2 章讲述了光对物体的照射，物体对光的反射和散射。沿着光子成像的路径，本节讨论大气对光学成像的影响，3.3 节和 3.4 节讨论光学系统对成像质量的影响，3.5 节讨论探测器对成像质量的影响。

大气对光学遥感有 3 个影响因素。

（1）吸收。通常是指大气中的原子和分子对光子的吸收。

（2）散射。主要由灰尘、雾和烟雾等气溶胶对光子产生散射。

（3）湍流。由于大气温度和密度的波动产生湍流，影响光子的传播路径。

3.2.1　大气吸收：波长相关性

地球观测的最大影响因素是大气吸收，特别是水、二氧化碳和臭氧的吸收影响，影响程度大致按前后顺序由大到小。图 3.11 所示为在地面计算的标准大气的透过率曲线（横坐标为对数），由 MODTRAN 软件仿真得出，MODTRAN 软件是美国空军（UFAF）使用的标准代码，用于模拟大气吸收和散射。图中深蓝色阴影区为大气窗口，对电磁辐射光谱区基本是透明的。但大气对有些光谱区是不透明的，5～7μm 的光谱区域以水汽吸收为主，10μm 附近有一个小光谱区的臭氧吸收带。

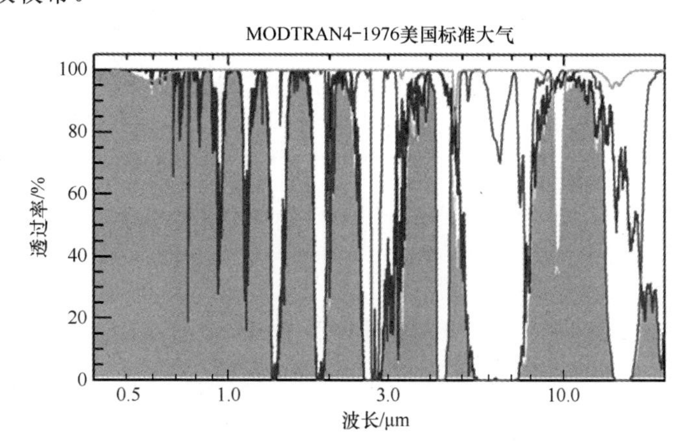

图 3.11　大气吸收。透射率曲线是由 MODTRAN 4.0 软件（第 2 版）仿真得出。1976 年 10 月，美国国家海洋和大气局（NOAA）出版了《美国标准大气（1976）》（NOAA0S/T-1562），由华盛顿特区出版（见彩插）

3.2.2 大气散射

电磁辐射（光子）穿过地球大气遇到各种粒子时都要发生散射。大气散射是光子与大气分子（和原子）、悬浮微粒（气溶胶）、云（水滴）等各种散射介质发生相互碰撞引起的。散射可以根据波长和散射剂（原子、分子和气溶胶）大小之间的关系分为 3 种类型。

瑞利（或分子）散射，在光谱中主要是由氧和氮分子引起，当它们的有效直径远小于电磁辐射的波长，便会产生瑞利散射。典型的分子直径为 1～10Å。瑞利散射与波长关系很大，散射概率与波长的 4 次方（λ^{-4}）成反比，如图 3.12 所示，图中最底部（虚线）的曲线是瑞利散射。

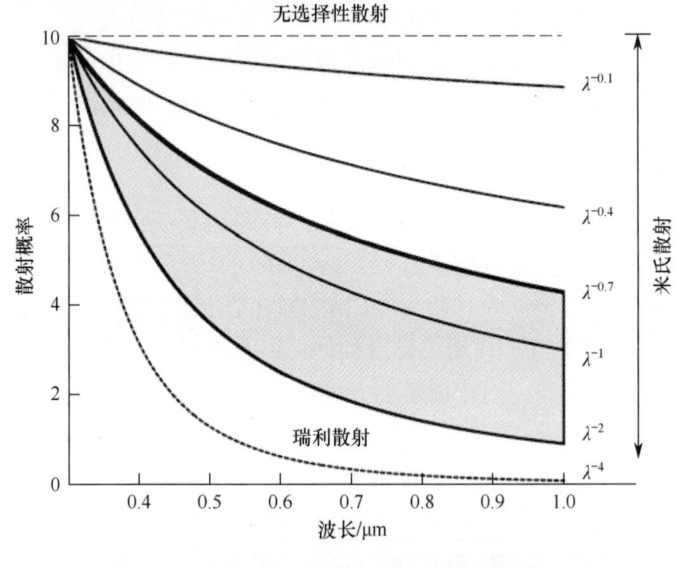

图 3.12　大气散射示意图

湿度低，气溶胶少的白天，晴朗的天空呈现蓝色的原因就是蓝光波长较短，容易被大气散射。蓝色波长的光从四面八方到达我们的眼睛。这也是摄影师想用黑白胶片相机拍摄清晰全景照片时要使用黄色或红色滤镜的原因，这两种滤镜能减少到达胶片上的散射光线，从而获得更清晰的整体图像。瑞利散射光也是偏振的，因此，彩色风景摄影师会使用线性偏振滤光器使天空变暗，如图 2.3 所示。散射是卫星成像仪选择波长的一个重要影响因素，一般不采用蓝色波长的光。

随着散射介质相对尺寸的增大，散射过程逐渐向米氏散射演化。散射概率对波长的依赖性减小，散射方向性也随之变化。对于瑞利散射，各个方向的散射概率大致相等，随着粒子尺寸的增大，正向散射的概率增大。当空气中存在大量微粒物质时，米氏散射在太阳周围产生几乎是白色的眩光，也会从雾、烟雾中发出白光。重要的米氏散射剂包括水蒸气、微小的烟雾粒子、灰尘和火山喷出物等，这些粒子的大小与遥感中的可见光和红外线的波长相当。米氏散射在确定红外系统性能方面具有重要意义，特别是在沿岸（沿海）环境中。根据散射粒子的大小分布、形状和浓度，波长依赖关系在 λ^{-4} 和 λ^{0} 之间变化。

更大的散射介质（超过10倍的光子波长）会使粒子不依赖于波长而散射（见图3.12中最上面虚线所示的“无选择性散射”）。云和雾是由水滴和冰晶组成的，它们以雾的灰色色调出现，这种散射使阳光照射下的云层表面呈现出明亮的白色，大的烟雾颗粒，如果没有特殊的吸收特性，就会把天空的颜色从蓝色变成灰白色。[①]

散射和吸收的综合效应如图3.13所示，该图旨在表明大气层吸收对光从地面传输到空间的影响，正如高空卫星所观察到的那样，光谱范围在前面插图的基础上进行了扩展。由于20～40km高空的臭氧层对0.35μm以下波长的吸收非常显著，导致大气对0.3μm以下的太阳光是不透明的。总体来说，大气在长波红外波段（11～12μm）比可见光波段（0.4～0.7μm）更透明，虽然可见光区域被描述为一个窗口，但最终它只有50%～60%的透过率。

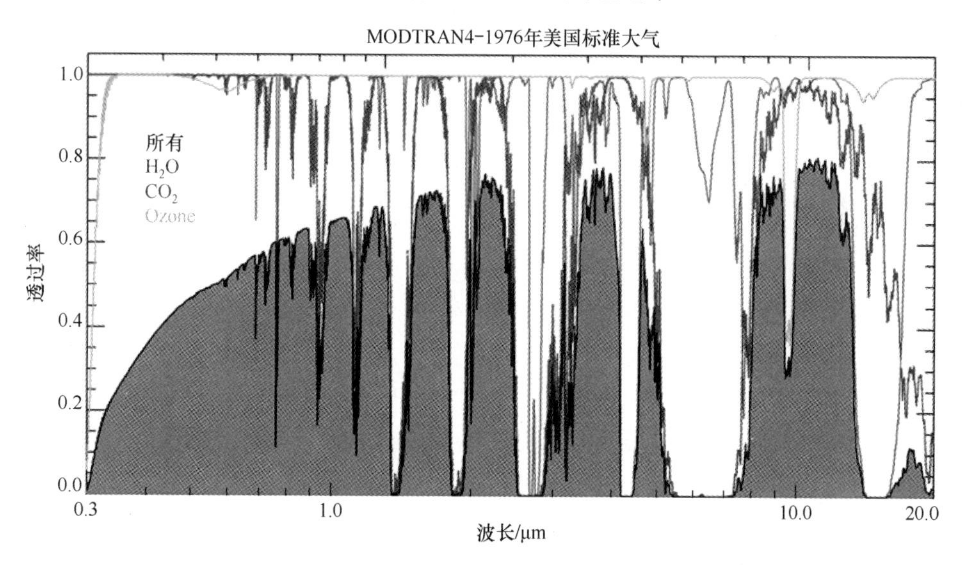

图3.13 大气散射和吸收的综合效应。透过率曲线是由MODTRAN 4.0软件的（第2版）仿真得出，仿真条件：1976年美国标准大气，典型的中纬度地区，整体宽阔的形状是因为分子和气溶胶的散射

① 《遥感手册》第2版，第2卷，第210页，斯莱特著，亨德森和刘易斯编辑，约翰威立国际出版社出版，纽约（1983）。

3.2.3 大气湍流

大气对遥感观测的第二个影响因素是“大气湍流”，这也是图 3.14 和图 3.15 中阐述的“星星为什么会闪烁?”的原因。

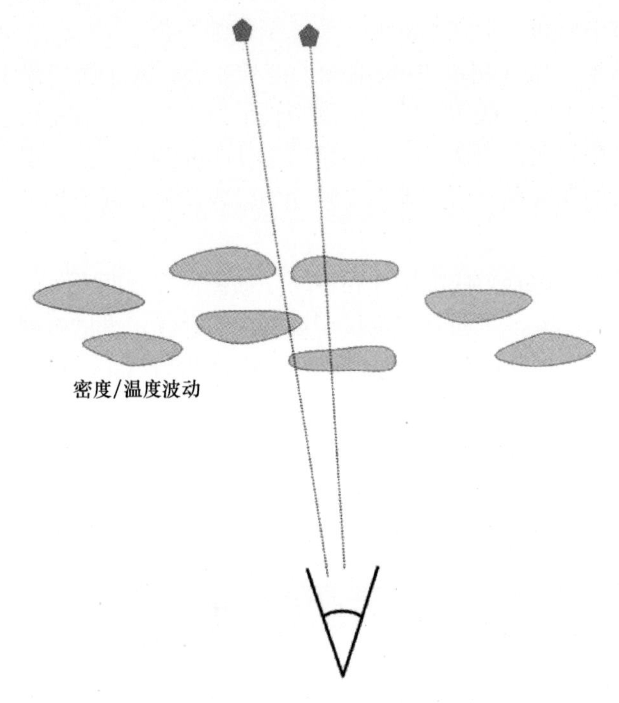

图 3.14 当光线通过变光路时，恒星的表观位置会波动

由于大气湍流的存在，光在大气中传播时会遇到密度和温度的小扰动。密度上的微小不规则变化会引起折射率的变化，而折射率的变化又会导致光传播方向上的微小波动（斯涅尔定律），约为百万分之一。这些不规则的大气边界层（大气底部）具有几十米，并且在毫秒到秒的时间尺度上波动。大气湍流对通过大气向上观测的望远镜的影响要比对通过大气向下观测地球的遥感器的影响大得多。

图 3.15 展示了大气湍流对恒星观测的影响。自适应光学技术（这里不展开介绍）使用光学技术来补偿入射光的闪烁方向。这是 1997 年 9 月美国“星火光学试验机构”（全世界最先进的自适应光学技术研究基地）用带自适应光学系统的 3.5m 望远镜拍摄的“第一束光”图像。图 3.15（a）是未补偿的图像，图 3.15（b）是补偿后的图像。此前人们并不知道目标实际上是一对恒星。[①]

① 原始资料：http://www.de.afrl.af.mil/SOR/binary.htm，不再提供。另请参阅《自适应光学革命：历史》，R. W.达夫纳著，第 272 页，2009 年出版。

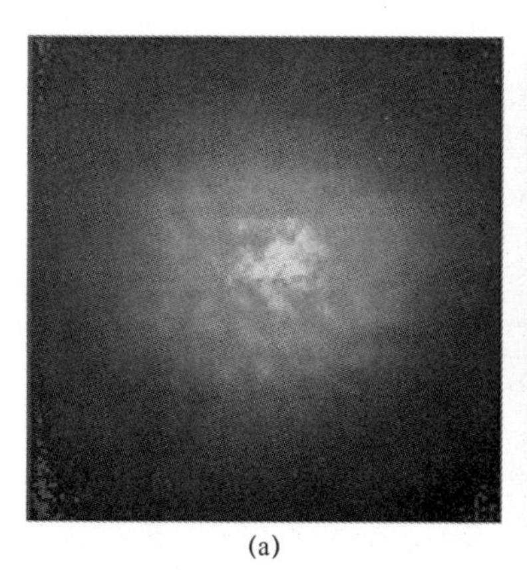
(a)

(b)

图 3.15　这张天文 I 波段（850nm）的双星 Kappa-Pegasus（k-peg）补偿图像是用 756-有源执行机构自适应光学系统拍摄的。这两颗恒星之间相隔 1.4544μrad，图像大小为 128×128 像素，每个像素角 120nrad，无补偿光斑的分辨率（FWHM）约为 7.5μrad，约为两颗恒星距离的 5 倍。术语注释：天文学红外波段为 H（1.65μm）、I（0.834μm）、J（1.25μm）和 K（2.2μm）

综上所述，3 个环境因素（吸收、散射和湍流）限制了成像系统的分辨率。

3.3　基础几何光学

这里所讨论的物理链路是指光子从光源（通常指用于可见光成像的太阳）穿过大气层，然后能量被探测器接收。为了完成遥感器对光子能量的探测，需要一个光学系统和探测器。本节只讨论光学系统最基本的方面，尤其是决定成像分辨率的因素。

3.3.1　焦距/几何光学

光学中最基本的方程是薄透镜成像公式，即

$$\frac{1}{f}=\frac{1}{i}+\frac{1}{o} \tag{3.1}$$

式中：f 为焦距，薄透镜的一种固有特性，由透镜材料（或材料）的曲率半径和折射率决定；o 为物距，薄透镜中心到物体的距离；i 为像距，薄透镜中心到像的距离。

当物距趋向于无穷大（∞）时，像距等于焦距，当物距是 2 倍焦距时，像距也是 2 倍的焦距（$i=o=2f$），如图 3.16 所示。

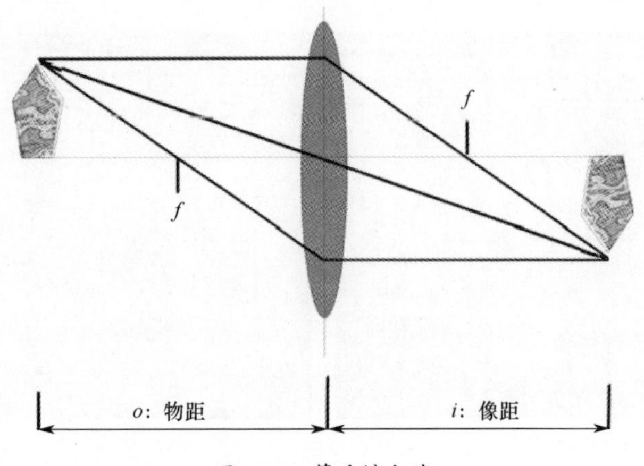

图 3.16　薄透镜定律

3.3.2　光路图：相似三角形和放大倍率

利用相似三角形原理可以得到图像的大小，放大倍率为像距与物距之比。在前面的例子中，如果物距等于像距，那么像与物的大小相同。图 3.17 展示了物距增大引起几何形状的变化。通常在遥感中，物距是一个很大的数字，而像距近似等于焦距。例如，早期宇航员操作的哈苏相机（Hasselblad），采用典型的 250mm 镜头，在 150km 高空拍照，像的大小与物的大小的比率是（250×10^{-3}）/（150×10^{3}）$=1.6\times10^{-6}$（相当小的一个数），蒙特利半岛（从北向南延伸约 20km）被成像在一块 32mm 长的胶片上（约为 70mm 胶卷 1/2 的宽度）。本章讲述的 Corona 计划中的 KH-4 卫星的光学系统的焦距是 61cm。

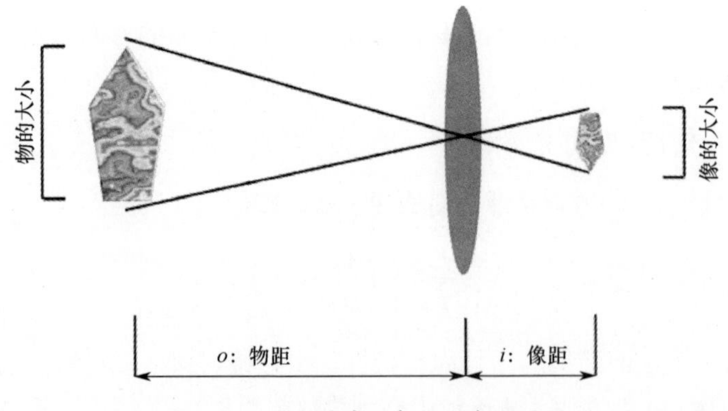

图 3.17　放大倍率：相似三角形原理

物距为高度或距离，像距通常近似为焦距。

举例：

假设一个摄影师用现在的数码单反（DSLR）相机在足球场上拍照，镜头焦距为 1000mm，拍一个与他距离 40m，身高 2m 的运动员，那么，在相机探测器或焦平面上所成的像有多大？

$$\frac{\text{像的大小}}{\text{焦距}}=\frac{\text{物的大小}}{\text{物距}} \Rightarrow \text{像的大小}=\frac{\text{物的大小}}{\text{物距}}\times\text{焦距}$$

$$\text{像的大小}=\frac{2\text{m}}{40\text{m}}\times 1000\text{mm}=5\text{cm}$$

这个值大于现代单反相机的像素尺寸，故给运动员拍的照片不能照到全身。

3.3.3　孔径

透镜的聚光能力取决于其直径的大小，光学系统越精密其尺寸就越大（感光快）。有效孔径取决于焦距（放大倍数），这种关系由 f 数（$f/\#$）表示，即焦距与透镜（或镜子）直径的比值为

$$f/\# = \frac{\text{焦距}}{\text{主光学系统的直径}} \tag{3.2}$$

普通相机的典型镜头 f 数一般为 $f/2.8$～$f/4$，现在单反相机的高质量标准镜头一般为 $f/1.2$～$f/1.4$。焦距越长（放大倍数越高），镜头的尺寸就必须越大，这样才能保持相当的聚光能力。焦距越长，光学系统越难制造。一个体育摄影师的长焦镜头可能是 500mm，孔径（光圈）最好为 $f/8$（问题：这个孔径（光圈）的直径大小是多少?），根据光学惯例，这里有两个不同的量称为“f”：一个是焦距，另一个是孔径（光圈）。

如本章开头所述，KH-4B 型相机的焦距为 24 英寸，直径为 5～10 英寸（见附录 2 中 Corona 相机简介）。$f/4$～$f/5.6$ 的孔径是早期系统的典型特征。相比之下，哈勃空间望远镜的特点是孔径为 $f/24$ 和 $f/48$，这取决于大主镜后的光学系统[①]。

3.3.4　镜头或针孔成像

一旦图像在焦平面上形成（如在胶卷上），图像就可以被记录下来，图 3.18 是用 35mm 相机拍摄的一对图像，左图是用 50mm 镜头拍摄的[②]，右图是用同

① 补充说明：由透镜组成的光学系统要特别注意成像光谱范围内透镜材料的透明度。对于从 400nm 到红外谱段范围内的可见光，玻璃是透明的。紫外传感器和中波红外/长波红外传感器需要由特殊的材料制成，故其更加昂贵。

② 在摄影中，“正常”意味着如果你将图像打印在一张 8×10 大小的纸上，并保持一臂距离远，它会像现实生活中的场景一样。现代的“自动对焦”相机通常焦距都较短，但仍然经常使用“35mm 当量”作为一种标准化命名的方法。

一架相机拍摄的，但没有用镜头，取而代之的是用一块带有针孔的铝箔作为镜头固定在相机的前部，铝箔距离胶片焦平面约 50mm，针孔直径约为正常镜头直径的 1%。

加利福尼亚，太平洋格罗夫小镇，情人角公园，2000年4月9日

佳能AE-1, 50mm 镜头, 1/5000s, $f/11$

佳能AE-1, 0.57mm 针孔, 1/30s

图 3.18　两幅海岸线图片。等效于 50mm 镜头的针孔的通光孔径是 0.57mm，$f/\#$为 $f/100$

上图中的针孔图像很模糊，针孔越小，图像就会越清晰，小孔径成像的问题是需要相对较长的曝光时间。随着衍射效应的出现，最终将达到一个极限，详见 3.4 节所述。

3.4　衍射极限：瑞利准则

在光学系统中，除了几何问题外，我们还必须考虑光的波动性对系统的影响。

这种波特性的一种表现是衍射——光可以在锐利的边界附近扩散。衍射同样适用于声波和海浪，它们具有我们更熟悉的距离尺度。

由衍射推导出瑞利准则，它决定了所有遥感系统能实现的极限角度（空间）分辨率，瑞利准则是在一维情况下提出的，考虑了一个无限小的单缝（图 3.19）。

这个有点不合比例的图显示了光线射向狭缝的情况，对于纯几何光学，狭缝后面的平面上会有一个白点，与狭缝的大小相对应（图 3.20）。实际上，平面上存在一个中心极大值，其宽度由光的波长、狭缝的宽度以及狭缝到下方表面的距离（或范围）决定，强度为

$$I \propto \left[\frac{\sin\phi}{\phi}\right]^2,\quad \phi=2\pi\frac{ax}{R\lambda} \tag{3.3}$$

式中：a 为狭缝的宽度；x 为沿目标表面到中心线的距离；R 为狭缝到下表面的距离；λ 为波长。

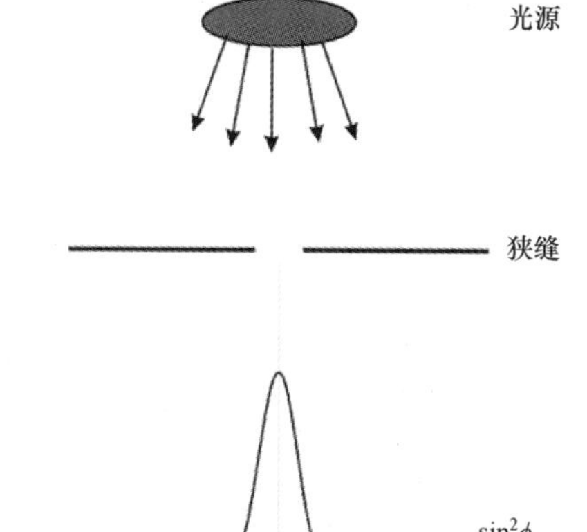

图 3.19　单缝衍射效应

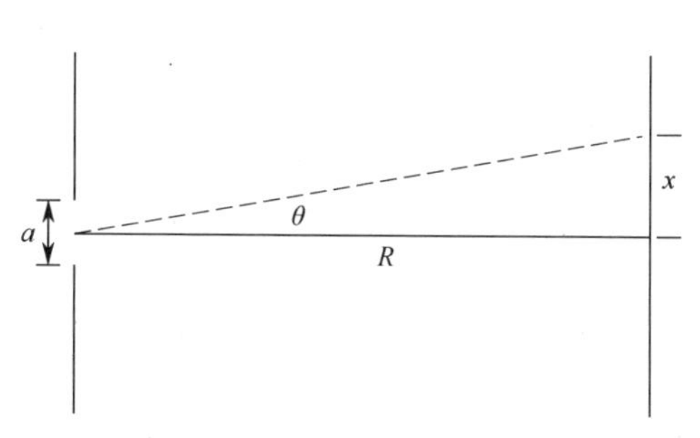

图 3.20　单缝衍射效应的几何关系图

式（3.3）括号中的函数是熟悉的正弦函数，当 ϕ=0 时幅值为 1，ϕ=π 时幅值下降为 0，即

$$2\pi\frac{ax}{R\lambda}=\pi$$

或者

$$\frac{x}{R}=\frac{\lambda}{2a} \tag{3.4}$$

中心最大值的宽度是这个值的 2 倍，其结果众所周知：第一个亮区的角宽度为 $\Delta\theta=2(x/R)=\lambda/a$。这个区域之外的次级极大值很重要，特别是在雷达和通信领域——这些都是矩形天线的天线方向图的旁瓣。

衍射效应决定了光学系统的极限角分辨率，即波长与孔径宽度或直径的比值，这也决定了光学系统的大小，衍射公式应用于矩形孔径（见第 9 章），并得出瑞利准则公式，即

$$\Delta\theta=\frac{\lambda}{D} \tag{3.5}$$

式中：$\Delta\theta$ 为角分辨率；D 为孔径宽度。

对于圆形孔径，这个公式需要被修正，通过对孔径形状进行傅里叶变换得到圆形孔径公式，式中所涉及的贝塞尔函数通常是在微分方程中发展起来的，即

$$I\propto\left[\frac{J_1(w)}{w}\right]^2 \tag{3.6}$$

式中：J_1 为 1 阶贝塞尔函数；$w=(2\pi ar)/(R\lambda)$，a 为透镜半径，r 为到中心线的距离，R 为镜头到屏幕的距离，λ 为波长。该函数如图 3.21 所示。第一个零

出现在 w=3.832 时，产生了一个相对著名的结论：艾里斑（Airy disk）的半径=0.61λ×镜头到屏幕的距离/镜头半径，或者镜头的角分辨率为

$$\Delta\theta = 0.61 \cdot \frac{\lambda}{a}$$

或者

$$\Delta\theta = 1.22 \cdot \frac{\lambda}{D} \tag{3.7}$$

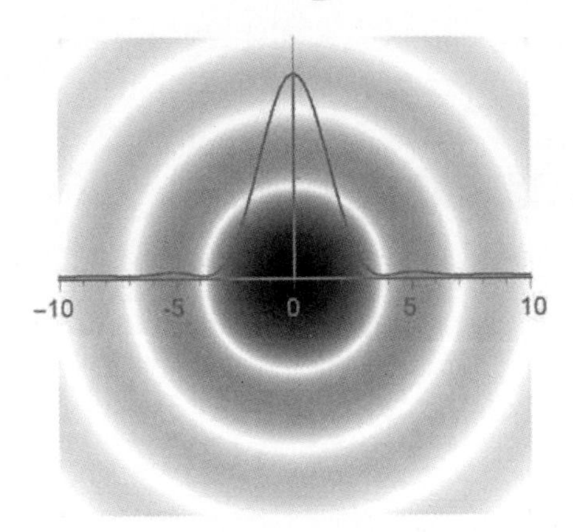

图 3.21　圆孔衍射的艾里斑图。为了增强视觉对比度，对背景及图案进行了反色

这意味着什么呢？随着角度分辨率的提高，两个相邻的物体变得可区分，如图 3.22 所示，这个概念通常在天文学应用中最容易理解，$\Delta\theta$ 是两颗恒星之间的角间距。如图所示，只有当两颗星的角距 $\Delta\theta$ 满足式（3.7）的定义时，两颗星才能分辨出来。同时，这一概念可直接扩展到地面应用，定义地面采样距离（GSD），用 $\Delta\theta$ 和传感器到目标距离的乘积表示。

图 3.22（b）展示了光学系统口径逐渐达到瑞利极限时像的变化情况。该图像模拟了 400km 远的两个点目标（如低轨道卫星高度），点目标之间相距 10m，角分离为 25μrad，采用口径分别为 12.2mm、24.4mm、36.6mm 和 48.8mm 的光学系统进行成像，得到对应的图像。波长为 0.5μm 时，口径为 24.4mm 的光学系统的瑞利极限为

$$1.22 \times \frac{0.5 \times 10^{-6}}{0.0244} \times 400 \times 10^{3} = 10.0\text{m}$$

图 3.22（a）和图 3.22（b）从下数第二幅图说明了这种情况。图 3.22（b）的最上面图中的两个目标完全分离了，采用的是两倍瑞利准则，在一些工程文件中也以此为设计准则。

举个例子，假设有一个像哈勃空间望远镜这样的系统在 200nmile（370km）的高度运行，对星下点成像，那么这个距离就是高度。瑞利准则可用于估计这

类遥感器可能产生的最佳地面分辨率，即

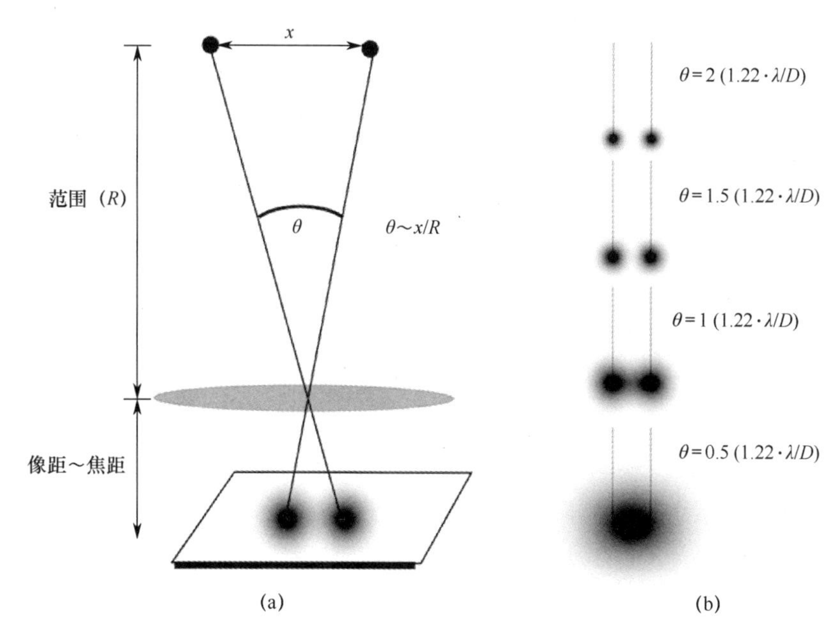

图 3.22　两个物体（恒星）之间的距离 x，恰好符合圆柱光学的瑞利准则（a），距离透镜400km 远的两个点目标，需相隔 10m 才能分辨出（b）

$$\text{直径}=96\text{英寸}=2.43\text{m}$$

$$\text{波长}=5000\text{Å}=5\times10^{-7}\text{m}$$

$$\text{GSD}=\Delta x=1.22\frac{\lambda}{a}R=1.22\cdot\frac{5\times10^{-7}}{2.43}\cdot370\times10^{3}$$

$$=9.3\times10^{-2}\text{m}=9.3\text{cm 或}3.7\text{英寸}$$

3.5　探测器

在所有的遥感器系统中，光子经过光学系统之后的下一个主要元件都是探测器，现代的探测器系统都采用固态技术，详见下文所述。

3.5.1　固态探测器

一般来说，遥感上使用的固态探测器阵列，与现代摄像机和数码照相机上所用的电荷耦合探测器（CCD）很像。关于传感器［也称为焦平面阵列（FPA）］的宽泛表述，并不能完全涵盖许多已在轨飞行的线性阵列（一维焦平面）传感器，如 SPOT 系列，甚至目前正在使用的单探测器传感器，如地球静止轨道气象卫星（GOES）系列和陆地资源卫星系列，但是基本的物理原理都是相似的。

电子探测光辐射有许多可能的方法。这里重点介绍“本征”（带隙）探测器，它们被应用在大多数硅（CCD）焦平面的设计中[①]。光电倍增管和图像增强器的光电发射技术已在第 2 章中介绍。

与玻尔原子一样，固体材料（特别是半导体）具有可能被电子占据的能级分布。一般来说，电子处于与单个原子基态相对应的状态，称为价电子带。然后在能量上有一个间隙（“带隙”），表示电子被禁止占据的能量范围，如图 3.23 所示。

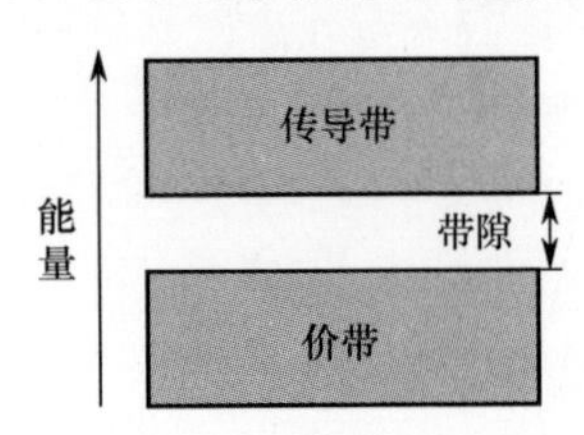

图 3.23　能量带隙示意图

然而，如果光子击中半导体，把能量给价带中的电子，电子被激发跨过带隙跃迁至传导带，电子的这一性能很重要，使得电子可以像在导体中一样运动，而且还可以被收集和测量。这是大多数固态探测器工作的本质。它们的效率各不相同，但通常可以探测到 40%～80%具有足够能量的入射光子。对于硅，最大效率发生在 0.9～1.0mm 的近红外。

这种简单的描述使我们更容易理解固态探测器（SSD）使用中的一些重要约束条件。首先，必须将能带隙与要观测的光子能量匹配起来，光子能量必须大于等于带隙能的大小，带隙大小随材料而异（表 3.1）。

表 3.1　常用材料的带隙能

材料	300K 时带隙能量/eV
硅（Si）	1.12
锗（Ge）	0.66
砷化镓（GaAs）	1.424
锑化铟（InSb）	0.18
硅化铂（PtSi）	0.22
硫化铅（PbS）	0.35～0.40
碲镉汞（HgCdTe）	0.1～0.3

这些数值对用作探测器的不同材料的用途有何限制？以最常见的硅为例子，回忆第 2 章中波长与跃迁能量的关系式，即

$$\lambda = \frac{hc}{\Delta E}$$

① 参见 C.麦克理特，“天体物理学的红外探测器”，《今日物理学》（2005 年 2 月）。

式中：ΔE 为带隙能量（eV），[①②]即

$$\lambda=\frac{hc}{\Delta E}=\frac{1.24\times10^{-6}(\text{eVm})}{1.12\text{eV}}=1.1\times10^{-6}\text{m 或}1.1\mu\text{m}$$

因此，硅探测器可以探测可见光和近红外光谱，现在相机系统采用的硅探测器能反映这一特点。能量带隙一般取决于温度。

探测长波光子需要碲镉汞（HgCdTe）或锑化铟（InSb）等材料，然而，相对较小的带隙引起了一个问题，在室温下，电子会四处乱窜，由于热激发，时不时就会有电子穿过这个带隙，这个过程在很大程度上是由来自“麦克斯韦—玻耳兹曼”分布（或钟形曲线）的指数项控制的，它描述了在热平衡状态下任何物体集合（无论是电子、原子还是分子）中的速度或能量，即

$$\frac{N_2}{N_1}=\text{e}^{-\left(\frac{(E_2-E_1)}{kT}\right)}\Rightarrow\text{number}\propto\text{e}^{-\left(\frac{\text{带隙能}}{\text{热能（}kT\text{）}}\right)}\tag{3.8}$$

如果这些电子被收集起来，就会成为背景噪声的一部分，称为暗电流。为了防止这种情况，材料通常需要冷却到 50～70K，这至少需要液氮作为冷却剂（在某些应用中，液氦（4K））。机械式制冷机在空间应用中还存在一些问题，除了其使用寿命通常较短外，还会将振动引入焦平面，这些原因使其在空间应用中不受欢迎。NASA 最近的一些任务使用了由美国天河汽车集团（TRW）开发的长寿命脉冲管技术，取得了显著的成功。

此处通过计算说明冷却的重要性。使用碲镉汞（HgCdTe），假设带隙为 0.1eV，比较室温 300K 和 4K 时穿过带隙的电子标称数。kT 项的转换因子为

$$1.38\times10^{-23}\frac{\text{J}}{\text{K}}/1.6\times10^{-19}\frac{\text{J}}{\text{eV}}=8.62\times10^{-5}(\text{eV/K})$$

$$\frac{1.38\times10^{-23}\text{J/K}}{1.6\times10^{-19}\text{J/eV}}=8.62\times10^{-5}(\text{eV/K})$$

$$T=300\text{K，}kT=0.026\text{eV；}T=4\text{K，}kT=0.00035\text{eV}$$

$$\text{number}\propto\text{e}^{-\left(\frac{\text{带隙能}}{\text{热能（}kT\text{）}}\right)}=\begin{cases}\text{e}^{-\left(\frac{0.1}{0.026}\right)}=\text{e}^{-3.8}=0.02\text{，（300K 时）}\\ \text{e}^{-\left(\frac{0.1}{0.00035}\right)}=\text{e}^{-286}=0\text{，（4K 时）}\end{cases}$$

在室温下，指数很小，但是反映了电子能穿越带隙的不可忽略的激发次数。在液氦温度下，电子在价带中处于静止状态。

表 3.1 的带隙值适用于标称室温。由于能隙取决于温度，所以受探测器冷却的影响。例如，锑化铟（InSb）的带隙随着温度的降低而增大，如图 3.24 所

① G.H.Rieke，《光探测：从紫外线到亚毫米波》，剑桥大学出版社（2002 年版）。

② 施敏（S.M.Sze），《半导体器件物理》，约翰威立国际出版公司，纽约（1981）；基泰尔（Kittel），《固体物理导论》，约翰威立国际出版公司，纽约（1971）。

示，从室温下的 0.17eV 增大到 20K 时的 0.235eV。

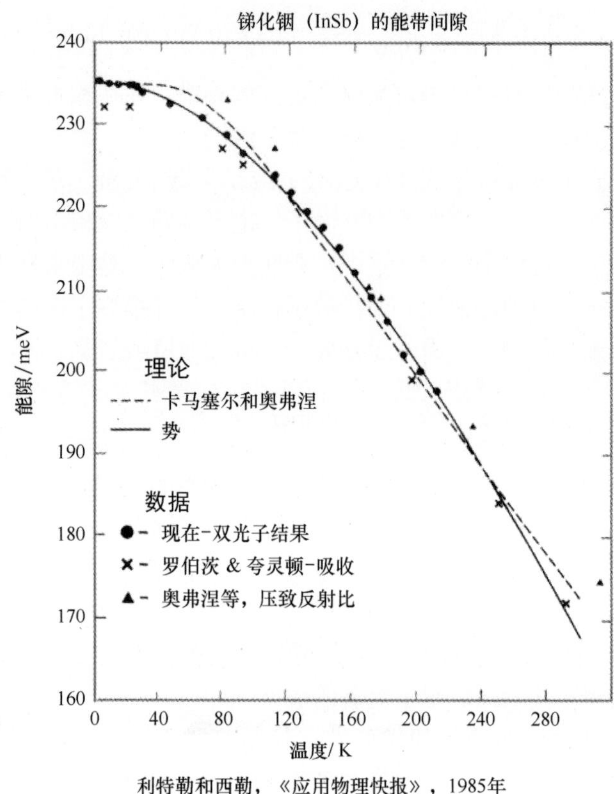

图 3.24　锑化铟的带隙是温度的函数①

可见光相机都使用硅作为敏感元件，典型的商业红外成像系统使用 InSb、PtSi 和 HgCdTe 作为敏感元件（如前视红外成像系统（Forward Looking Infra-Red，FLIR）系列相机），另外，还有两种流行的新技术：量子阱红外探测器（Quantum Well Infrared Photodetector，QWIP）和微辐射探测仪探测器。微辐射探测仪的传感器与传统的制冷型半导体传感器相比具有许多优点，详见下一节。

3.5.2　焦平面阵列

探测器的光敏元件可以作为单个元件存在，并且有许多业务系统在名义上具有单个探测器，GOES 气象卫星就是一个非常值得关注的例子，详见第 8 章所述。然而，通常较新的系统要么采用面阵阵列（如数码相机），要么采用线性

① 经 C.L.Littler 和 D.G.Seiler 许可，转载了“非线性光学技术对锑化铟（InSb）能量带隙的温度影响”，《应用物理快报》第 46 卷第 10 期（1985），美国物理联合会（AIP）出版发行。

阵列，如 IKONOS 的一维阵列，像素为 13500 像元。

CCD 是一组敏感元件阵列，也是一种集成电路(IC)，具有独特的特性，即通过施加合适的移位脉冲，可以将 IC 的一个单元中的电荷转移到相邻的单元，在几乎没有损耗的情况下，由电荷量定义的信息可以从一个势阱转移到另一个势阱，这一特性允许设备被用作存储设备。进一步发现表明，可以改变结构使得单个势阱单元既对入射光做出反应，同时还保持转移电荷的能力，固态 CCD 成像仪就出现了。

在 CCD 中，每个像元（或像素）首先将入射光转换成与接收到的光能量成正比的电荷数，然后将电荷从一个势阱移动到另一个势阱，最后在 CCD 的输出端转换成代表原始图像的视频信号。

探测器的分辨率是由焦平面上单个像素之间的间距定义的，像素的间距通常非常接近像素的大小，现代硅探测器的间距一般为 5～10μm，更多独特材料通常具有更大的像素间距（图 3.25）。第 6 章介绍了一种比较典型的线性 CCD 阵列，柯达（Kodak）的 3×8000 线性阵列如图 6.4 所示。

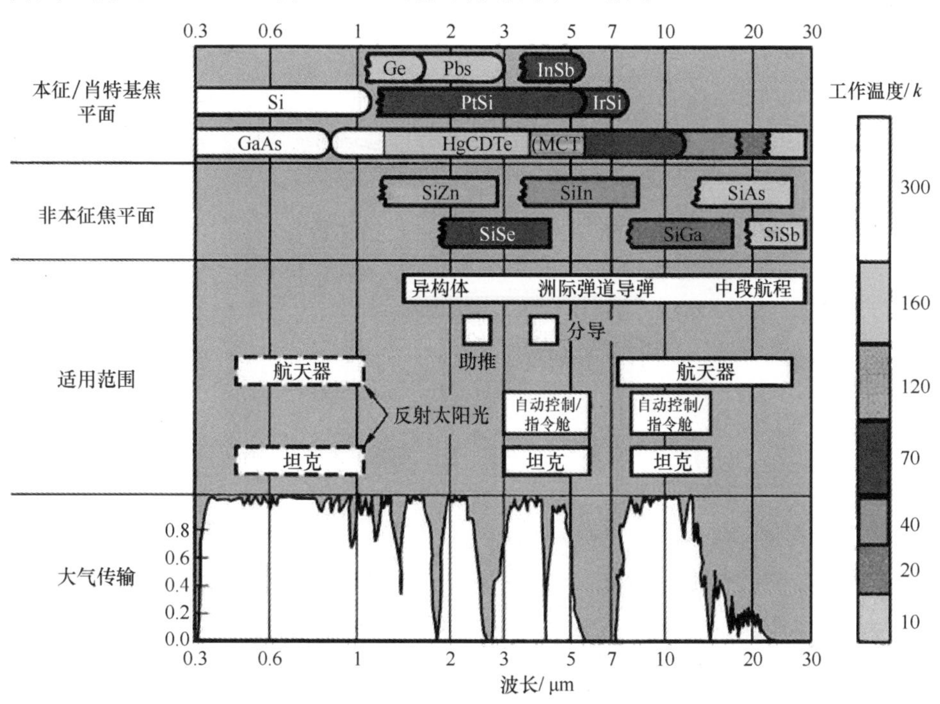

图 3.25　不同焦平面材料的光谱范围的简单指南，碲镉汞（HgCdTe）缩写为 MCT（MerCadTelluride），该图表显示了多种材料适用的波长和温度范围，波长越长需要的温度越低。图像来源：罗克韦尔国际光电中心

量子阱红外探测器（QWIP）是近十年来出现的一项相对较新的技术，QWIP 焦平面最近被用于 Landsat 数据连续性任务（也称 Landsat 8），这种技术比先进的 InSb 和 HgCdTe 材料拥有更大、更均匀的阵列，但仍然需要制冷。

3.5.3 非制冷焦面：微辐射探测仪

半导体探测器技术的潜在问题是制冷，需要冷却剂（如液氮）或机械式制冷机。前者在此领域使用不便，原因是空间有限，允许携带的冷却剂数量有限，而机械制冷装置又易出故障，不利于在航天系统上应用。因此，开发可替代的方案迫在眉睫。能量探测器正在成为遥感系统的一种重要的替代方案，其与前文所述的光子探测器截然不同。

微辐射探测仪技术（图 3.26）是通过感应敏感元件的温度变化（通常是通过测量阻值）进行探测，这使得直接探测“热”成为可能，而不是直接计数光子，因此，这类探测器不需要制冷。目前，使用这种探测器的商业红外摄像机在消防等应用中非常受欢迎，这些相机不像光敏技术那么灵敏，也无法提供传统方法的空间分辨率，因为像素间距通常相当大，目前探测器的间距仅能做到 12～17μm。

图 3.26 一个热绝缘电阻器（200μm×200μm），用于微型惠斯通电桥，电流从左上角进入，从右下角流出。当传感器受热时，电阻的变化可以用很高的灵敏度测量

3.6　成像系统类型、遥测、带宽

根据采用的成像技术的形式，遥感系统可以分为几个基本类型，这些区别将影响系统的分辨率和灵敏度，在一定程度上对数据质量也有影响，但最密切相关的问题是如何存储和遥测这些数据。

3.6.1　成像系统类型

3.6.1.1　画幅式系统

画幅式成像系统很像普通的胶片相机或数码相机（照相机或摄像机），即在焦平面上形成一幅图像，并通过化学或电子手段（胶片或 CCD）进行存储。这项技术应用于早期的 Corona 卫星，为了获得更长的曝光时间和更好的聚焦，卫星上的胶片随着卫星的运动而移动，系统形式如图 3.27（a）所示。哈勃望远镜上的广域行星相机（Wide Field Planetary Camera，WFPC），还有早期的萨里大学卫星（University of Surrey Satellite，UoSat）相机（萨里大学，萨里卫星技术有限公司）都是采用这种系统形式。航空摄影系统也采用这种形式，尤其是广泛使用的大幅面数码航摄像机（Vexcel UltraCam），目前系统能提供 2.6 亿像素全色图像。2013 年 11 月，天空盒子成像（Skybox Imaging）卫星公司（现改名为 Terra Bella 卫星图像公司）发射的“天空”1 号卫星（Skysat-1）是一个具有帧焦平面的高空间分辨率系统，也是第一个采用这种焦平面的“1m”分辨率系统。[①]

3.6.1.2　摆扫式系统

地球静止轨道气象卫星（GOES）和陆地资源卫星（Landsat）上的传感器由少量探测器组成（1～32 个），系统描述详见后面章节。当卫星系统沿着轨道飞行时，传感器通过一个摆镜从一边扫到另一边，通过光学系统和平台（飞机或卫星）的联合运动，获得地面图像，如图 3.27（b）所示，这种传感器称为“摆扫式”传感器。

3.6.1.3　推扫式系统

WorldView、IKONOS 和 Quickbird 卫星上的遥感器使用的都是线性探测器阵列。穿轨方向由线性阵列覆盖，沿轨方向由卫星运动覆盖，如图 3.27（c）所示。这种类型的遥感器称为“推扫式”成像系统，需要注意探测器中的像素与地面的映射关系，几何光学定义了从探测器像素到地面上点的对应关系图。

① “神鹰”航空摄影相机，通过使用 4 个独立的相机“锥”，获得 2.6 亿像素的全色图像，另外 4 个锥用于四色多光谱图像。

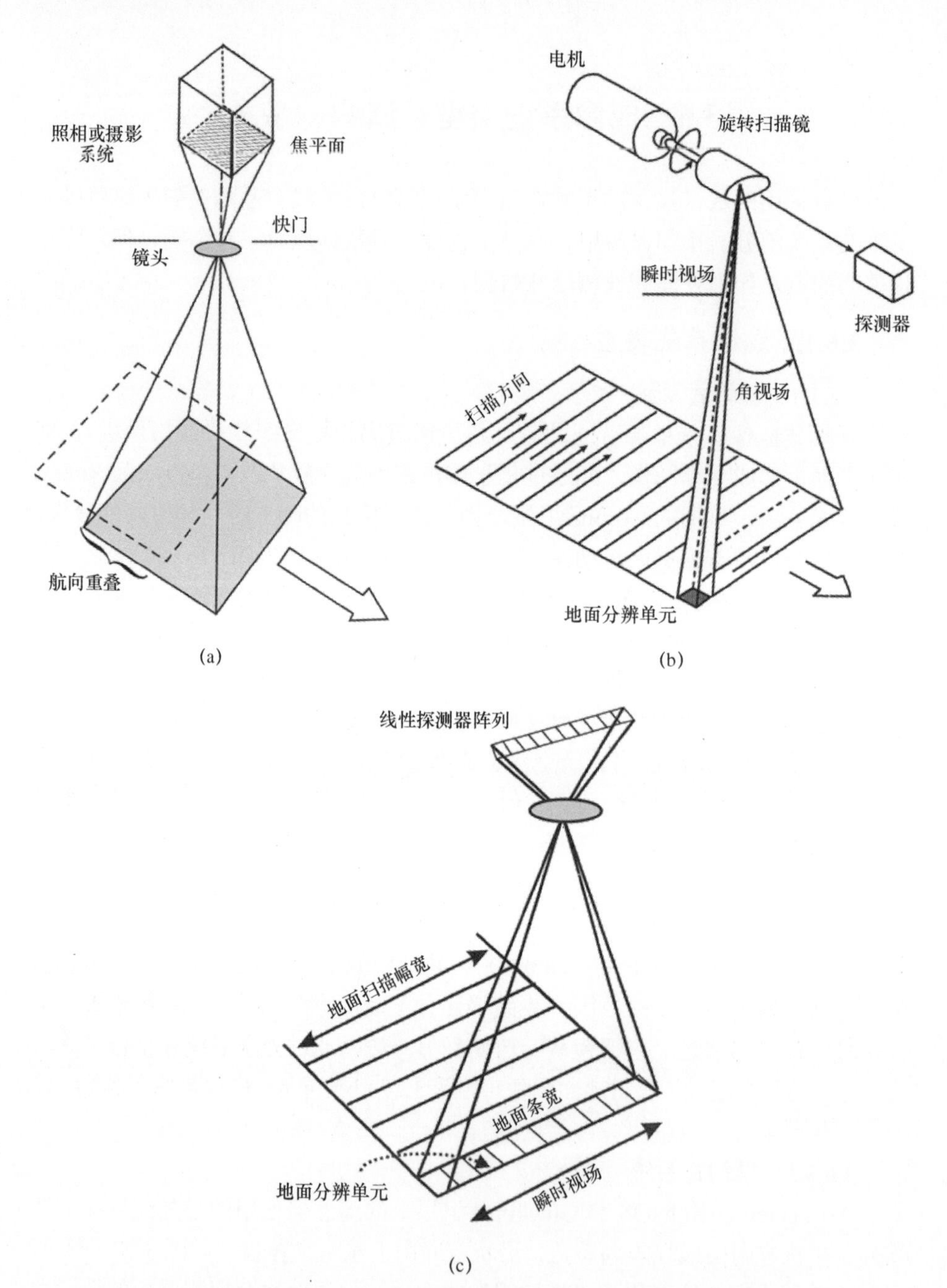

图 3.27　画幅式成像系统（a）[①]，摆扫式成像系统（b），推扫式成像系统（c）

① 艾弗里（Avery）和柏林（Berlin），1992 年。

3.7　遥测策略

遥测数据下行有 3 种截然不同的方法：实时（直接下行）、中继、存储和转储。在过去 10 年里，随着星载（固态）存储容量和地面站数量的增加，遥测技术已经发生了相当大的变化，3 种下行方法组合使用的方式最为普遍。

3.7.1　实时（直接下行）

直接下行的方法适用于星载存储容量很小或没有的航天器。这种方法的局限性在于遥感器正常工作时，卫星的通信视场范围内必须要有地面站。一个著名的案例，NASA 的 OrbView-2 卫星，虽然其星载的宽视场海洋观测遥感器（SeaWiFS：seaview wide -field- view）有一定的星载存储能力，但是大量的数据还是需要通过 128 个局部区域覆盖的高分辨率图像传输（HRPT-LAC）地面站进行下行传输[①]，最近在服役了十多年后停止了运营。

3.7.2　中继

实时系统（有限的存储）也可以通过中继设备传输。哈勃系统就是一个很好的应用案例，尽管它也具有星载存储能力。（NASA）的跟踪和数据中继卫星系统（TDRSS）详见附录 3。

3.7.3　存储和转储

大多数卫星系统都有星载存储能力，商用 IKONOS 和 Quickbird 卫星的固态存储量分别为 64Gb 和 128Gb。早期的几代卫星使用的是磁带记录器，机械系统通常是其故障多发的薄弱环节。此种数据下行方法多用于极地轨道上的地球资源卫星系统，高纬度地面站已经发展到可以处理这些卫星数据，它们可以在几乎每条轨道上都“看到”极地轨道卫星 5～10min。例如，康士伯（Kongsberg）卫星服务公司在挪威的特罗姆瑟（Tromso）（北纬 69° 39′）和斯匹次卑尔根岛（Spitsbergen）的斯瓦尔巴 Svalbard（北纬 78° 15′N）都有卫星地面站，这些地面站通过光纤链路与首都奥斯陆的地面站互连，从奥斯陆到世界各地的联系见第 5 章所述。最近又新增加了一个南极站（TrollSat 南纬 72°，东经 2°）[②]。

① https://directory.eoportal.org/web/eoportal/satellite-missions/o/orbview-2; http://www.faomedsudmed.org/pdf/publications/TD2/TD2_PERNICE.pdf。

② 康士伯卫星服务公司，全球地面站网址为 http://www.ksat.no/。

3.8 带宽和数据率

前一节描述的遥测系统下行链路通常使用X波段或K波段，每秒可传输几百兆比特的数据。将在下一章讲述的IKONOS卫星和Quickbird卫星的下行数据率在300Mbps左右。下行数据量由数据传输速率（通常是几分钟）确定。

举例：

IKONOS卫星的空间分辨率1m，4s时间内可获得幅宽为10km×10km的图像，动态范围是12b/pixel，数据采集速率为

$$数据率 = (10^8\ \text{pixel} / 4\text{s}) \times 12\text{b} / \text{pixel} = 3 \times 10^8\ \text{b/s}$$

对于300Mb/s的遥测系统，在不考虑压缩可能产生的影响时，将图像发送到地面需要1s的时间。这颗卫星过地面站时，名义上一轨可以下行100～200幅图像到地面站。大多数卫星系统都使用图像压缩技术；一个健壮的“无损”柯达（现在的Harris/Exelis）算法产生的压缩系数为4。

3.9 问题

1．第一颗Corona卫星的发射时间？

2．Corona太空舱的首次成功发射时间和回收时间？此次任务的编号？

3．经过多少次发射试验后，胶卷才得以成功返回？

4．这次发射的日期与加里·鲍尔斯的U-2事件有什么关系？

5．文中KH-4系列的相机的最佳分辨率（GSD）是多少？

6．KH-4最佳分辨率图像的条带宽度是多少？

7．“Corona”卫星共执行了多少次任务？

8．焦距24英寸，透镜F数3.5，卫星轨道高度115km，计算地面像元分辨率的瑞利极限（假设星下点观测，可见光波长500nm）。

9．要在地球同步轨道上达到12cm地面像元分辨率，镜子的直径需要多大？（地球同步轨道的半径为地球半径R_e的6.6倍，这不是轨道高度。）

10．制约成像系统分辨率的3个因素是什么？

11．自适应光学：对比图3.15中用3.5m望远镜观测到的两幅星火图像（有、无自适应光学系统）的瑞利判据。

12．硫化铅的能带隙是多少？对应的截止波长是多少？

13．天塞公司（Tessar）设计的Corona镜头F数为5.0，焦距为24英寸，计算镜头的直径。

14．相机焦距为 24 英寸，镜头 F 数为 3.5，在 115km 的高度，计算胶片上一个 0.01mm 的光斑对应的地面像元分辨率（100 线对/mm）。（假设最低点观测，这是一道几何题。）

15．图 3.19 所示的 0.57mm 针孔的 F 数是多少？焦距约为 50mm。

16．当你在月球上观察地球时，你需要多大的光学镜才能获得 0.66m 的地面像元分辨率？光学的角分辨率（$\Delta\theta$ 为 rad）又是多少？假设可见光辐射的波长为 $\lambda=0.5\mu m=5\times10^{-7}m$。

17．目前，最流行的机载测绘相机之一是微软/大幅面数码航摄像机（Vexcel Ultracam）。“神鹰”相机（Ultracam Eagle）可以配备多种镜头，包括 210mm、$f/5.6$ 的光学镜头，常规飞行高度是 1000m，全色图像大小是 20010×13080 像素，全色的物理像素大小（间距）为 5.2μm，计算瑞利准则在 1.0μm 处定义的分辨率和由相机的几何形状定义的分辨率[①]。结果应该是 2.5cm。

① http://www.microsoft.com/ultracam/en-us/UltraCamEagle.aspx。

第 4 章　光学卫星系统

本章将用第 3 章介绍的知识对一些有代表性的卫星系统实例进行说明。哈勃空间望远镜（Hubble Space Telescope），即使已经服役了 25 年，仍是最具技术代表性的案例之一。此外，本章还介绍了较小的卫星系统（商业卫星系统）和夜间成像系统的实例。

4.1　哈勃：大型望远镜

遥感技术涉及光从源头传播到探测器的全过程，并与卫星平台和遥感图像传输到地面的过程息息相关。哈勃空间望远镜展示了成像链中的所有元素。

4.1.1　哈勃卫星

1990 年 4 月 25 日，“发现者”号航天飞机将哈勃空间望远镜（HST）送入轨道（STS-31 号任务）。哈勃空间望远镜拥有 2.4m 直径的主镜，可以更清晰地观测到遥远的宇宙，而且还不受大气吸收、散热和湍流的影响。威尔逊山天文台（Mt. Wilson Observatory）上的 100 英寸的胡克（Hooker）望远镜是 1917 年至 1948 年世界上最大的望远镜，天文学家埃德温・哈勃（Edwin Hubble）几十年来一直使用这个望远镜。70 年后，一个同样大小的望远镜发射入轨（图 4.1），并以这位著名天文学家的名字命名。从太空操作的角度来看，这颗卫星最引人注目的事情之一就是进行了 5 次在轨维护。

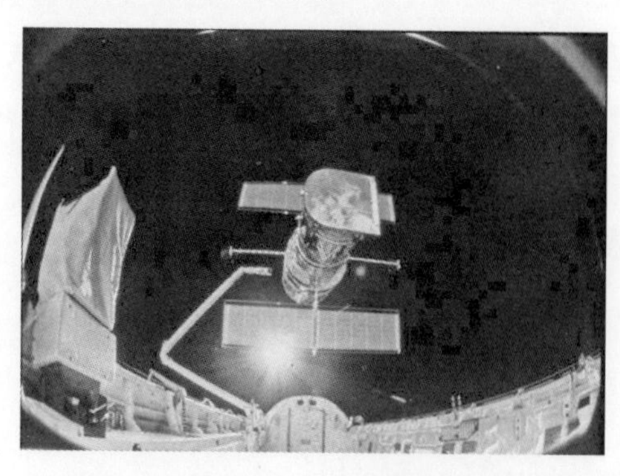

图 4.1　哈勃空间望远镜的首次部署

哈勃望远镜近似为圆柱形（图4.2和图4.3），总长13.1m，最大直径4.3m。这个10t的飞行器是三轴稳定的，通过其中的4个陀螺仪（共6个）和反作用动量轮进行机动，在此模式下保持定位指向（粗跟踪），并通过精密指向传感器（FGS）锁定导引星以减少漂移影响，保证高精度指向。哈勃望远镜的指向精度为0.007″（0.034μrad）。

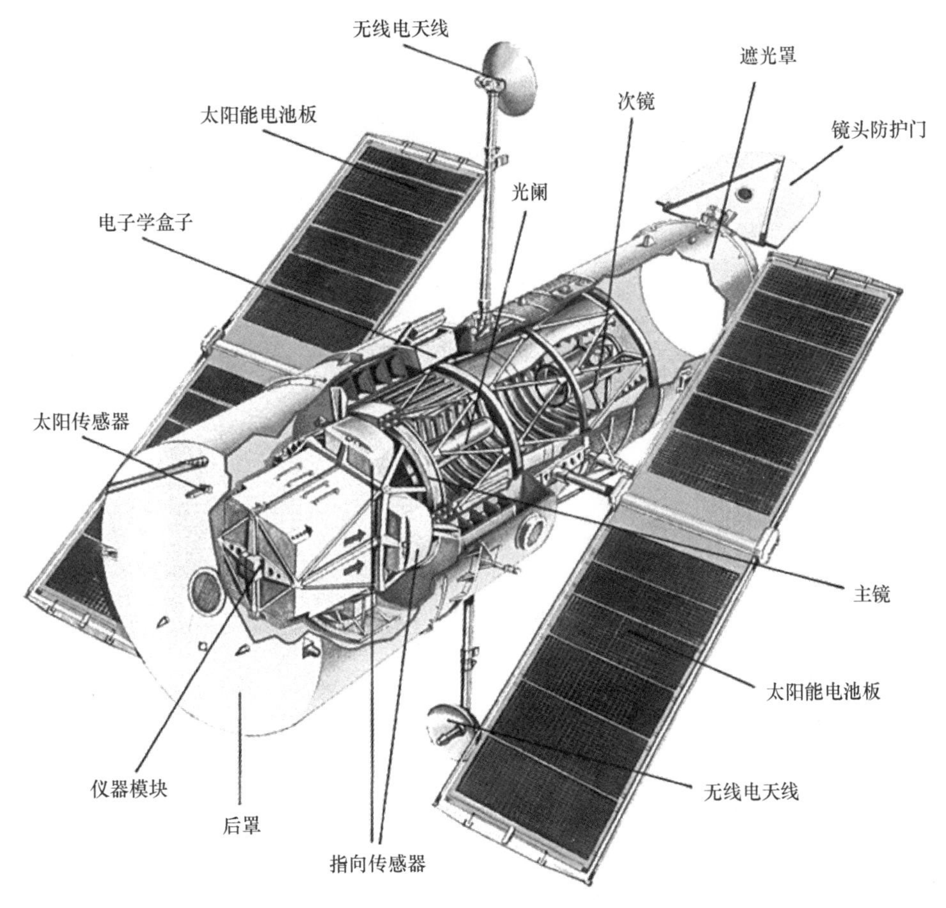

图4.2　哈勃卫星（图片由NASA/GSFC提供）

哈勃望远镜由两块2.4m×12.1m的太阳能帆板对电子系统和科学仪器进行供电，输出总功率为5kW。帆板上电池阵列产生的电力被卫星系统（1.3kW）和科学仪器（1.0～1.5kW）使用；同时它还为6个镍氢电池充电，这些电池在哈勃望远镜处于地球阴影区时（每轨约25min）为航天器提供动力。[①]

① Dr. J. Keith Kalinowski, NASA/GSFC, private communication, August 3, 1999。

图 4.3　1997 年 2 月 19 日第二次维修任务（STS-82）期间拍摄的哈勃图像（S82E5937，07：06：57）。新的太阳能电池板尚未展开

地面与哈勃望远镜的通信是通过跟踪与数据中继卫星（TDRS，见附录 3）进行的。当在航天器上看不到 TDRS 系统时，望远镜进行的观测会被记录下来，并在能看见该系统时传输出去。航天器还支持在 TDRS 可见期间与地面系统进行实时交互。主数据链路使用 TDRS 的 S 波段链路，速率为 1024kb/s。①系统每天例行向地面站传输几个吉字节的数据，然后通过地上通信线将数据转发给 NASA/GSFC。

4.1.2　哈勃望远镜设计

哈勃望远镜是一个 F 数为 24、拥有 2.4m 直径主镜和 0.3m 直径次镜的 RC 卡塞格林系统。在卫星系统中，卡塞格林设计非常普遍。主镜由超低膨胀石英玻璃（ULE）构成，并涂有一层薄薄的纯铝膜以反射可见光，在铝膜上再涂一层更薄的氟化镁层，以防止氧化并反射紫外线。次镜由 Zerodur 微晶玻璃（一种极低热膨胀光学陶瓷）构成。系统有效焦距为 57.6m。

图 4.4 对望远镜的光学设计进行了说明。主次镜间距为 4.6m，焦平面距主镜前端的距离为 1.5m。在 400nm 波长处的角分辨率理论值为 0.043″(0.21μrad)。精密指向传感器和恒星跟踪器，都是通过主光学系统进行观测。离轴的观测不会对成像产生影响，并且它允许使用大的主光学系统以保证必要的探测器分辨率。图 4.5 是直径 96 英寸哈勃望远镜的主镜的特写。对航天器的一个要求是指向精度（抖动）优于 0.007″，这在更换完第一组太阳能电池阵列后才变得更容易实现。最初电池阵列的柔性设计导致在卫星每次从光照区移动到阴影区或从阴影区移动到光照区时都会产生相当严重的振动，也就是说，每轨就会出现两次。这个设计错误需要重新设计卫星指向控制算法。

① Daniel Hsu, Hubble Operations Center, January 7, 2005。科学数据的传输速度都是 1Mb/s（实时或重放）。

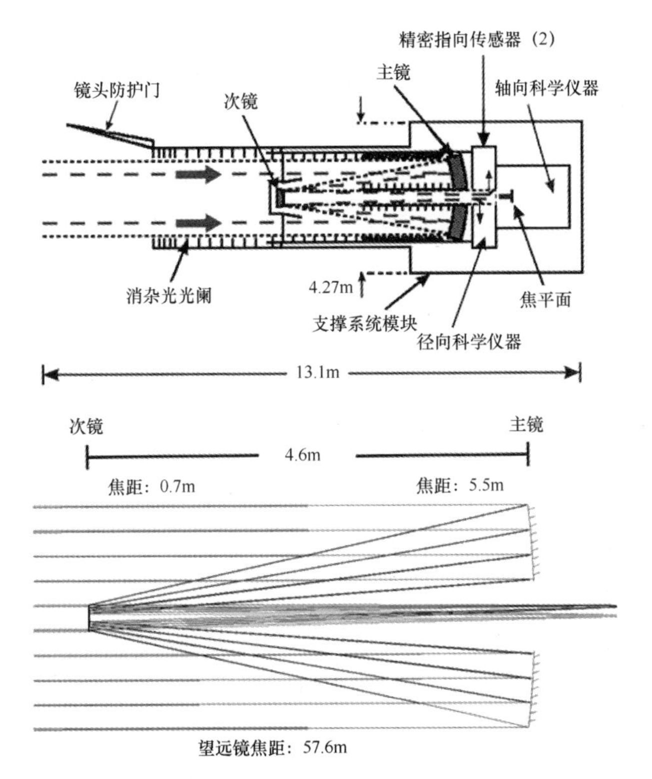

图 4.4 哈勃光学系统。镜面为双曲面，次镜为凸面。主镜的焦距为 5.5m，曲率半径为 11.042m。次镜的焦距为 0.7m，曲率半径为 1.358m。下图是卡塞格林望远镜的精确光线轨迹，由拉姆达（Lambda）研究中心（奥斯陆）提供①

图 4.5 哈勃望远镜的主镜直径 2.4m（8 英尺），重约 826kg（1820lb），主镜的中心孔直径为 0.6m。相比之下，威尔逊山上的 100 英寸实心玻璃镜重约 9000lb②

① http://www.lambdares.com。

② http://www.mtwilson.edu，包括乔治·黑尔 1906 年描述新望远镜的文章的链接。

另外，还发现了哈勃望远镜的一个更严重的问题：镜子没有磨到正确的面形，出现了球面像差（镜子边缘太平了一些，和理论位置的偏差大约 4μm）。因此，重新设计了光学系统，在现有仪器中增加了校正光学系统（COSTAR）。图 4.6 所示为球面像差问题校正前后的对比照片。随后更新的科学仪器中也加入了校正光学系统的功能，如 WFPC2。在最近一次的维修任务中，COSTAR 被移除了，因为已经不再需要它了。

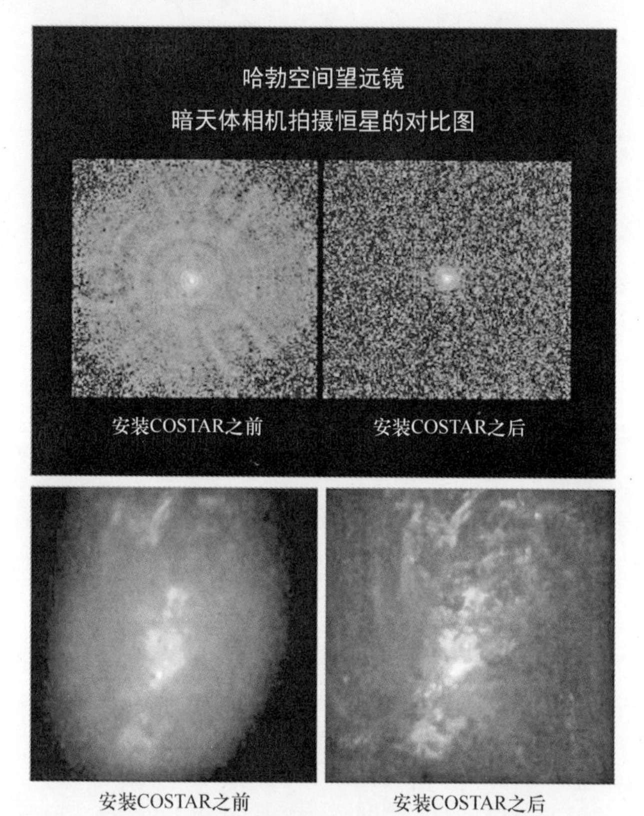

图 4.6　左上图是第 STS-61 号任务对哈勃在轨维护之前（该任务期间，宇航员安装了 COSTAR），FOC（暗天体相机）拍摄的一颗恒星图像，恒星周围的宽的光晕（直径为 1″）是由星光的散射和离焦引起的。右上图是在安装、配置和校准 COSTAR 后拍摄的，星光集中在一个半径为 0.1″的圆内。供图：空间望远镜科学协会（STScI），STScI-PRC1994-08。下面两图是哈勃通过 COSTAR 校正像差前后拍摄的 NGC 1068 星系中心的图像（STScI-PRC1994-07）①

① http://www.spacetelescope.org/about/general/instruments/costar.html;http://hubblesite.org/newscenter/archive/releases/1994/07/image/a/。

4.1.3 哈勃的探测器：第二代广域和行星相机

哈勃望远镜通常携带 4～5 个不同的传感器，本节主要描述“第二代广域和行星相机”（WFPC2），如图 4.7 所示。哈勃的科学仪器都安装在主镜后面的托架上，WFPC2 占据了其中一个径向托架，通过一个 45°折转镜接收光轴上的光线（在光轴上能获得最佳成像质量）。

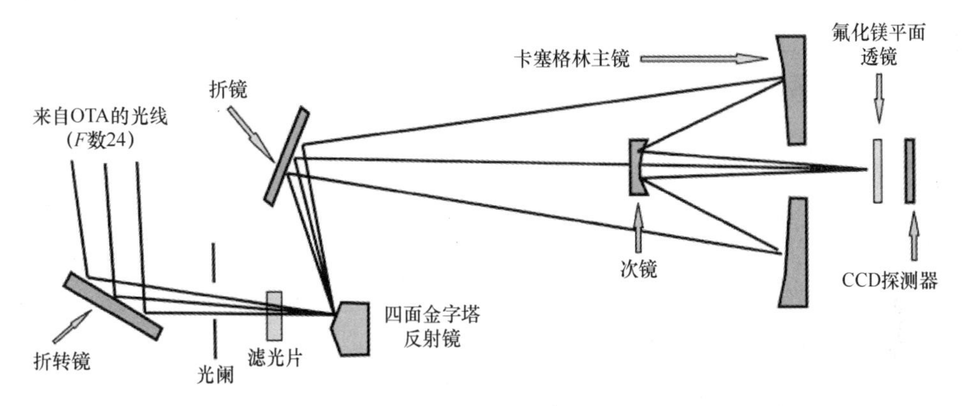

图 4.7 WFPC2 光学系统。光线从左边的主望远镜进入相机光路

WFPC2 的视场通过哈勃焦平面附近的四面金字塔形反射镜分布在四个相机上。每台相机都包含一个 800×800 像素元的劳拉公司（Loral）的 CCD 探测器。其中 3 台相机是广域相机，*F* 数为 12.9，每个 15μm 的像元对应 0.10″的天空区域，这 3 台广域相机覆盖 2.5″×2.5″的 L 形视场。第四台相机是行星相机，*F* 数为 28.3，每个像元对应 0.046″（或 0.22μrad）的区域，该传感器是在望远镜的全分辨率下工作的。第四台相机的视场角较小，只能观察到 34″×34″的区域，但是这是一个足够大的视野，可以对除了木星以外的所有行星成像，相机的光谱范围为 1150～10500Å，曝光时间为 0.11～3000s，如图 4.8 所示。

WFPC2 最终被先进巡天相机（ACS）和第三代广域相机（WFC3）取代，后者使用了更精密的探测器，波长范围和角分辨率和 WFPC2 相当。

1．衍射和分辨率限制

在这里用哈勃的参数来对第 3 章讲述的分辨率概念进行说明（表 4.1）。

哈勃望远镜的角分辨率为 0.043″，哈勃/WFPC2 组合系统的角分辨率稍大一些，为 0.046″。这些值考虑了在瑞利准则的最简化近似中被忽略的所有影响因素，见式（3.7），即

$$\Delta\theta = 1.22\frac{\lambda}{\text{透镜（反射镜）口径}}$$

图 4.8　这张火星的图像是由哈勃望远镜的 WFPC2 于 2005 年 10 月 28 日拍摄的，当时火星距离地球约 7000 万 km。图像显示了来自 3 个滤光轮位置的数据，蓝色、绿色和红色（410nm、502nm 和 631nm），空间分辨率 10km。供图：NASA（美国航天局）、ESA（欧洲航天局）、哈勃遗产团队（STScI/AURA）、J.Bell（康奈尔大学）和 M.Wolff（空间科学研究所）（见彩插）①

表 4.1　哈勃空间望远镜参数

发射日期/时间	1990-04-25 12:33:51 UTC
在轨净重	11600.00kg
额定输出功率	5000W（初始寿命）
电池	6（60Ah 镍氢电池）
轨道周期	96.66min（原文中单位 m，原单位有误—译者）
倾角	28.48°
偏心率	0.00172
近地点	586.47km
远地点	610.44km
遥测速率：科学数据	TDRS，S 波段，SA，1024kb/s
遥测速率：工程数据	TDRS，S 波段，MA，32kb/s

这里举个例子，假设是深蓝色波长（410nm），则有

① Hubble Site News Release Number: STScI-2005-34; http://hubblesite.org/newscenter/archive/releases/2005/34/。

$$\Delta\theta = 1.22 \cdot \frac{4.1\times10^{-7}\,\mathrm{m}}{2.4\mathrm{m}} = 2.08\times10^{-7}\,\mathrm{rad}$$

为了将该值与给定值 0.043″ 进行比较，将给定分辨率的单位由角度转换为弧度，即

$$\Delta\theta = \frac{0.043''}{60\mathrm{s/min}\cdot 60\mathrm{min/(^\circ)}}\frac{2\pi\,\mathrm{rad}}{360^\circ} = 2.08\times10^{-7}\,\mathrm{rad}$$

用这个值来计算假设哈勃指向地球时的地面分辨率，即

$$\mathrm{GSD} = \Delta\theta\cdot 高度 = 2.08\times10^{-7}\times 600\times10^{3}\,\mathrm{m} = 0.125\mathrm{m}$$

如果哈勃望远镜指向地球，GSD 的计算结果是 12.5cm。可以用 0.046″ 再计算，不过也只是增加几个百分点（图 4.9）。

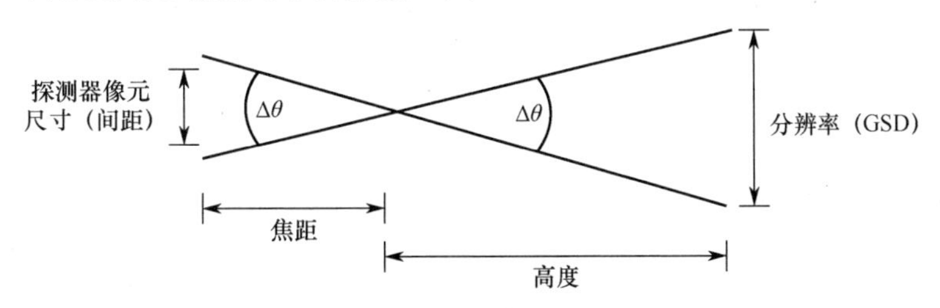

图 4.9　对哈勃/WFPC2 组合系统，高度 600km，探测器像元尺寸 15μm，有效焦距 57m

2．几何分辨率

到目前为止的例子都假设探测器具有无限的分辨率。然而，在现实中情况并非如此。

用前面讨论的相似三角形概念和本例中探测器像元大小的值，可以将探测器能达到的分辨率与望远镜的理论最佳分辨率进行比较，即

$$\frac{分辨率}{高度} = \frac{像元尺寸}{焦距}$$

从而得到

$$分辨率（\mathrm{GSD}）= \frac{像元尺寸}{焦距}高度 = \frac{15\times10^{-6}}{57}\cdot 600\times10^{3} = 0.16(\mathrm{m})$$

这比哈勃望远镜所能提供的最佳分辨率略差，因为遥远恒星（或地面上小而明亮的光点）的艾里斑（Airy Disk）不会完全填满一个探测器像元，探测器在最短波长下的成像会欠采样。

4.1.4　维修任务

哈勃望远镜从 1993 年 12 月 2 日的 STS-61 号航天任务开始，已经被维修了 5 次。STS-61 是“奋进”号航天飞机的第五次飞行。经过几天的舱外工作，航天员拆除了高速光度计（HSP）仪器，之后在光路上安装了光学校正系统

（COSTAR），用新的第二代广域行星相机（WFPC2）替换了旧的广域/行星相机（WF/PC），并更换了发生故障的太阳能电池阵列。COSTAR 帮助校正了由于哈勃主反射镜面型误差而导致的球面像差。

第二次维修是在 1997 年 2 月 11 日发射的 STS-82 号航天任务期间进行的。这次任务再次涉及望远镜的维修和仪器更换。经过几天的舱外工作，航天员更换了一个发生故障的精密指向传感器（FGS），将其中一台磁带记录器换成了固态记录器，并分别用空间望远镜成像光谱仪（STIS）、近红外相机和多目标光谱仪（NICMOS）更换了原来的戈达德高分辨率光谱仪（HRS）和 UCSD（加州大学圣迭戈分校）的暗天体光谱仪（FOS）。除了预定的工作外，宇航员发现望远镜遮光罩周围的一些隔热层已经退化，所以增加了隔热包覆层来解决这个问题。

1999 年 12 月 19 日，“发现”号航天飞机发射，开始执行 3A 维修任务。通过 3 次出舱工作，航天员更换了哈勃所有的 6 个陀螺仪。有 4 个陀螺仪已经出现了故障，其中第四个是在 1999 年 11 月出现的故障，这也促使发射计划的加快，因为仅靠两个陀螺仪卫星无法运行，卫星已经进入了安全模式。宇航员还安装了新的电池电压调节器，1 台速度更快的中央计算机、1 台 FGS、1 台数据记录器和 1 台新的无线电发射机。哈勃望远镜于圣诞节当天（CST 时间下午 5:03）从“发现”号航天飞机上释放。

“哥伦比亚”号航天飞机于 2002 年 3 月 1 日发射（STS-109）执行第四次维修任务（3B）。航天员安装了新的刚性太阳能阵列，再加上新的电源控制单元，使产生的电能增加了 27%，这一增长使科学仪器的可用电力大约翻了一倍（奇怪的是，最初为卫星定位设计的控制算法首次变得有用）。同时还安装了一台新的先进巡天相机（ACS），取代了最后一台哈勃最初的仪器——暗天体相机（FOC）。由于具有更宽的视场和对从紫外线到远红外（115～1050nm）波长的灵敏度，ACS 取代了 WFPC2 探测器作为主要的测量仪器。最后一次维修任务原定于 2004 年发射，但 2003 年 10 月发生的“哥伦比亚”号航天飞机灾难事件大大推迟了该任务。

最后一次维修任务是 2009 年 5 月 11 日至 24 日的 STS-125 号任务（“亚特兰蒂斯”号航天飞机）。航天员安装了两个新的科学仪器（宇宙起源光谱仪（COS）和第三代广域相机（WFC3）），因为不再需要而拆除了 COSTAR，并且为了给 WFC3 腾出空间而拆除了 WFPC2。航天员还修复了两个有故障的仪器，STIS 和 ACS。为了延长哈勃望远镜的寿命，航天员在 12 天里进行了 5 次出舱工作，安装了新的电池、新的陀螺仪、1 台新的科学计算机、1 台翻新的 FGS 以及 3 个电子托架上的新隔热材料，最后，在望远镜的底座上安装了一个装置，用于在望远镜最终退役时离轨。

4.1.5　操作限制

运行在几百千米高度的近地轨道（LEO）卫星的工作会受到两个重要因素的限制，哈勃同样会受到这两种因素的影响。

4.1.5.1　南大西洋异常区

在南美洲和南大西洋上空有一片范艾伦辐射带较弱的区域，称为南大西洋异常区（SAA）。由于探测器的高背景感应，在航天器通过 SAA 期间不可能进行天文或校准观测。SAA 导致航天器最长可能会被不间断地暴露大约 12h（或 8 轨）。这一现象几乎损害了所有的 LEO 成像系统，天文系统受影响的程度更大，因为天文系统依赖于探测器中非常低的背景计数率。

4.1.5.2　航天器的在轨位置

由于哈勃望远镜的轨道较低，所受大气阻力显著，且会因望远镜方向和大气密度的变化（这取决于太阳活动的水平）而变化。这种影响的主要表现是很难预测某一给定时间内哈勃在其轨道上的准确位置。位置误差可能会在最新预测后的两天内增大至 30km。这也会影响对地观测系统，并可能会对高空间分辨率系统造成明显的指向误差。例如，Quickbird（见下一节）等卫星系统的操作员每轨都要更新他们的卫星星历表信息。

4.2　商业遥感：IKONOS 卫星和 Quickbird 卫星

1999 年 9 月 24 日，随着空间成像公司（Space Imaging Corporation）成功发射 IKONOS 卫星，遥感领域发生了巨大变化。随后，2001 年 10 月 18 日，数字地球公司（Digital Globe）发射了 Quickbird 卫星，更加剧了成像侦察领域的巨大变化。空间分辨率为 1m 或更高的图像现在可以提供给任何愿意支付费用的客户使用了。

表 4.2 列举了上述两颗卫星系统的参数。IKONOS 卫星和 Quickbird 卫星的设计不同，后者的独特之处在于没有使用卡塞格林系统，两者都使用存储和转储遥测系统。空间成像公司使用了大量的地面站；数字地球公司使用了一个或两个（北部）高纬度地面站。这两家公司在最初的发射中都遭受了系统损失。数字地球公司是在太空成像公司发射之后发射的，它降低了卫星的轨道，以提供更高的空间分辨率，并使其相对于竞争对手更具有经济优势，更大的焦面也让它获得了更大的幅宽。

在 IKONOS 卫星和 Quickbird 卫星之后，又有一系列的商业卫星发射入轨，GSD 持续不断提高。后来，数字地球公司兼并了他的竞争对手，3 家美国（商业）公司合并了。目前，最新设计的系统将能够提供优于 0.5m 的空间分辨率

（全色传感器）。2014 年 8 月 13 日发射的来自 WorldView-3 卫星的图像 GSD 接近 0.35m（表 4.2）。

表 4.2　卫星成像参数

		IKONOS 卫星	Quickbird 卫星
发射信息	日期	1999 年 9 月 24 日	2001 年 10 月 18 日
	火箭	“雅典娜”2 型（Athena Ⅱ）	“德尔塔”2 型（Delta Ⅱ）
	发射场	加州范登堡空军基地	
轨道	高度	681km	450km
	周期	98min	93.4min
	倾角	98.1°	98°
分辨率（GSD）	全色图像（Pan）	1m（名义值：星下点小于 26° 的范围内）	星下点 0.61m
	多光谱图像（MSI）	4m（名义值）	星下点 2.44m
幅宽	星下点 11km		星下点 16.5km
重访周期	2.9 天（1m 分辨率） 1.5 天（1.5m 分辨率，观测纬度 40° 的目标）		1 到 3.5 天（0.7m 分辨率，视观测目标的纬度而定）
测量精度	水平精度 12m，垂直精度 10m（无控制）		14.0m，RMSE（均方根误差）
质量/尺寸	发射时 726kg，尺寸包络 1.8×1.8×1.6m		1024kg（湿重，包含低轨道需要的额外的肼），长度 3.04m（10 英尺）
星上存储容量	64GB		128GB
通信	X 波段下行链路 320Mb/s		有效载荷数据： X 波段下行链路 320Mb/s
			内务管理： X 波段 4、16 或 256kb/s
			S 波段上行链路 2kb/s

4.2.1　IKONOS 卫星

IKONOS 卫星（图 4.10）于 1999 年 9 月 24 日从范登堡空军基地发射。它几乎是洛克希德·马丁公司建造的缩小版的哈勃望远镜，IKONOS 卫星在 681km 的轨道上运行，重访周期 3 天，可以提供 1m 分辨率的全色（可见光谱段）图像和 4m 分辨率的多光谱图像。IKONOS 的谱段包含可见光和近红外波段，涵盖了 Landsat 卫星的 1～4 波段和 SPOT 卫星的 4 个波段。①

① M. Mecham, “IKONOS Launch to Open New Earth-Imaging Era,” Aviation Week & Space Technology, McGraw-Hill, New York （October 4, 1999）。

图 4.10　位于加州桑尼维尔的洛克希德·马丁导弹与太空公司的声学实验室中的 IKONOS 卫星的图片。它看着像哈勃望远镜的“弟弟”

图 4.11 和图 4.12 显示了 IKONOS 卫星在华盛顿特区拍摄的具有历史意义的“第一张”图像。这个新一代卫星的最大优势之一是能够非星下点成像，与较早的系统（如 Landsat）相比，大大减少了重访周期。更宽的动态范围也使传感器的能力更强。

图 4.11　1999 年 9 月 30 日拍摄的杰斐逊纪念馆——IKONOS 卫星的第一张图像。图片由 DigitalGlobe 提供

图 4.12　1999 年 9 月 30 日 IKONOS 卫星拍摄的第一张图像，右边是北向。更高分辨率的杰斐逊纪念碑见图 4.11

4.2.1.1　IKONOS 卫星的成像传感器和电子设备

4.2.1.1.1　相机的望远镜头

该望远镜（图 4.13）是一个卡塞格林系统，在主镜上有一个中心孔，主镜后面是探测器。望远镜一共有 5 个反射镜，其中 3 个是曲面镜，用于将图像聚

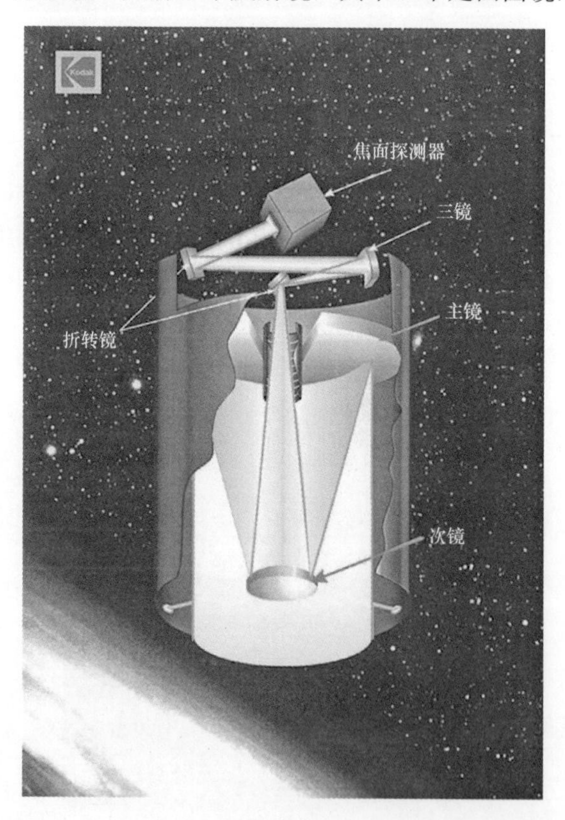

图 4.13　柯达公司制造的 IKONOS 相机望远镜具有 3 个曲面反射镜，另外两个平面镜用于折转光路，从而大大减少了望远镜的长度和重量。该望远镜是一个有遮拦、带有两个折转镜的三反消像散系统，主镜直径 70cm，中心孔 16cm，焦距 10.00m，瞬时视场 1.2μrad

焦到焦平面的成像传感器上；2 个是平面镜，称为折转镜，用折转光路，从而将望远镜的总长度从 10m 减少到 2m。这个三反消像散系统的焦距为 10m，F 数为 14.3。主镜的直径为 0.7m，厚度为 0.10m，质量为 13.4kg。其中的两个镜子可以通过地面指令进行调整，以便在需要时实现系统的调焦。

4.2.1.1.2　成像传感器和电子设备

相机的焦平面组件安装在望远镜的后端，包含单独的传感器阵列，用于同时获取全色（黑白）和多光谱（彩色）图像。全色传感器阵列由 13500 个 12μm 的像元组成（3 个 4648 像元的线阵重叠拼接）[①]。多光谱传感器上有特殊的滤光片，由 3375 个 48μm 的像元组成。全色和多光谱探测器像元尺寸的这种 1∶4 的比例是这类系统的典型设计，所以，全色传感器的分辨率是光谱传感器的 4 倍。

数字处理单元以每秒 1.15 亿像元的速度将数字图像文件从 11b/像元压缩为 2.6b/像元。压缩对于在轨存储和遥测十分重要。直到最近，依托现代化的计算资源，图像的无损实时压缩才得以实践成功。还有一点也很重要，就是 IKONOS 卫星和 Quickbird 卫星用 11bit 的量化倍数（DN=0～2047）扩展了系统的动态范围，这对当时的 NASA 系统是一项重大改进。该主题将在第 7 章中进一步讨论。

4.2.2　IKONOS 卫星获取的战争中的海军信息表单：北德文斯克

图 4.14 和图 4.15 展示了 IKONOS 卫星可以为战略敏感区域提供的图像类

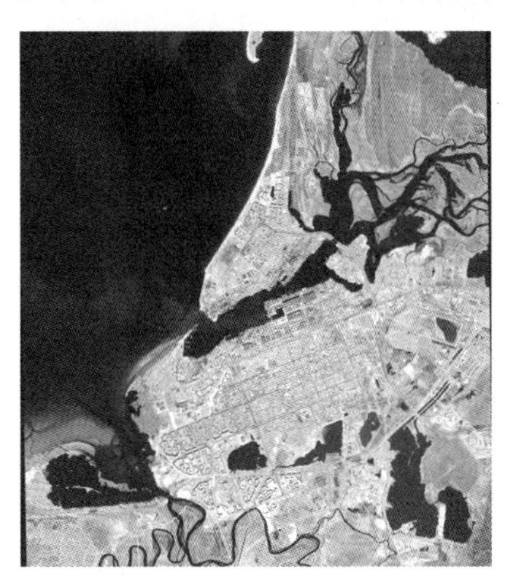

图 4.14　北德文斯克（Severodvinsk），靠近大都市阿尔汉格尔斯克，在摩尔曼斯克的东南部。这幅图为 11740 像元（列）×12996 像元（行）。0.85m 分辨率的原始图像在发布前被下采样到 1.0m 分辨率。最初的卫星成像许可证限制该公司发布分辨率优于 1m 的图像。图像由 DigitalGlobe 提供

① Kodak Insights in Imaging Magazine （June 2003）. See Fig. 6.4 for a similar sensor。

图 4.15　由 IKONOS 卫星拍摄的 Severodvinsk。将此图像与图 3.8 中的 Corona 卫星图像进行比较。拍摄日期和时间：2001 年 06 月 13 日，08:48 GMT。标称采集方位角：133.4306°。标称采集仰角：79.30025°。太阳角方位角：168.5252°。太阳角仰角：48.43104°

型。前者呈现大视场，后者提供了潜艇工厂的放大视图。将这些图像与第 3 章开头所示的 Corona 卫星拍摄的图像（图 3.8）进行比较。

4.3　夜晚的地球

夜间拍摄地球图像的能力最早由国防气象卫星计划（DMSP）实现，特别是在 1973 年该计划被解密后，看到夜晚的灯光对于侦察工业生产（获取战争中的工业信息表单）能力是一个很有用的工具。最近，NOAA（美国国家海洋和大气管理局）的 Suomi 卫星极大地提高了在夜间对地球进行成像的能力。①

经过长期的努力，美国国家极轨环境卫星（NPOES）取得很大的进展，最新一代的LEO气象卫星——Suomi卫星，于2011年10月28日发射。这颗NPOES的探路卫星（NPP）在成功发射后从战略上更名为“Suomi 国家极轨伙伴航天器”或称 Suomi NPP。Suomi 卫星上新的可见光红外成像辐射仪（VIIRS）比 DMSP（国防气象卫星）的 OLS（线性扫描业务系统）（P25）有了很大改进。VIIRS 具有多个光谱谱段，其中比较有意思的一个谱段是“白天—夜晚”谱段，它可以观测 0.5～0.9μm 波长范围内的光，并使用了高达 250 级的时间延迟积分

① T. E. Lee et al., “The NPOESS VIIRS Day/Night Visible Sensor,” Bull. Am. Meteorol. Soc.87, 191–199（Feb. 2006）; S. E. Mills et al., “Calibration of the VIIRS Day/Night Band（DNB）,” 6th Annual Symposium on Future National Operational Environmental Satellite Systems-NPOESS and GOES-R; https://ams.confex.com/ams/90annual/techprogram/paper_163765.htm。

（TDI，在下一节中介绍）器件。它的敏感度太高了，以至于仪器校准时，气辉和从水面反射的月光都成了重要问题，也就是说，地球永远都不够暗。VIIRS的空间分辨率为750m，并且能在整个扫描过程中保持该分辨率。仪器的动态范围为14bit（DMSP/OLS仅为5bit），因此，其不仅更灵敏，而且可以对亮度进行更精细的分级。第1章展示了VIIRS拍摄的埃及和尼罗河的照片。图4.16展示了2012年4月和10月拍摄的大量图像的合成图。和它的前代（DMSP）一样，VIIRS传感器也观察到了地球表面的极光和气辉现象。

图4.16 这张夜间美国大陆的图像是由Suomi NPP卫星在2012年4月和10月拍摄的系列图像合成。每一轨的名义成像时间为1:30am。主要下行链路连接到挪威的斯瓦尔巴特（Svalbard）测控站。图片由NASA地球观测站/NOAA NGDC提供

4.4 曝光时间

到目前为止，关于成像分辨率的讨论我们忽略了一个非常重要的问题，即运动模糊，卫星的移动成为高空间分辨率成像系统的一个重要问题，就像平时给快速移动的目标拍照那样。曝光时间可以通过简单的计算估算出来，CCD器件的灵敏度与普通日光胶片没有什么不同，其标准感光度定义为ISO 100。[①]常规的摄影经验法则是$f/11 \sim f/16$的系统其曝光时间是1/ISO，也就是1/100s。

① 国际标准化组织（ISO）（美国标准协会（ASA）是其前身）对感光度的评级对资深的胶片摄影师来说再熟悉不过了。柯达Plus-X PAN和柯达Kodacolor的胶片被评为是ISO 100。因为国家地理摄影师和音乐家保罗·西蒙（Paul Simon）而出名的Kodachrome胶片，被评为ASA 25。

IKONOS是$f/14$的光学系统，用1/100s（10ms）的曝光便可以提供足够的光线。但是卫星在这段时间移动了约75m，这么远的距离以至于无法获得清晰的图像。有两种方法可以解决这个问题。第一种方法是通过机械扫描光学元件，补偿卫星的运动或航天器的旋转，以降低有效地面速度。如第6章所述，Landsat卫星（美国NASA陆地卫星）的专题绘图仪（Thematic Mapper）利用扫描镜系统对卫星运动进行补偿。第二种方法是通过电子方式对运动进行记录，就像在IKONOS和Quickbird卫星焦面上使用的时间延迟积分（TDI）技术那样，电子会在焦面上沿着卫星运动的方向移动。电子会累积，直到达到足够的曝光时间（该技术常见于一些平板扫描仪上）。由柯达公司制造的IKONOS卫星的焦面具有32级TDI，VIIRS的昼夜谱段（高增益）具有250级。对于工作在白天的成像仪来说，通常需要20级的TDI。Quickbird卫星同时采用了TDI和航天器机械旋转两种方法来降低和地面的相对速度。更新的成像系统已经将分辨率提高到了50cm甚至更高，现在的操作方法是通过整星的回转消除相对运动，消除轨道运动已经成为成像过程的一部分（如WorldView-2卫星）。

国际空间站（ISS）增加了一个地球跟踪系统，允许相对较长的曝光时间。图4.17所示为一幅加州长滩港口的图像。城市的港口设施用规则间隔的橙色钠蒸气灯照明，图中还能观察到城市街道和一些船只的灯光。图像的分辨率大约是几米，以色列的EROS-B卫星和美国的SkySat-1卫星系统已经拍摄了1m分辨率的夜间图像。

图4.17　经过编辑的长滩港夜间图像，来自国际空间站（ISS016-E-27162.JPG）。
日期和时间：2008年2月4日，07：44：37.24 GMT（格林尼治时间）；
相机：尼康D2Xs；曝光时间：1/20s；F数2.8；焦距：400mm

4.5　问题

1．哈勃望远镜主光学系统的焦距、主镜直径和 F 数是多少？

2．对于类似 IKONOS 这样的推扫式成像系统，假设 GSD 为 0.8m，量化位数为 16bit，计算具有 13500 像元线阵的系统的数据率。数据按 4 倍系数压缩到 4bit 通道。假设航天器以 7.5km/s 的速度飞行，要求遥测系统每秒必须能处理多少比特的数据？要解决这个问题，先计算航天器移动 1m 所需的时间长度，然后再计算在该时间内获取的比特数。最后与 IKONOS 卫星的已知带宽进行比较。

3．Skybox Imaging 公司发射了一台近地轨道的高分辨率凝视相机。该系统能够在 30s 内以高达 30Hz 的速率获取 500 万像元。这样的传感器需要多大的带宽才能实时工作？一个全色场景（30s）的数据量是多少？假设每个像元 12bit 量化。

4．哈勃望远镜的 ACS 相机具有 $f/25$ 和 $f/70$ 的光学系统，两个通道对应的焦距分别是多少？

5．在冲日时，地球到火星的距离最短可以低至 6500 万 km。在此情况下，哈勃望远镜的 WFPC2 能提供的最佳空间分辨率（GSD）是多少？

6．图 4.17 中用于拍摄洛杉矶图像的尼康相机的像元尺寸为 5.5×5.5μm，在理想的情况下，拍摄这幅图像的 400mm 焦距镜头的空间分辨率是多少？国际空间站的高度为 333km，假设为星下点拍摄，并将该分辨率与航天器在 0.05s（曝光时间）内移动的距离进行比较。

第 5 章　轨道力学

遥感系统的设计与运行，与卫星的轨道运行息息相关，为了进一步理解遥感系统如何在轨工作和如何开发遥感系统，需要用到轨道动力学的知识。本章主要阐述轨道动力学对遥感器的影响，轨道动力学引申出的一个重要意义是其影响了目标的覆盖范围和遥测。

5.1　引力

地球同步轨道卫星的轨道动力学取决于重力的影响，学生们所熟悉的基础课本中，作用力决定于重力，其公式为 $f = mg$，m 为质量（单位通常为 kg），g 为重力加速度（约为 9.8m/s^2）。可惜的是，这个简单公式只适用于临近地表的条件，不适用于轨道运动，轨道运动的公式更为复杂。“向心力”的正确公式为

$$\boldsymbol{F} = -G\frac{m_1 m_2}{r^2}\hat{r} \tag{5.1}$$

式中：$G = 6.67\times10^{-11}\text{N}(\text{m}^2/\text{kg}^2)$（重力常数）；$m_1$ 和 m_2 为相互作用的天体的质量（通常代表地球与卫星）；r 为地球到卫星的中心距，矢量标记（包括符号）代表了沿着两个天体中心连线（质量）之间的力。F 的单位为 N，质量单位为 kg。临近地表的情况下，这个公式简化为

$$\boldsymbol{F} = g_0 m \tag{5.2}$$

式中：$g_0 = G\left(m_{\text{地球}} / R^2{}_{\text{地球}}\right) = 9.8\text{m/s}^2$ 为地球表面的重力加速度。

这样可以推导出式（5.1）的简化公式，即

$$\boldsymbol{F} = g_0 m\left(\frac{R_{\text{地球}}}{r}\right)^2 \tag{5.3}$$

式中：$R_{\text{地球}}$=6380km，这个例子中所使用的地球质量 $m_{\text{地球}} = 5.9736\times10^{24}\text{ kg}$。

尽管 $m_{\text{地球}}$ 与 G 不是高精准值，相乘可以得到 $GM_{\text{地球}} = (3.98600434\pm 2\times10^{-8})\times10^{14}\text{m}^3\cdot\text{s}^{-2}$。括号中的 $\pm2\times10^{-8}$ 是表达式中最后一位数字的误差，可

以精确到 9 位有效数字。[1]

5.2　圆周运动

万有引力导致运动方程有多种可能的解，其中最简单的是圆形轨道，近似月球这样的天体轨道。

5.2.1　运动公式

可以用角速度描述在圆形轨道上运动的天体的速度，角速度确定了圆周运动半径与线速度之间的关系，即

$$v = \omega r$$

式中：v 为速度（m/s）；r 为到运动中心的距离；ω 为角速度（rad/s）。角速度 ω 与“标准”频率 f 之间的关系因子为 2π：$\omega = 2\pi f$ 。通常，可以得到频率与周期τ的关系为

$$\tau = \frac{1}{f} = \frac{2\pi}{\omega} \tag{5.4}$$

（1）一辆汽车以 36km/h 的速度以 200m 为半径做圆周运动，ω是多少？

$$\omega = \frac{v}{r} = \frac{36\times 10^3\,\text{m}/3600\text{s}}{200\text{m}} = 0.05\text{rad/s}$$

（2）一颗卫星每 90min 绕地球一周，ω是多少？

周期 $\tau = 90\times 60 = 5400\text{s}$，$f = \frac{1}{\tau} = \frac{1}{5400} = 1.85\times 10^{-4}\,\text{s}^{-1}$

$$\omega = 2\pi f = 1.16\times 10^{-3}\ \text{rad/s}$$

5.2.2　向心力

牛顿说，要使质点沿直线以外的轨道运动，就必须施加一个力。特别是圆周运动需要向心力的作用。这个力的大小为

$$F_{向心力} = m\frac{v^2}{r} = m\omega^2 r \tag{5.5}$$

5.3　卫星运动

对于做圆周运动的物体，作用于卫星上重力等于向心力，即

① Rees，1990。

$$F_{向心力} = m\frac{v^2}{r} = F_{重力} = g_0 m\left(\frac{R_{地球}}{r}\right)^2 \tag{5.6}$$

卫星的质量被抵消了，轨道运动与卫星的质量无关，即

$$\frac{v^2}{r} = g_0\left(\frac{R_{地球}}{r}\right)^2 \Rightarrow v^2 = \frac{g_0 R_{地球}^2}{r} \Rightarrow \sqrt{\frac{g_0}{r}} R_{地球} \tag{5.7}$$

围绕地球圆轨道运行的卫星，轨道半径与速度成反比。这个简单的推导介绍了轨道运动的一些基本概念，并且很快引出了开普勒定律。

5.3.1 地球同步轨道

如果地球同步轨道卫星的轨道周期为 24h，这个卫星的轨道半径是多少？首先，$\omega = \frac{2\pi}{24\text{h}} = \frac{2\pi}{86400\text{s}}$，$v = \sqrt{\frac{g_0}{r}} R_{地球} \Rightarrow \omega = \frac{v}{r} = \sqrt{\frac{g_0}{r^3}} R_{地球} \Rightarrow \frac{\omega^2}{R_{地球}^2} = \frac{g_0}{r^3}$，或者

$$\frac{r^3}{R_{地球}^3} = \frac{g_0}{\omega^2}\frac{1}{R_{地球}^1} \Rightarrow \frac{r}{R_{地球}} = \left(\frac{g_0}{R_{地球}}\frac{1}{\omega^2}\right)^{1/33} = \left(\frac{9.8}{6.38\times10^6}\frac{(86400)^2}{2\pi^2}\right)^{1/3}$$

$$= (290.45)^{1/3} = 6.62$$

地球同步轨道的半径为 6.6 倍地球半径（地心）。卫星的速度是多少？

5.4 开普勒定律

约翰内斯·开普勒（1571—1630）利用第谷·布拉赫的数据研究了行星的轨道运动。从哥白尼的太阳系理论出发，即太阳在中心，开普勒假设行星的轨道是椭圆形，而不是圆形。开普勒描述的行星运动的 3 条定律同样适用于卫星。

行星的轨道是椭圆形，其中一个焦点在太阳的中心。

（1）相同的时间内，扫过相同的面积。

（2）轨道周期的平方与半长轴的立方成正比。

（3）开普勒定律能从基本物理原理中推导而出，是牛顿力学的伟大成就之一。

5.4.1 椭圆形轨道

开普勒第一定律指出，轨道运动是椭圆形轨道，圆轨道是此类轨道的特例。椭圆（图 5.1）由半长轴（a）和半短轴（b）或相对的半长轴和离心率（ε 或 e）定义。例如，轨道运动的中心点是焦点，对于绕地球飞行的卫星来说，中心点

就是地球中心。一些有用的公式，即

$$\frac{x^2}{a^2}+\frac{y^2}{b^2}=1; \varepsilon=\frac{\sqrt{a^2-b^2}}{a}$$

或者

$$\varepsilon=\sqrt{1-\frac{b^2}{a^2}}$$

中心点到焦点的距离为 $c=\varepsilon a=\sqrt{a^2-b^2}$ 。近地点和远地点的和是半长轴的 2 倍。

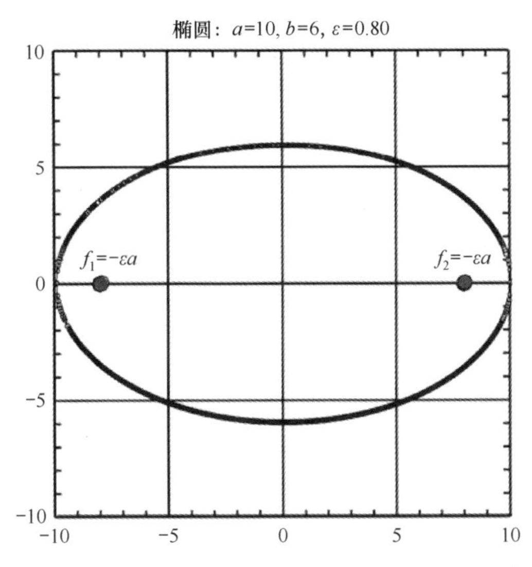

图 5.1　椭圆轨道半径 r 与角 θ 的关系图。在圆柱或球面坐标中，$r=\left[a(1-\varepsilon^2)\right]/(1+\varepsilon\cos\theta)$

5.4.2　在相同时间内扫过均等面积

开普勒第二定律（图 5.2）是角动量守恒的结果：$L=mv\times r$ ，$|L|=mvr\sin\theta$ 为常数。因此，在轨道上的每一点，垂直于径向矢量的速度 $\boldsymbol{v}_\theta$ 与半径的乘积为常数。在近地点和远地点，径向速度为零（根据定义），计算发现 $2.709\times 6.192=13.277\times 1.263$ 。

对于这个定律的结果，卫星花费大量时间在远地点。瞬时速度为

$$v=\sqrt{GM\left(\frac{2}{r}-\frac{1}{a}\right)}$$

式中：r 为距离地心的瞬时半径；a 为半长轴。

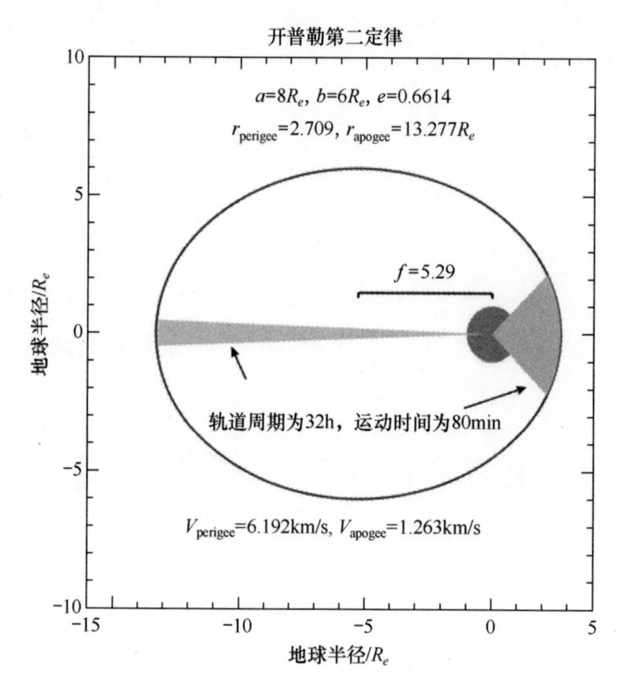

图 5.2　地球为 1 个焦点，x=5.29；x 的范围是 13.29～2.71 的 R_e（地球半径）

5.4.3　轨道周期 $\tau^2 \propto r^3$

利用牛顿定律的简单推导可见，对于圆形轨道，轨道周期只取决于轨道半径。开普勒更进一步阐明，对于椭圆轨道，轨道周期只取决于半长轴。根据之前推导的地球同步轨道周期进行相同的计算，即

$$v=\sqrt{\frac{g_0}{r}}R_{地球} \Rightarrow \omega=\frac{v}{r}=\sqrt{\frac{g_0}{r^3}}R_{地球} \Rightarrow \frac{2\pi}{\tau}$$

或者

$$\tau=\frac{2\pi}{R_{地球}}\sqrt{\frac{r^3}{g_0}} \Rightarrow \tau^2=\frac{4\pi^2}{g_0 R_{地球}^2}r^3=\frac{4\pi^2}{M_{地球}G}r^3 \tag{5.8}$$

对于圆形轨道，可以很快得到以上结果，但只适用于普通情况。用半长轴代替圆的半径，就可以得到轨道周期的值。

5.5　轨道参数

有几个关键参数可以用来定义卫星轨道。这些参数定义了轨道的能量、轨道的形状以及椭圆轨道的方向。

5.5.1　半长轴

轨道的大小由半长轴决定，如图 5.1 和图 5.2 所示。半长轴 a 是椭圆最长轴的 1/2。另一个和测量尺寸相关的参数是原点到焦点 c 的距离（上两图中分别 c=8.0, c=5.29）。

5.5.2　偏心率

偏心率 ε（或 e）决定了轨道的形状：$\varepsilon=c/a$。对于圆的来说，$\varepsilon=0$；对于直线的来说，$\varepsilon=1$；后者为弹道导弹轨道：直上直下。

5.5.3　倾角

倾角 I 是轨道面和地球赤道面的夹角。对于理想的球形地球情况来说，地球赤道上的静止卫星的倾角为 0°。现代地球同步卫星的实际情况于此略有不同。

一颗典型的极轨道卫星轨道高度为 500～1000km（近地轨道），倾斜度为 98°。90～100min 的轨道允许飞行器在每个轨道上的同一时间穿越赤道，地球在卫星下方旋转。轨道平面向东进动 1（°）/天，补偿了地球绕太阳的运动。

剩余的参数决定了轨道的相对相位。

5.5.4　升交点赤经

升交点是卫星北行（升交）与赤道面相交的点。升交点赤经（RAAN）Ω 为该点的天文经度。（赤经是根据固定的天空来测量的，而不是地球）。作为另一种定义，RAAN 是卫星轨道面与春分日连接地球太阳的直线的夹角，也就是春分点。赤经也可以被描述从阿瑞斯点的测量。还有个相关的定义：降交点为卫星南行与赤道面相交的点。

5.5.5　最接近点（近地点幅角）

最接近点是近地点的纬度，从轨道平面上卫星运动方向的升交点开始测量。当近地点在赤道上空时，近地点的幅角 ω 等于 0，当值为 90° 时，近地点在北极上空。由于地球不是标准球体，通常近地点的幅角会有岁差，椭圆轨道相对于地球的方向会随时间改变。NASA 的一项任务表明：动态探测器 1 号被发射进入椭圆轨道，由赤道处近地点到极点处近地点（ω=0° 到 ω=90°）共花费 8 个月。岁差的频率与轨道倾角有关。

（1）倾角＜63.4°，ω 运动方向与卫星运动方向相反。

（2）倾角=63.4°，ω 不运动（莫尔尼亚轨道）。

（3）倾角＞63.4°，ω 运动方向与卫星运动方向一致。

5.6 几个标准轨道

这里列出卫星行业常用的标准轨道，多数在遥感领域有应用。轨道高度上，它们从LEO（轨道高度只有几百千米）到地球静止轨道（轨道高度35000km）。

5.6.1 近地轨道

LEO是气象、地球资源、侦察遥感卫星应用最多的轨道。这些卫星是典型的太阳同步轨道，也就是它们与赤道相交在同一当地时间，且对观测物保持相同的太阳入射角。近地轨道卫星的轨道高度从几百千米到1000km不等。图5.3和图5.4是Landsat 4在704km轨道高度，当地时间9点40分的地面轨迹。

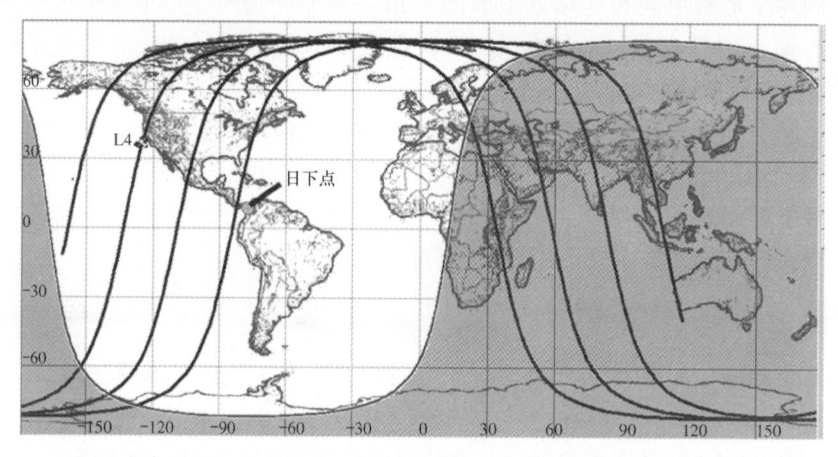

图5.3 近地轨道卫星Landsat 4的4个轨道地面轨迹，在每个轨道都在当地时间9点40分穿越赤道。对应卫星穿越赤道的时间，日下点位于南美洲海岸线上方。在98min内，地球自转了24.5°

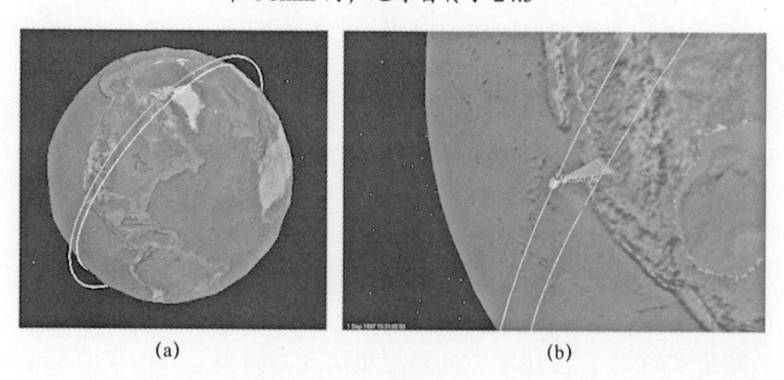

(a) (b)

图5.4 （a）近地轨道的图示。两条白线代表了轨道与下一条轨道在地面的轨迹。（b）Landsat 4的传感器瞄准星下点的扫描轨迹。重扫周期15天，卫星可以完成对全球的扫描

太阳同步轨道是民用雷达卫星中常用轨道，因为它使太阳帆板与太阳的实际方向一致。晨昏面可以使供电系统最大程度的消耗电池（如 Radsarsat 卫星）。另外，近地轨道也可以是非极轨道。例如，作战反应空间（ORS-1）卫星被发射到 40° 倾斜轨道，以便对中纬度的感兴趣地区进行侦察。①

与日冕航天器的椭圆轨道相比，大部分近地轨道卫星处于圆形轨道，极地轨道和太阳同步轨道（见附录 2）。椭圆轨道有助于卫星在低轨道高度实现高空间分辨率观测，而在远地点实现大面积覆盖观测。

地面目标的访问时间通常为几分钟。从地面角度来看，可以认为一颗从南到北的卫星在 5～10min 内从一个地平线移动到另一个地平线，这影响了成像的“窗口”，也决定了数据可以传输到地面站的时间周期。在中低纬度地区，极轨太阳同步轨道意味着星下点（近地）观测的窗口相对较少，如 Landsat（重访周期是 16 天）。对于 Worldview 和 Geoeye 卫星来说，大倾角观测使重访周期只有 2～3 天，通常是 45° 倾斜成像。

极地轨道卫星通常能观测到高纬度地区，这一特点导致越来越多的遥测系统集中在斯堪的纳维亚半岛和阿拉斯加北部地区。图 5.5 显示了 Svalsat 站点的访问区域。现在南极洲也有商业的遥测站，以补充北部的遥测站。这些极端位置通过光纤连接到更多的中心位置。

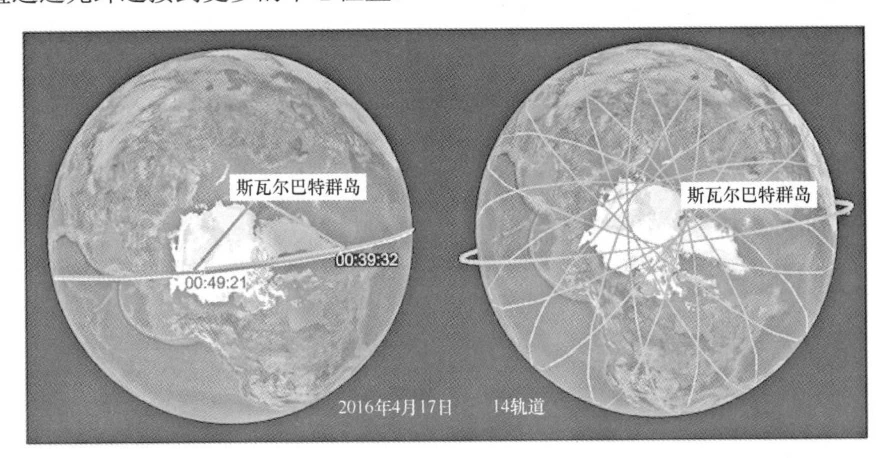

图 5.5　位于 Plataberget（挪威翁伊尔城附近的一座山）的 Svalbard 卫星站（Svalsat）被理想的定位为极地轨道卫星的地面站。从 Svalsat 可以看到极地卫星每天 14 次的自转，而从 Tromsg 或者 Kiruna 只能看到 10 次。一个 300Mb/s 的下行链路理论上可以在 10min 内传输 180000Mb（约 22GB）。（图中所示卫星可以在 10min 内进入轨道，右图显示的轨道在 617km 高空的 10～13min 进入时间）在第 4 章（表 4.2）中，将此数值与 Ikonos 与 Quickbird 的星上存储量进行对比

① https://directory.eoportal.org/web/eoportal/satellite-missions/o/ors-1。

5.6.2 中地球轨道

中轨地球轨道（MEO）是全球定位系统（GPS）的研究区域。虽然没有直接用于遥感，但它们对测绘越来越重要，进而影响了遥感图像的诠释。这些卫星位于 4.15-R_e 圆（26378km 地心）轨道，周期为 12h（图 5.6 和图 5.7）。

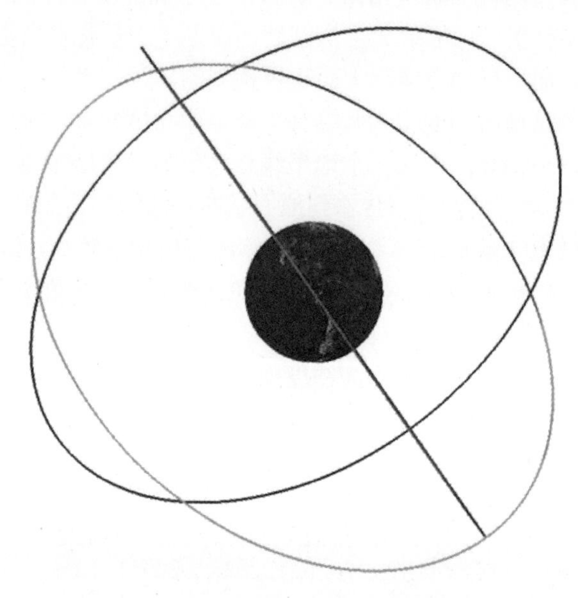

图 5.6 由两个 GPS 轨道平面演示 MEO 轨道

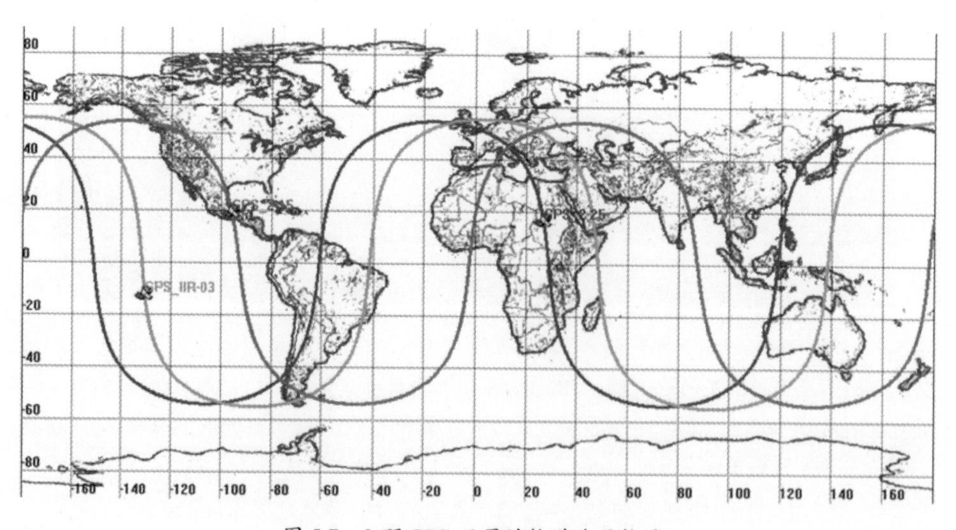

图 5.7 3 颗 GPS 卫星的轨道地面轨迹

5.6.3　地球同步轨道

地球同步轨道（GEO）是大部分商业和军事通信卫星的标准轨道，包括 NASA 遥测系统（TDRS）和气象卫星（GOES）。图 5.8 和图 5.9 显示了一个典型的地球同步轨道卫星的 TDRS 轨道和视场，两极不在视野之内。

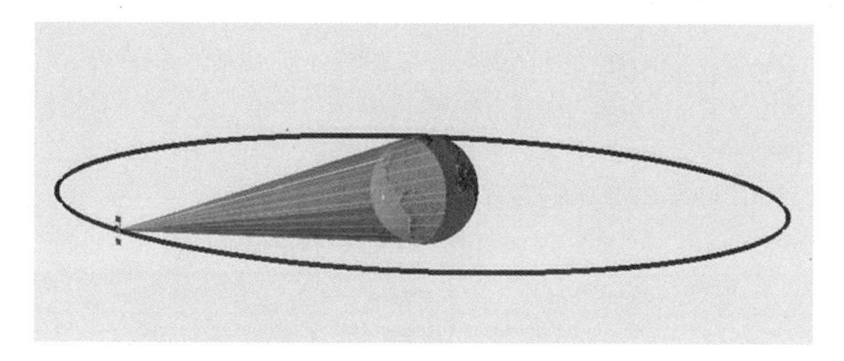

图 5.8　TDRS 轨道以及卫星的视场

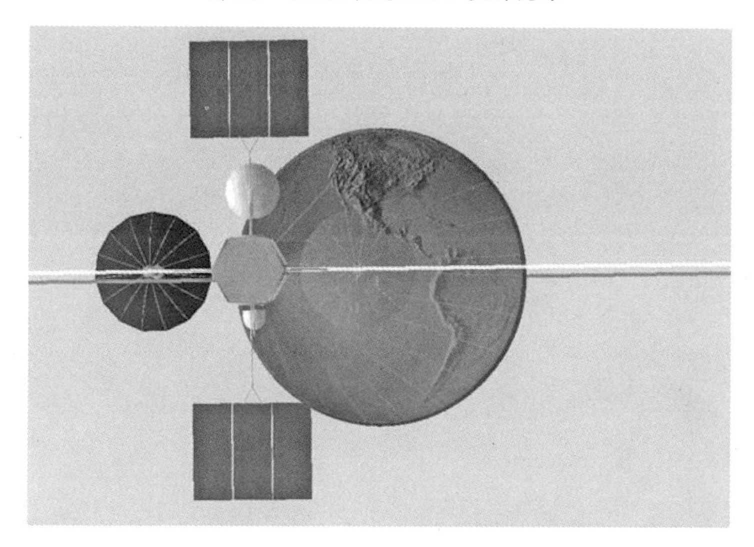

图 5.9　TDRS 观测地球。与第 1 章中的 GOES 卫星观测情况相似（图 1.9 和图 1.10）。TDRS-1 卫星发射于 1995 年，远地点为 35809km，近地点为 35766km，周期为 1436.1min，倾角为 3.0°

“地球同步”经常与“对地静止”互换使用。前者是指 24h 周期的轨道，而后者是指卫星相对于地面的位置不变。一个真正的地球静止轨道是很难获得的，通常会偏离 0° 倾角几度。这就导致了一天中少量的南北向运动，见附录图 A3.5。

在 TDRS-1 的生命后期，该卫星耗尽了它的南北站位保持能力，倾角增加，以至于它在一天中部分时间可以观测到南极。这种情况得到了麦克默多的一个国际科学基金会地面站的支持。本书前面的图像，是从近地球同步轨道的“阿波罗”17 号上拍摄的地球，可以与第 1 章的 GOES 卫星视场进行比较。

5.6.4 闪电轨道（高地球轨道）

闪电轨道或高地球轨道（HEO）,对于需要长时间停留在高纬度的卫星是有用的。倾角和偏心的精确匹配使力平衡，使轨道平面不会产生岁差。也就是说，远地点的纬度不会发生变化。这就是俄罗斯通信卫星的标准轨道。表 5.1 给出了一个典型闪电轨道的轨道参数。

表 5.1 典型闪电轨道的轨道参数

半长轴	26553.375km	远地点半径	46228.612km
偏心距	0.74097	近地点半径	6878.137km
倾斜度	63.40°	近地点高度	500.000km
近地点幅角	270.00°	升交点赤经	335.58°
升交点经度	230.043°	每天绕地球的圈数	2.00642615
运行周期	43061.61s	起始时间	1999 年 7 月 1 日, 00:00:00

一个 12h 周期的轨道在远地点“停留”8h 或 9h，然后在南半球扫过近地点，最终回到地球另一侧的北极上空（图 5.10）。这颗卫星可以在轨道看到北半球的大部分（图 5.11）。

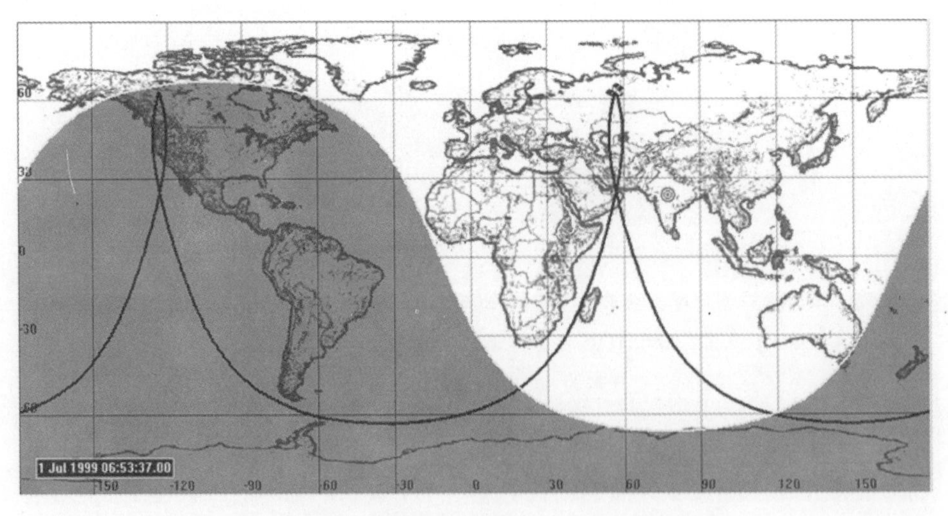

图 5.10 闪电轨道的地面轨迹。日下点定位在印度

HEO 轨道的近地点高度是 500km，刚好高过大气层，以避免过多的大气阻力。

(a)

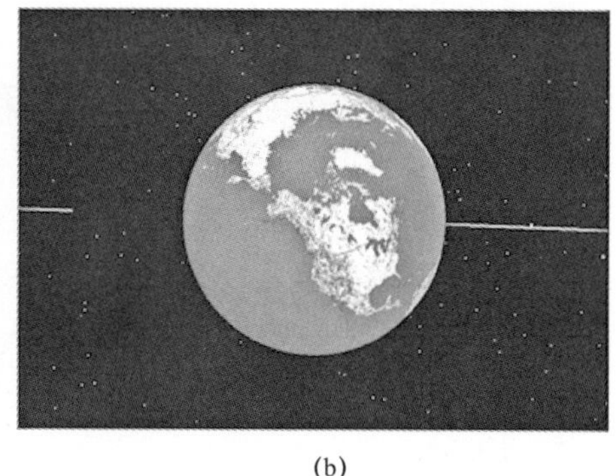

(b)

图 5.11　闪电轨道的视图，对应于上图（06:54 UT）所示的远地点（a）。大约 12h 后，在美国上的远地点望过去，日下点在加勒比海（18:05 UT）(b)

闪电轨道只是众多“奇幻”轨道之一，它的倾角和偏心率相匹配以保持倾角恒定。Sirius 无线电卫星使用高度倾斜轨道，使卫星能够驻留北美，为美国城市用户提供更直接的通信（相比之下，XM 系统使用地球同步轨道）。

5.6.5　轨道参数总结

表 5.2 总结了迄今为止所提到的轨道指标。轨道周期精确到小时或分钟。

表 5.2　本部分提到的轨道卫星指标[①]

轨道	LEO（近地轨道）	MEO（中轨地球轨道）	HEO（闪电高地球轨道）	GEO（地球同步轨道）
代表卫星	Landsat 7	GPS 2-27	俄罗斯通信卫星	TDRS-7
发射时间	1999 年 4 月 16 日	1996 年 9 月 12 日	—	1995 年 7 月 13 日
高度：远地点	703km	20314km	39850km	$5.6R_e$，35809km
高度：近地点	701km	20047km	500km	35766km
半径：远地点	—	$4.15R_e$	$7.2R_e$，46228km	$6.6R_e$
半径：近地点	—	—	6878.1km	—
半长轴	1.1 倍地球半径	$4.15R_e$，26378km	26553.4km	$6.6R_e$
运行周期	98.8min	12h，717.9min	约 12h，717.7min	24h，1436.1min
倾斜度	98.21°	54.2°	63.4°	2.97°
偏心距	0.00010760	0.00505460	0.741	0.000765
每天绕地球的圈数	14.5711	2.00572	2.00643	1.0027

① 这些数值起初来自系统工具包（STK）数据库；STK 是 Analytical Graphics 公司的产品。

5.7 带宽和重访周期

带宽的概念与3.8节和第4章末尾的问题中图像中隐含的数据量有关。能够传输到地面的数据总量不仅取决于下行系统的频率（和功率），而且取决于地面站可观测到卫星的时间周期。如图5.5所示，高纬度地面站分布很多，因为LEO卫星（通常在太阳同步极轨道上）经常经过它们。卫星通常会在视野中停留5～10min。

举一个例子，假设一个前十年比较典型的系统，使用X谱段或K谱段下行链路，频率为10～15GHz。假设1GHz带宽（10%调制，略高于工程光谱后端）。5min内可以传输多少比特？

比特=带宽×时间=10^9b/s×300s=3×10^{11}bit，或37.5GB。

注意，字节有8位。没有压缩，Worldview的一幅全色图像通常有1～2GB。DigitalGlobe通常会使用压缩算法使图像的尺寸缩小4倍左右。

5.8 问题

1．计算地球同步轨道相对地心的角速度，单位rad或s。

2．计算轨道高度为地球直径的圆轨道周期（r=2R_e）。

3．计算赤道表面的圆轨道周期。速度是多少？Herget轨道被认为是不适合卫星的轨道。

4．查找第八颗恒星（冥王星）的轨道，并画出相对长半轴的轨道周期。它符合开普勒第三定律吗？这里最好用指数（log-log）坐标绘制。甚至最好用相对长半轴时间的2/3次根描述。这个问题的单位用地球年和天文学单位。

5．推导地球同步轨道的轨道半径。

6．地球同步轨道上能看到南极吗？地球静止轨道呢？

7．椭圆轨道卫星，近地点为1.5倍地球半径，远地点为3倍地球半径。如果远地点的速度3.73km/s，那么近地点的速度是多少？它的半长轴是多少？提示：用角动量守恒定理：

$$L = mv \times r = \text{常数}$$

8．侦察和监视需要长时间或持续成像。如果你能在1倍地球半径的轨道高度放置一颗卫星，多长时间才能覆盖给定目标？你需要一些轨道速度和几何知识回答这个问题。利用±45°视场范围。

9．Sirius-1卫星具有53432km×30895km的轨道。倾角61.2°，最高点覆盖

加拿大，如图 5.12 所示。它的长半轴、偏心率及轨道周期是多少？

10．近几年出现的一个比较流行的概念是战术卫星，它不依赖遥感地面站，取而代之的是直接下传数据（视频）到士兵的终端。如果你有一个这样的卫星和一个小天线，利用一个 100Mb/s 能力的地面站，100s 内能下传几张 1GB 的图像？

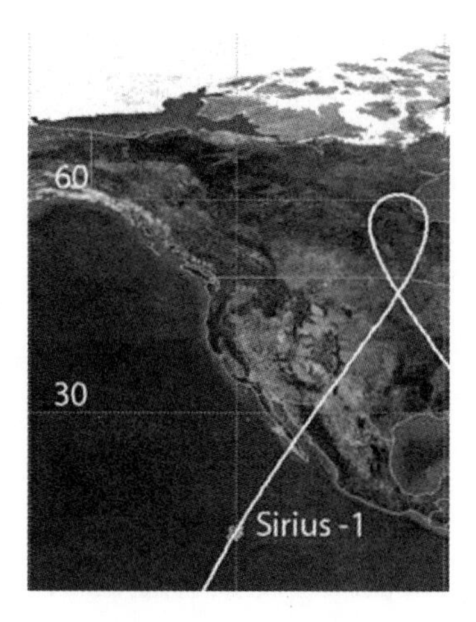

图 5.12　Sirius-1 卫星

第 6 章　光谱和偏振成像

截至目前，对遥感的讨论主要集中在全色（黑白）图像上。除记录大小和形状等明显特征外，遥感技术在捕捉和诠释色彩方面也很出色。具备识别多光谱的系统拍摄了一些壮观的图像。如图 6.1 所示，来自 Landsat7 的早期“真彩色”图像描绘了旧金山湾上游的绿色山坡和泥泞的径流。

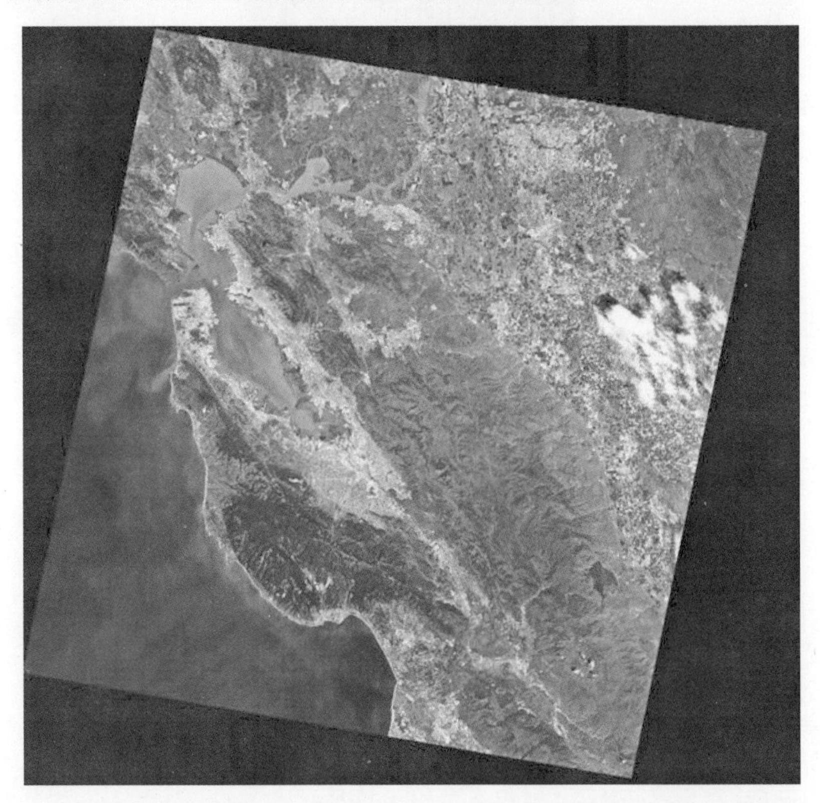

图 6.1　由 Landsat 7 卫星拍摄的旧金山可见光图像，该图像拍摄于 1999 年 4 月 23 日，第 9 飞行日，第 117 轨道，UTC。卫星尚未进入最终轨道而且不在标准参考栅格 WRS 上，因此，该场景拍摄于标称场景中心（径 44，行 34）以东面 31.9km 处。40 年来，Landsat 卫星一直是地球资源卫星中的佼佼者。图片转载特别感谢丽贝卡 • 法尔，美国国家环境卫星资料和信息服务局/美国国家海洋和大气局（见彩插）

6.1　材料反射率

由于大多数材质的反射率随波长变化，所以光谱成像仪（如陆地卫星任务中的成像仪）可以区分不同的材质，这也是光谱成像仪的主要任务。

图 6.2 展示了不同材质的反射光谱。光谱如同元素的指纹，正如前面对氢原子玻尔模型讨论的那样，其取决于基本原子特性。图 6.2 中，在 0.7μm 所处的“红光边缘”或“红外边缘”可以发现令人惊奇的、引人注目的光谱特征。反射率伴随着波长变化急剧增加，在红外谱段，植被具有高反射率，军队利用这个特点来设计伪装。Landsat、SPOT、IKONOS 以及 Quickbird 上的全色遥感器均涵盖红外谱段。因此，在这些遥感图像中，植被区域表现为高亮度。

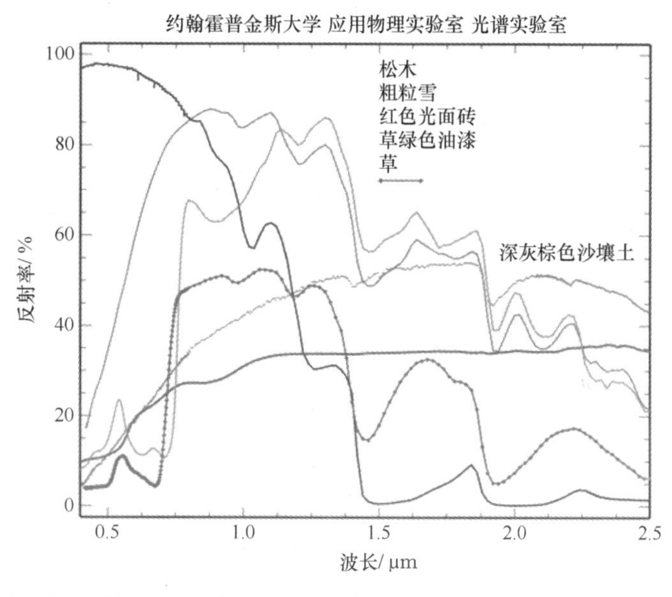

图 6.2　对合成材料和天然材料进行比较。在可见光谱段，橄榄绿颜料的光谱反应与青草一致，但在近红外谱段发生了偏离

6.2　人类视觉响应

在考虑在轨系统的光谱响应前，首先要考虑人类的视觉响应。眼睛对光敏感的部分是眼内杆细胞和锥细胞。杆细胞（远多于锥细胞）对光谱中亮度的差异很敏感，其峰值灵敏度与太阳光照的峰值强度相对应。如果人类只有杆细胞，那么只会看到灰色的阴影。

锥细胞能够提供彩色视觉，人具有 3 种锥细胞（图 6.3）：

L——锥细胞主要对可见光谱中的红色敏感；

M——锥细胞对绿色敏感；

S——锥细胞对蓝色敏感。

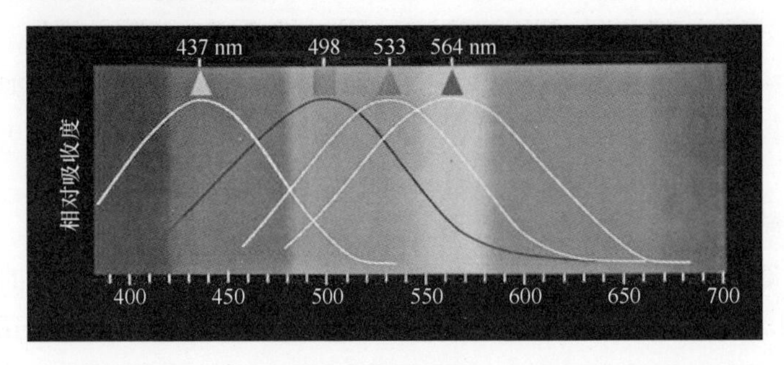

图 6.3　白色曲线为 3 种典型锥细胞的敏感度；黑色曲线为杆细胞的敏感度

6.3　光谱技术

光谱成像仪通常使用滤光片技术或色散元件来分光。滤光片经常被用在多光谱系统中，如 Landsat、IKONOS 等类似系统（现代数码相机）。图 6.4 是三

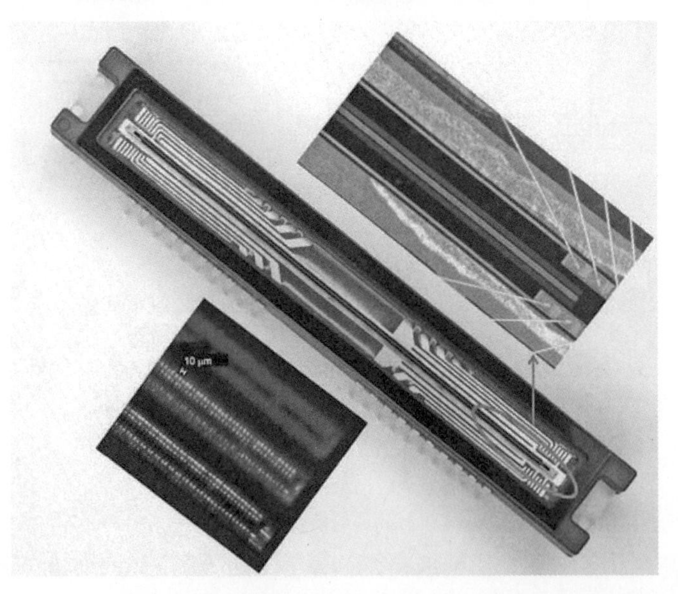

图 6.4　柯达 KLI-8023 图像传感器是用于彩色扫描成像的多光谱固态线阵图像传感器。该器件规模 8000×3，像元间距 9μm，具有红、绿、蓝三色滤光片。图中是传感器图片和其放大图片，从图中可以看到探测器中 3 行不同颜色的像素排列（见彩插）

色线阵柯达图像传感器。大多数推扫式成像仪均使用类似的探测器（如 IKONOS、Worldview）。目前，用于航空摄影的大中型相机通常使用多个全色相机拼接而成，每个相机均有自己的滤光片。Vexcel UltraCam 配备了 8 个独立的摄像头：4 个用于生成大尺寸全色图像，4 个用于生成多光谱图像。因为 4 个多光谱摄像机使用不同的滤光片，所以需要对不同相机进行高精度安装和定标，以产生完整的光谱图像。

棱镜（透射式）和光栅（通常为反射式）属于色散元件。棱镜利用了光在玻璃中折射率随波长变化的性质。介质内光传播速度随波长的变化称为色散。棱镜在空间系统中的应用并不广泛，但在 20 世纪 90 年代，它被用于机载 HYDICE 探测仪中。图 6.5 展示了从白色光源中散射出七色光。

图 6.5　汞灯通过棱镜的衍射光。图片转载于 D-Kuru/Wikimedia Commons

衍射光栅是在玻璃或金属表面上刻出成千上万条平行刻痕而形成一种规则图形。CD 或 DVD 光盘表面能够显示类似于图 6.5 所示的七色光谱。光栅的物理原理与第 3 章所述的干涉原理相同，符合瑞利准则。反射（金属）光栅在成像光谱系统中很常见。光栅经常被刻在带有曲率半径的反射镜表面，是光学系统的重要组成部分。

对于技术和术语的最后一点说明：具备多个探测谱段的机载和卫星系统称为多光谱成像仪（MSI），随着卫星更新换代，多光谱成像仪谱段数量由 4 个拓宽到16个。高光谱系统通常有数百个（相邻的）谱段。这些系统称为高光谱成像仪（HSI）。作为多光谱成像系统的原型，Landsat卫星已有40多年历史，它具有6个可见光谱段和1个长波红外谱段。

6.4 Landsat卫星（陆地资源卫星）

1972年7月底，NASA发射了第一颗地球资源技术卫星ERTS-1。该卫星及其后续卫星的名字很快被改成了Landsat。自那以后，该平台一直是地球资源卫星平台，装备有空间分辨率为30～100m的多光谱成像仪。在长达10年的停飞之后，Landsat8（也称为陆地卫星数据连续任务，简称LDCM）卫星于2013年发射。表6.1显示了系列任务的相关信息。数据存储技术、数据带宽的发展以及陆地卫星下传技术的变化，均反映了技术的发展和创新。分辨率也逐渐提高，Landsat7在多光谱相机上增加了一个地面分辨率15m的全色通道。Landsat8增加了一些新谱段，改变了探测器的技术体系。

表6.1　Landsat参数

卫星	在轨/应用时间	载荷	分辨率	轨道高度	数据传输
陆地资源1号(ERTS-A)	1972年7月23日—1978年1月6日	MSS RBV	80 80	917	通过数据容量15M的磁带返回直传数据
陆地资源2号	1975年1月22日—1982年2月25日	MSS RBV	80 80		
陆地资源3号	1978年3月5日—1983年3月31日	MSS RBV	80 30		
陆地资源4号	1982年7月16日—1993年12月14日	MSS TM	80 30	705	直传通过85Mb/s速度的跟踪和数据中继卫星系统
陆地资源5号	1984年3月1日—2013年1月	MSS TM	80 30		
陆地资源6号	1983年3月10日	ETM+	N/A		利用150Mb/s直传以及380GB固态硬盘
陆地资源7号	1999年3月15日至今	ETM+ (PAN)	30 (15)		
陆地资源8号（LDCM）	2013年2月11日	OLI TIRS	15/30 100		带有固存的384Mb/s下行通道

表6.1所列为Landsat参数，其中Landsat6号发射失败，Landsat7号在2003

年出现机械故障，限制了其使用。

图 5.3 和图 5.4 展示了 Landsat4 的传统低轨轨道。图 6.6 和图 6.7 展示了幅宽为 185km 的增强型专题制图仪（ETM）的在轨状态。图 6.6 反映了不同的下行链路，以及遥感器与 Landsat 地面站（LGS）之间的通信。

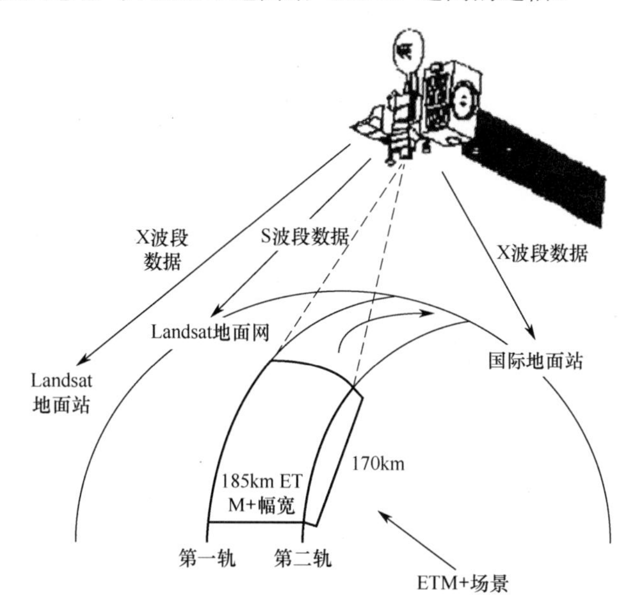

图 6.6　卫星获取星下点 185km 幅宽图像

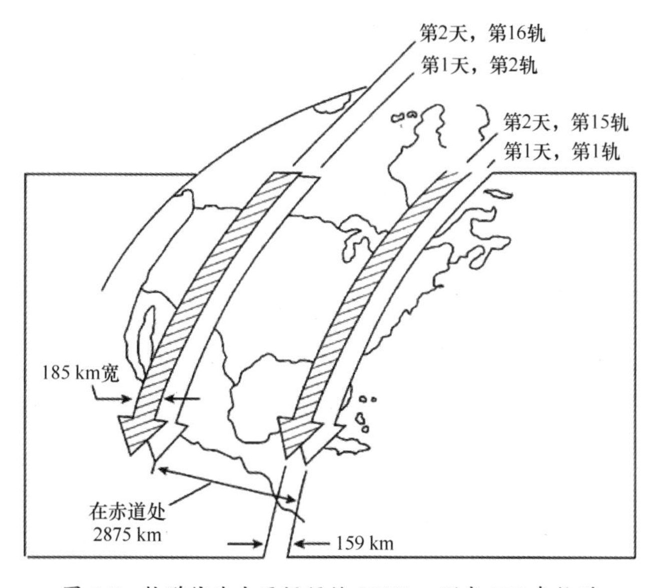

图 6.7　轨道依次向西间隔约 2500km 形成 233 条轨道

6.4.1 陆地资源卫星轨道

陆地资源卫星是典型的运行在低轨圆形轨道上的太阳同步卫星，轨道倾角约 98°，最初的飞行高度为 905km，后来改为 705km。美国航天局行星地球任务在 Landsat7 轨道上增加了 TERRA、AQUA、SAC-C 和 EO-1 等几颗卫星，这几颗卫星以几分钟的间隔在轨道上依次排列，称为“A-TRAIN”系列卫星。Landsat1、2 和 3 卫星穿过赤道的时间是上午 9:30；Landsat4 和 5 是上午 10:30；Landsat7 和 8 是上午 10:00。卫星每天绕地球 14.5 圈，重返周期为 16 天或 233 轨。图 6.8 显示了轨道轨迹以及相邻两轨在经度方向上的移动。

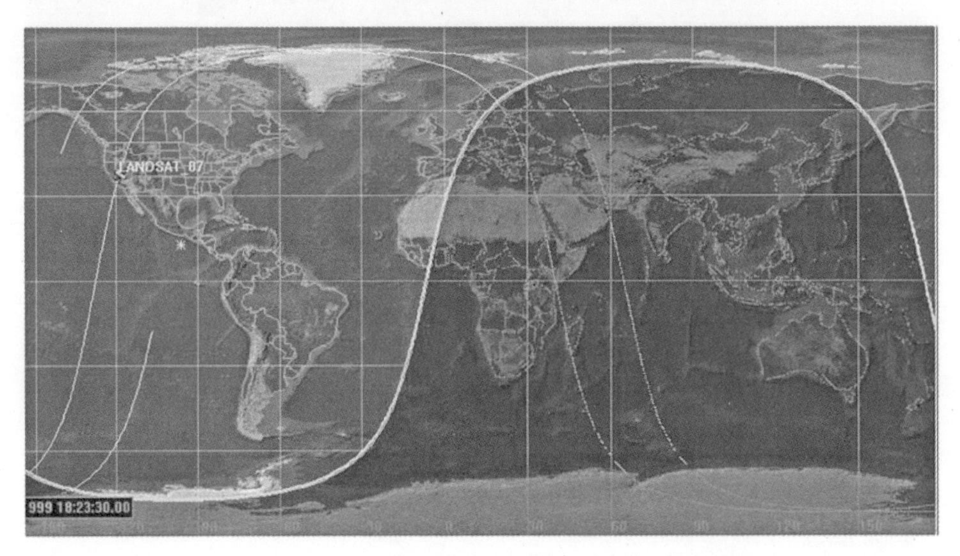

图 6.8 该轨道地面对应图 6.1 中的旧金山图像。墨西哥城下方的黄点表示太阳正下方，1999 年 4 月 23 日，UTC

Landsat7 卫星的轨道如图 6.8 所示，地面轨迹显示为两轨，卫星在夜间自南向北飞行，白天自北向南飞行。

6.4.2 陆地资源卫星载荷

40 多年来，探测器的发展推动了 Landsat 卫星成像系统的发展，形成了三类成像系统，分别是画幅式系统（摄像机）、摆扫系统和推扫系统。

6.4.2.1 返回式摄像机

最初的 3 次 Landsat 任务装备了一系列 RCA 摄像机，即返回式摄像机（RBV）。第一次任务携带了 3 台摄像机，分别对应谱段 1（蓝到绿）、谱段 2（黄到红）和谱段 3（近红外）。作为主载荷，摄像机的地面分辨率为 40～80m，但该载荷很快就被执行同一个任务的多光谱扫描仪（MSS）取代。Landsat1 卫星上的 RBV 在早期就失效了，仅拍摄了 1690 幅图像。Landsat3 卫星的 RBV 发布的图像也仅限于 40m 分辨率的绿色谱段图像。（笔者认为，在那个时代，付出巨大努力在 RBV 数据上是不成功的）。当时，画幅式成像系统可能太超前，基本没有成功案例，AF SAMOS 系统的失败也反映了实时成像系统对返回式胶片成像系统（CORONA）挑战的失败。

6.4.2.2　多光谱扫描仪

休斯/圣巴巴拉研究中心设计的多光谱扫描仪是民用遥感领域的真正突破，它提供了四色多光谱图像数据。该扫描仪装载在陆地卫星 1～5 号（Landsat1～5）上，载荷沿轨方向地面像元分辨率为 79m，穿轨方向为 57m，数据重新采样后分辨率可达 60m，量化位数为 6bit（动态范围）。探测器为光电倍增管（谱段 4～6）和硅光电二极管（谱段 7）。在初始编号中，谱段编号从 RBV 开始，RBV 占据了前 3 个谱段，MSS 的第一个谱段是谱段 4。为了与专题制图仪匹配，从 Landsat4 号开始对谱段编号进行了修订。在 Landsat3 卫星上搭载了地面像元分辨率为 240m 的碲镉汞长波红外探测器，但载荷在发射后不久就失效了。

6.4.2.3　专题制图仪

专题制图仪（TM）与多光谱扫描仪在许多方面相似，但相比多光谱扫描仪反映出了技术的进步。从 Landsat4（1982 年发射）开始，虽然 TM 成为卫星的主载荷，但为了保持数据的连续性，MSS 也被保留下来。TM 具有 7 个谱段，空间分辨率为 30m。从 Landsat6 和 7 开始，该仪器发展为增强型专题制图仪，即 ETM+，其特点是长波通道的空间分辨率由 60m 提高到 15m。下一节将介绍 ETM+遥感器。

6.4.2.3.1　增强型专题制图仪光学系统

由于大型线阵或面阵探测器出现得较晚，Landsat 的载荷光学设计采用了摆动扫描方案。与之前的几个系统一样，望远系统是里奇—克雷蒂安·卡塞格林望远系统。主镜外径 40.64cm，内径 16.66cm。有效焦距为 2.438m，*F* 数为 6。高分辨率全色遥感器的一个像素对应的瞬时视场（IFOV）为 42.5μrad。

中继光学包含一个折转镜和一个球面镜，支撑结构材料为石墨—环氧（复合材料）。中继光学的作用是将谱段 5、6、7 成像到制冷焦平面上。

机械扫描镜位于光路最前端，其扫描频率为 7Hz（图 6.9）。当遥感器沿穿轨方向摆动扫描 6000 像元时，扫描线校正器补偿了卫星的前向运动带来的图像扭曲。Landsat7 发射 1 年后，其扫描线校正器出现了故障，该故障导致卫星在后续任务中的图像出现了失真。

6.4.2.3.2　增强型专题制图仪焦平面

增强型专题制图仪（ETM）包含两个焦平面（图 6.10），具备 185km 幅宽的成像能力。主（热）焦平面由滤光片、探测器和前置放大器组成，其谱段包含 ETM8 个谱段中的 5 个（谱段 1～4 及谱段 8）。另一个焦平面是制冷焦平面（90k），包含滤光片、红外探测器及输入级电路，其谱段为 ETM+的谱段 5 到谱段 7。由于研制谱段范围从可见到短波红外的焦平面很困难（同时也很昂贵），所以，当谱段范围较宽时，通常的做法是分为两个焦平面。

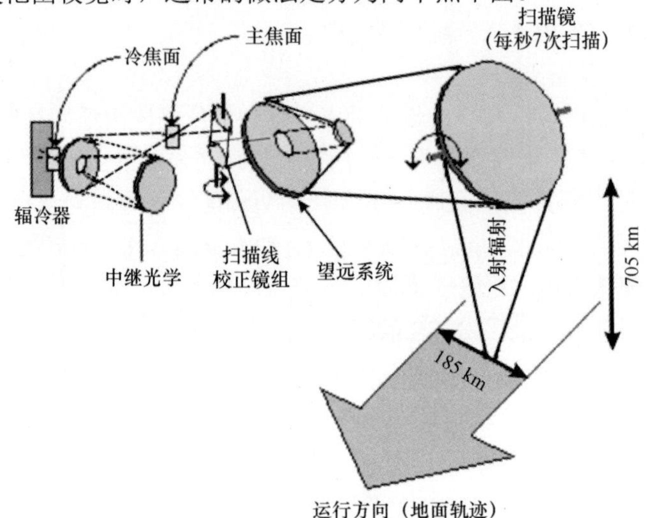

图 6.9 增强型专题制图仪光学系统

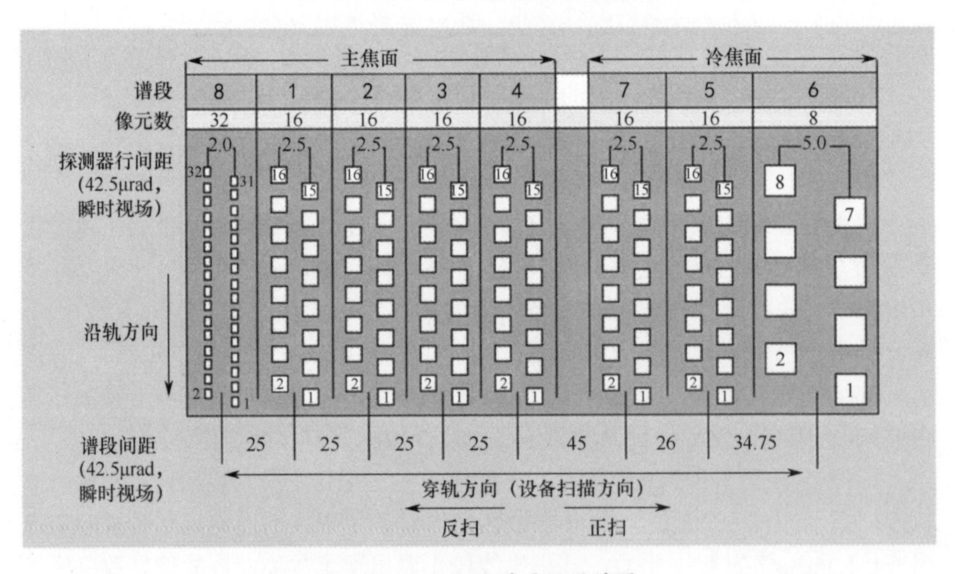

图 6.10 Landsat7 焦平面设计图

6.4.2.3.3 增强型专题制图仪主焦面

主焦面是由 5 条探测阵列构成的硅探测器，其谱段为谱段 1～4 以及一个全色谱段（谱段 8）。谱段 1 到谱段 4 的阵列由 16 个奇偶排列的像元构成。全色谱段阵列由 32 个奇偶排列的像元构成。系统焦距根据具有最高空间分辨率的全色谱段进行优化。表 6.2 列出了各个谱段的焦平面参数。与现行的硅探测器相比，该器件的像元尺寸或像元间距非常大。与增强型专题制图仪相比，IKONOS 载荷的像元尺寸为 12～48μm。

表 6.2　主焦平面组件设计参数

参　　数	谱段 1～4	全谱段
每谱段探测器数量	每谱段 16 个	32 个
探测元尺寸	103.6μm×103.6μm	51.8μm×44.96μm
探测元面积	$1.074\times10^{-4}cm^2$	$2.5\times10^{-5}cm^2$
瞬时视场	42.5μm	21.3μm×18.4μm
沿轨方向像元中心距	103.6μm	51.8μm
穿轨方向像元中心距	259.0μm	207.3μm

6.4.2.3.4　增强型专题制图仪制冷型焦面

增强型专题制图仪的谱段 5 和谱段 7 由拥有 16 个像元的锑化铟（InSb）制冷型探测器组成。长波红外谱段，即谱段 6 的探测器为拥有 8 个像元的碲镉汞制冷型探测器。谱段 1～4、5 和 7 的地面像元分辨率均为 30m；长波红外，即谱段 6 的地面像元分辨率为 60m（与 TM 的 120m 分辨率相比，分辨率有所提高）。探测器在沿轨方向可覆盖 480m，通过（被动）辐射制冷器冷却到 85K。表 6.3 列出了制冷型焦平面的参数。

表 6.3　制冷型焦面设计参数

参　　数	谱段 5 和谱段 7	谱段 6
每谱段探测器数量	每谱段 16 个	8 个
探测元尺寸	48.3μm×51.82μm	104μm×104μm
瞬时视场	42.5μm	42.5μm×85.0μm
沿轨方向像元中心距	51.8μm	104μm
穿轨方向像元中心距	130μm	305μm

6.4.2.3.5　增强型专题制图仪的光谱响应

因为到 2010 年为止，大多数后续载荷均采用了与 ETM 相同的光谱采样方法。所以为了更好地理解 Landsat 及后续系统的数据，研究 ETM 的光谱响应变得尤为重要。图 6.11 展示了 Landsat7 卫星的谱段设置。如图中所示，不同颜色反映了各谱段的波长。在可见近红外谱段（1～4）内，设置了 4 个相邻谱段。在短波红外波长内，设置了 2 个谱段。图中右侧绘制的是谱段 6 的光谱响应。IKONOS、Quickbird 及其他卫星的谱段设置均与 Landsat1～4 谱段的设置非常相似。如图所示，当波长为 0.9μm 时，硅焦面处的光谱响快速下降，因为达到了硅的带隙，该现象在硅探测器中非常常见。由于专题制图仪一时的设计革新，谱段6并没有按顺序设置。表6.5列出了每个谱段的具体参数。

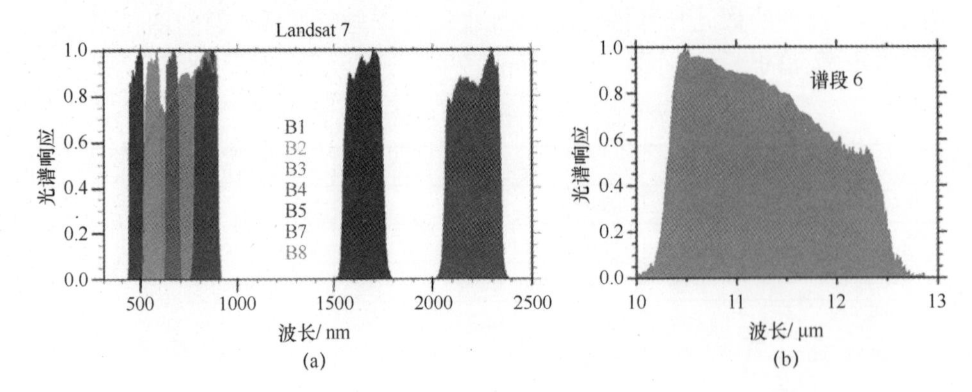

图6.11 Landsat7的光谱响应为波长的函数。这些数据来自由NASA/GSFC提供的地面定标结果。高分辨率全色谱段与谱段2～4对相同区域成像，谱段未延伸到蓝色谱段，以避免短波的大气散射影响（见彩插）

表6.4 Landsat7的空间分辨率和幅宽。谱段6的空间分辨率为60m；早期任务中，其空间分辨率为120m

谱　段	波长/nm	探测器类型	分辨率/m
蓝	450～520	Si	30
绿	520～600	Si	30
红	630～690	Si	30
近红外	760～900	Si	30
短波红外1	1550～1750	InSb	30
长波红外	10.40～12.5	HgCdTe	60
短波红外2	2090～2350	InSb	30
全色	520～900	Si	15

6.4.2.3.6　增强型专题制图仪的动态范围

在遥感发展的最初几十年，Landsat载荷的动态范围可称之为遥感卫星的典范。动态范围决定了下传到地面的数据量，专题制图仪和增强型专题制图仪采用8bit量化，动态范围为0～255。相比之下，多光谱扫描仪采用6bit量化，其动态范围为0～63。如4.2节所述，现代商用卫星载荷采用11bit或12bit量化，动态范围为0～2047或0～4095。

6.4.3　陆地资源卫星数据链

从根本上讲，Landsat7的数传系统是一个“存储和下传”系统，该系统堪称数据系统需求的典范。卫星数据被存储在固态硬盘（SSR）里并主要传输到南达科他州苏福尔斯的地面站（LGS）。固态硬盘内数据通过 X 波段以 150Mb/s 的速度下传到 LGS。

下面粗略地计算一下卫星的数据率。卫星幅宽 185km，地面像元分辨率 30m，穿轨方向大概需要 6000 个像元。由于像元重叠的缘故，所在穿轨方向需要 6928 个像元。仪器具有 7 个谱段，名义上每个像元 56bit 量化。将每行的数据量（比特数）除以扫描一行所需的时间得到数据率。具体计算如下：

185km 幅宽 ⇒（185km）/（30m/像元）=6000 像元/扫描行，或 3.36×10^5（56×6000）b/行。扫描一行需要的时间为

$$\tau = \frac{30\text{m}}{7.5\times10^5\,\text{m/s}} = 0.004\text{s}\ （或者\ 4\text{ms}）$$

那么，数据率为

$$\frac{3.36\times10^5\,\text{bit}}{4.0\times10^{-3}\,\text{s}} = 84\times10^6\,\text{b/s} = 80\text{Mb/s}$$

Landsat4 和 5 的实际数据率为 85Mb/s，它们通过 TDRSS（跟踪与数据中继卫星系统）使用 8.2GHz（X 波段）下传数据。

6.4.4　Landsat8 有效载荷：可编程陆地成像仪和热红外传感器

可编程陆地成像仪利用 7000 像元线阵探测器推扫方案，替代了 ETM 的机械扫描镜摆扫方案，同时增加了多个谱段，并将动态范围提升至 12bit（DN 值：0～4095）。新载荷与之前 8bit 系统相比，具有更高的辐射分辨率。新载荷的光谱带宽普遍比增强型专题制图（ETM+）要窄。短波谱段探测器的材料由锑化铟（InSb）改为碲镉汞（HgCdTe）。

热红外传感器（TIRS）为单独的载荷，具有独立的望远系统，并使用新型砷化镓量子势阱红外（QWIP）探测器。焦平面具有 1850 个像素，由 3 个 640×512 像素的探测器阵列拼接而成，像元大小为 25μm。载荷的瞬时视场为 142mrad，对应 100m 的地面像元分辨率。载荷采用两级机械制冷机将探测器制冷到 43K。为提高温度的测量能力，新载荷将早期 Landsat 的谱段 6 分成两个谱段，载荷的温度分辨率（NEDT）为 0.4K，动态范围 12bit。

表 6.5 给出了 Landsat8 的谱段配置，并在图 6.12 中进行了说明。TIRS 光谱响应变化相当引人注目（与图 6.11 相比）。在可见光谱段，可以看到大气透过率影响下的细微信息，大气透过率在第 3 章（图 3.13）中提及，但未展开讨论。在高海拔地区用蓝色谱段和绿色谱段测量的能量主要来自于散射的太阳光。当计算表面反射率时，在大气校正过程中必须考虑散射的影响。大气的散射使对地观测变得模糊，或者降低了对比度。

表 6.5　OLI/TIRS 的光谱范围和像素大小

序号	谱　段	波长/μm	探测器材料	地面分辨率/m
1	海岸蓝（气溶胶）	0.43～0.45	硅	30
2	蓝	0.45～0.51	硅	30
3	绿	0.53～0.59	硅	30
4	红	0.64～0.67	硅	30
5	近红外	0.85～0.88	硅	30
6	短波 1	1.57～1.65	碲镉汞	30
7	短波 2	2.11～2.29	碲镉汞	30
8	全色	0.50～0.68	硅	15
9	云	1.36～1.38	碲镉汞	30
10	热红外 1	10.6～11.2	砷化镓	80
11	热红外 2	11.5～12.5	量子阱	80

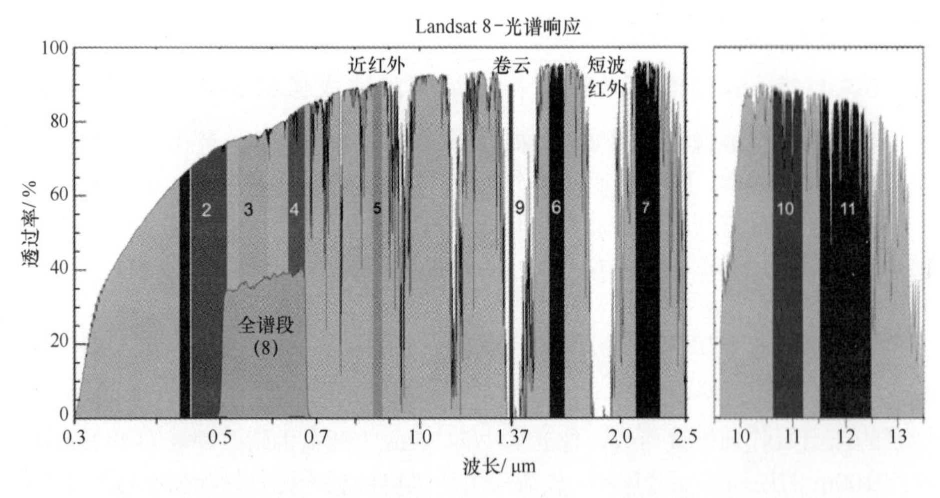

图 6.12　Landsat8 的谱段配置。考虑散射的情况下，利用 MODTRAN 计算了美国 1976 年夏季标准大气的透过率。谱段 1（气溶胶）是左边窄的谱段（谱段 2）；谱段 8 是全色谱段，波长范围为 0.5～0.7μm。与 Landsat7 相比，全色谱段的一个重大变化是未延伸到近红外谱段。为实现大气校正，窄卷云带（谱段 9）设置于水汽的吸收带中

6.5　商业遥感卫星的光谱响应

随着商业遥感系统的出现，使光谱成像技术发生了重大革新。IKONOS、

Quickbird 和 Orbview-3 提供了分辨率 4m 或优于 4m 的多光谱图像。由于这些载荷均模仿前 4 颗 Landsat 的谱段配置，所以它们具有类似的光谱响应。图 6.13 给出了 IKONOS 的定标结果。全色谱段很好地扩展了到了近红外波段，而蓝色谱段响应较差。在某种意义上，这是通过设计手段来降低高分辨率通道中气溶胶（散射）的影响。

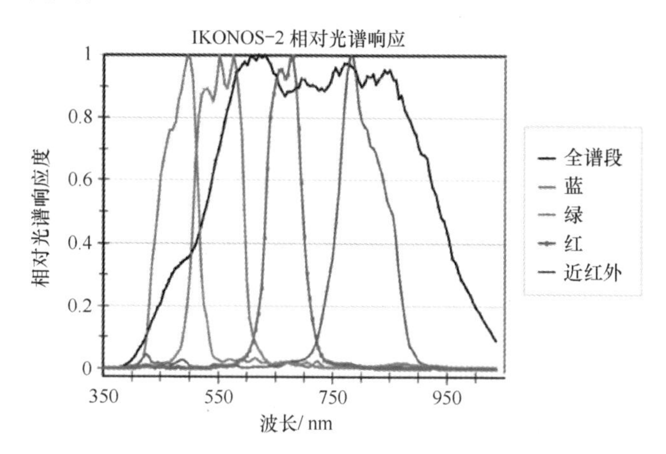

图 6.13　为了避免大气散射造成图像质量下降，全色谱段对蓝光几乎没有响应，全色谱段拓展至可见近红外。蓝色谱段为 450～520nm，绿色谱段为 520～600nm，红色谱段为 630～690nm，近红外谱段为 760～790nm（见彩插）

早期的大多数商用载荷的光谱响应函数都非常相似。当需要估计光谱反演量（如植被健康或区域覆盖率）时，响应函数的细微差异就变得非常重要。当数字地球公司将具有 8 谱段（反射谱段）的 Worldview-2 卫星发射入轨时（2009 年 10 月 8 日），遥感界开始发生重要变化。之后发射入轨的地球资源卫星数据连续性任务（LDCM）和它相似，卫星设置了用于探测海岸带的短波蓝色谱段。为了研究浅海水深，新的 Worldview 卫星还设计了黄色谱段。在 Worldview-3 任务中（2014 年 8 月 13 日），卫星的有效载荷具有 16 个谱段，除了与之前任务相同的 8 个可见光近红外谱段外，还有 8 个短波红外谱段，这极大地推动了空间光谱成像技术的进步。

这些载荷的市场及应用仍在开发中。提高的空间分辨率（比 Landsat 高出 10 倍）对于希望观察和描述植被特性的农林学研究来说是很完美的。目前，农业是商业遥感卫星的最大市场。图 6.14 展示了 Worldview-3 的光谱响应函数，其中包含了 Fred Kruse 和 Sandra Perry 设计的短波谱段。该设计使用了来自 AVIRIS 的高光谱数据（下面将会介绍），并在某种意义上遵循了 NASA/Terra/ASTER 遥感器的谱段设置。载荷为地质应用提供了强有力的保证。

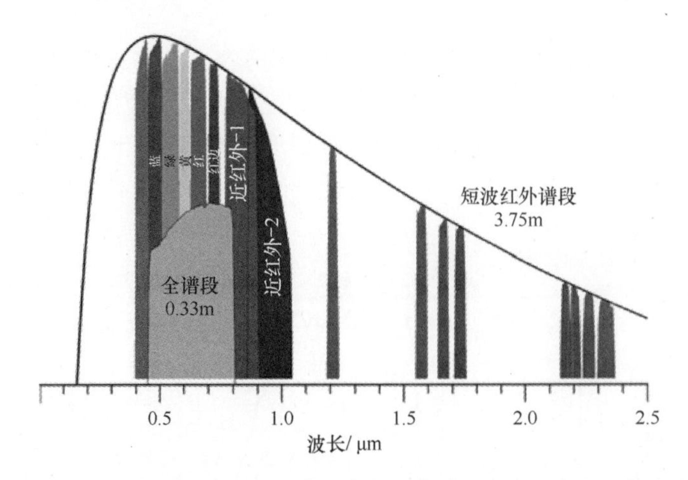

图 6.14　Worldview-3 的光谱响应函数，叠加在太阳光谱的黑体曲线上。这里没有给出光谱响应的具体数值，但只占曲线的一小部分的短波红外谱段，其能量不到可见光谱段的 10%(可见近红外响应曲线与 Worldview-2 的相同)。高分辨率全色谱段的分辨率为 0.3m，可见光近红外谱段的分辨率是全色谱段的 4 倍，约为 1.33m。某些谱段的响应发生了重叠，特别是可见近红外 1、2 谱段。同时，不易发现的短波红外谱段 5 和谱段 6 也发生了重叠。全色谱段仍然延伸到了蓝色谱段

图 6.15 和图 6.16 显示了来自 Worldview-3 的光谱数据。一帧到另一帧的差异非常微小，但在图 6.15 的第二行中可以观察到一个相当明显的变化——当谱段从可见光变为近红外时，场景右侧的高尔夫球场从暗变亮。图 6.16 为几个特征场景的光谱响应曲线。假设拍摄场景包含反射率 0～100%的像元，将数据转化为名义上的反射率（该技术称为内部平均相对反射率技术）。从图 6.16 可以看出，草类的反射率从可见光的 15%～20%急剧上升到近红外的 90%。

Worldview-3-9/19/2014-182501Z

海岸带蓝
397～454nm
蓝
445～517nm
绿
507～586nm
黄
580～629nm
红
636～696nm
红边
698～749nm
近红外1
765～899nm
近红外2
857～1039nm

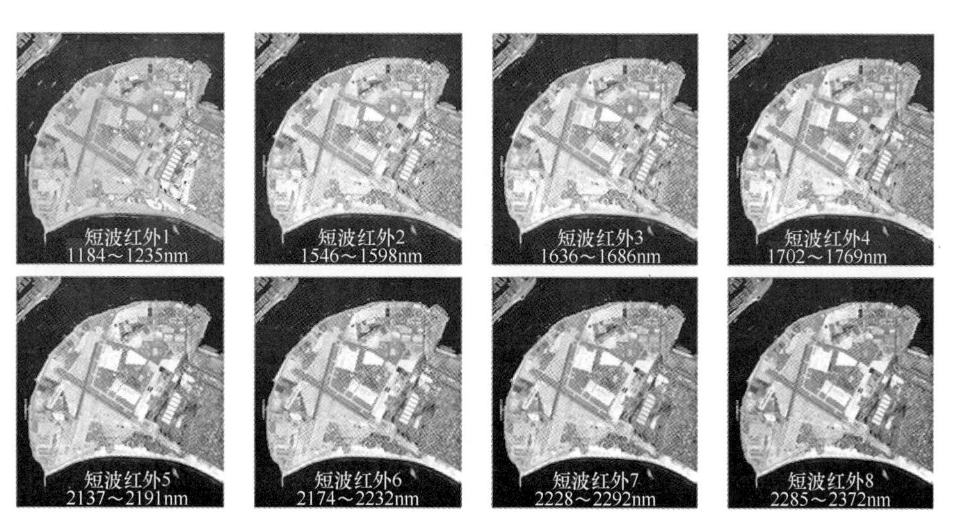

图6.15　Worldview-3为每个场景提供了16张不同的图像。可见光近红谱段空间分辨率1.2m，短波红外谱段空间分辨率7.5m。利用小倍数技术（耶鲁大学Edward Tufte提出的），虽然可发现图像的区别，但图像的区别非常微小。在短波红外谱段，可以更明显地看到不同表面的差别，如混凝土、沥青等

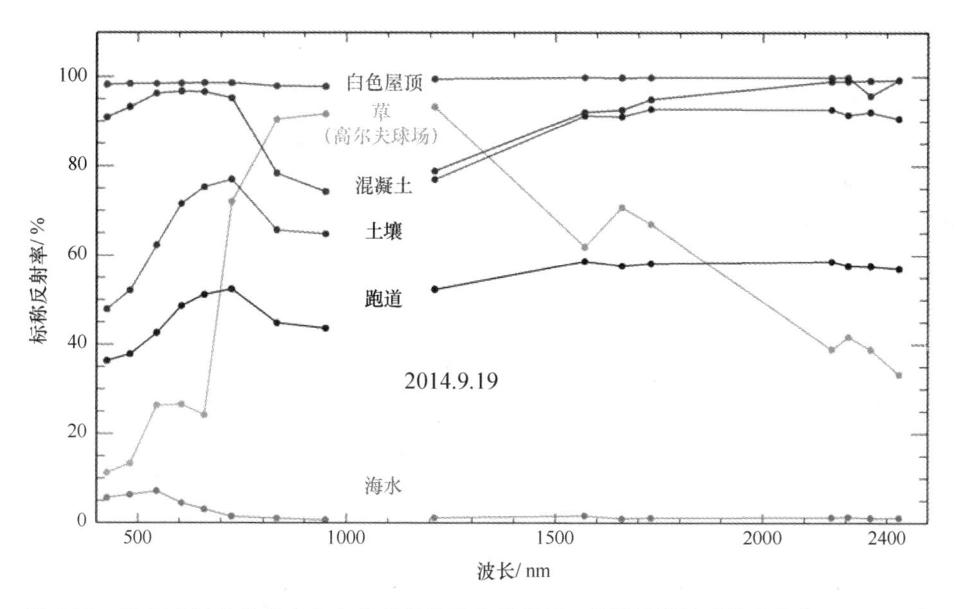

图6.16　图6.15所示场景中几个典型物体的光谱数据。假设场景的反射系数在0～100%变化，即存在全黑和全亮的目标，将辐射数据转换为反射系数。海水表面的反射率接近于零。植被在550nm的"绿色"谱段反射率最高

6.6　光谱数据分析：谱段比和归一化差分植被指数

针对光谱数据分析有很多种方法，这些方法将在下一章展开讨论。这里重点介绍归一化差分植被指数（NDVI），该方法的主旨是将两个谱段的信息进行整合，进而对植被的健康程度和植被密度进行评估。归一化差分植被指数是用近红外谱段和红谱段强度之和对二者之差进行归一化。该方法降低了光照变化的影响，并在很大程度上降低了地形变化的影响，具体表达式为

$$\mathrm{NVDI}=\frac{\mathrm{DN}_{\text{near-infrared}}-\mathrm{DN}_{\text{red}}}{\mathrm{DN}_{\text{near-infrared}}+\mathrm{DN}_{\text{red}}} \tag{6.1}$$

式中：DN值来自于Landsat卫星TM和ETM的谱段4和谱段3的数据。谱段4和谱段3分别对应近红外谱段和红色谱段，类似系统如Quickbird具有相似的谱段配置。对于Worldview-3卫星，DN值由谱段7（832nm）和谱段5（660nm）确定，如图6.15所示。

图6.17显示了第1章所示的圣迭戈（图1.11～图1.13）的NDVI值。NDVI范围从−0.4到+0.2；健康植被的NDVI值大于0。这些健康的植被大多位于高尔夫球场和城市公园，它们在右侧的伪彩色图中呈现出亮红色。NDVI指数与植被的物理参数（如生物量）直接成比例，尽管很多变量影响NDVI的值，但该指数在简单性及应用广泛性方面仍具有很大的优势。

图6.17　Landsat7拍摄的光谱图像，拍摄于2001-06-14。左图中显示了NDVI数值，右边是伪彩图像（近红外谱段、红谱段、绿谱段按照RGB显示），每幅图的右上部插图为高尔夫球场（见彩插）

6.7　光谱数据分析：色彩空间和光谱角

6.6 节介绍了光谱数据分析的一种标准方法。更详细的分析需要考虑不同场景元素在色彩空间中的位置图6.17 中两个小区域的数据被描绘在二维散点图中，如图 6.18 所示。图 6.18 中，数据点利用之前用于计算 NDVI 时的谱段 3 和谱段 4 的 DN 值进行绘制。图中指出了两个区域的均值坐标，并绘制了从原点到均值坐标的矢量。这些矢量在此色彩空间中定义了角度，如θ_1和θ_2所示。θ_{12}是两个矢量在光谱空间中的角度差。

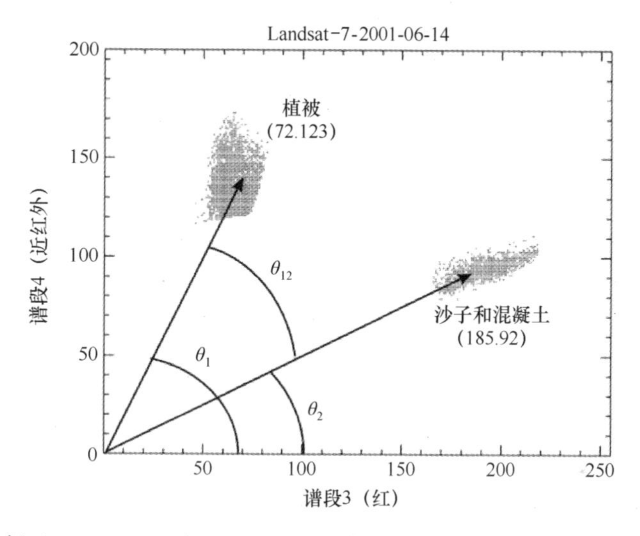

图 6.18　是拍摄于 2001-06-14 的 Landsat7 的光谱数据。图中绘制了谱段 3 和谱段 4 对应两个区域的 DN 值。两个场景的标记点对应于表 6.7 所列的平均值，例如，对于植被来说，谱段 3 的平均值为 72，谱段 4 的平均值为 123。这些矢量点积的计算利用了所有 6 个反射谱段的值

使用点积或内积可以简单地计算任意两个矢量之间的角度。图 6.18 所示的两个矢量之间的“光谱角”是归一化的点积，即标量积，则有

$$\cos\theta = \frac{A \cdot B}{|A| \cdot |B|} \tag{6.2}$$

表 6.6 给出了两个区域的平均光谱响应以及两个矢量的大小。谱段 3 和谱段 4 的值如图 6.18 所示。对两个矢量的乘积进行计算，其结果为 84446.1。

通过计算光谱角可得$\cos\theta = 0.93^\circ$或$\theta = 21.8^\circ$。没有场景中其他数据支撑，该值是一个随机值，但是它清楚地揭示了光谱角度存在的差异，并且清楚地区分了场景的两个部分。

表 6.6　针对两区域的平均光谱相应

区域	谱段 1	谱段 2	谱段 3	谱段 4	谱段 5	谱段 7	大小
植被	89.4	80.2	72.3	123.5	127.4	69.7	236.6
沙土或混凝土	167.3	158.8	185.0	91.5	167.3	154.7	384.3

6.8　成像光谱仪

成像光谱仪能够获取对应每个空间像元的光谱响应。光谱仪基于频谱中物质和能量的相互作用来获取相关信息。光谱探测在实验室和天文光测中的应用已经有100多年历史了。机载可见光红外光谱仪（AVIRIS）是最早的光谱探测仪器，经过25年不断发展进步，一直是成像光谱或高光谱成像领域的主要仪器（图 6.19）。

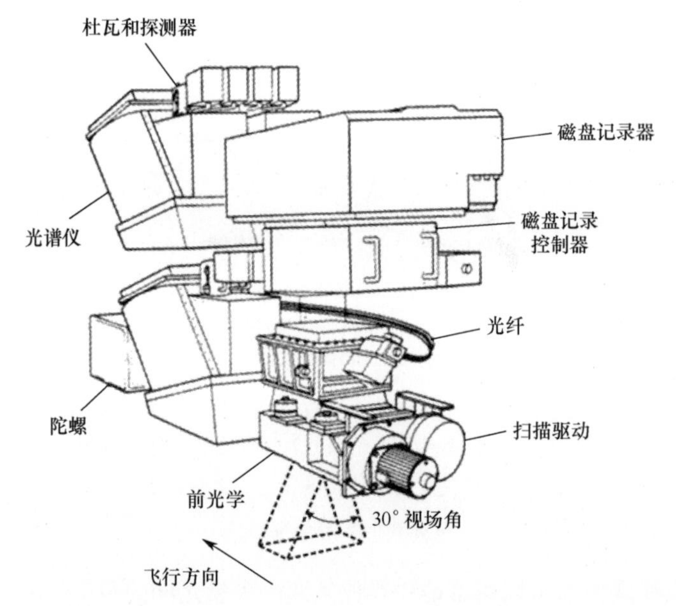

图 6.19　AVIRIS 的轮廓图。AVIRIS 的可见谱段使用硅（Si）探测器，近红外谱段使用液氮制冷锑化铟（InSb）探测器。该仪器视场角为 30°，瞬时视场角（IFOV）为 1mrad，精度通过校准可达到 0.1mrad 以内。动态范围随着时间的推移而变化，由 1994 年以前的 10bit 到 1995 年以后的 12bit

6.8.1　机载可见光/红外成像光谱仪

在地球遥感领域，AVIRIS 是世界一流的仪器。该仪器的成像光谱范围为 380～2500nm，谱段数为 224 个。该仪器搭载在 NASA 的 ER-2 飞机（为提高性能而改装的 U-2）上，该飞机的飞行高度为 20km，时速约 730km/h。近年来，为获得更高的空间分辨率，该仪器也被搭载在飞行高度为 2～3km（6000～17500 英尺）的 Twin Otter 飞行器上。

AVIRIS 仪器的光谱范围为 380～2500nm，共有 224 个探测器，每个探测器对应的光谱响应范围（也称为光谱带宽）约为 10nm。将每个探测器获得的光谱信息绘制成光谱曲线，将该光谱曲线与已知物质的光谱进行比较，即可知道被监视区域的物质组成。

AVIRIS 采用扫描镜摆扫成像方式，每次扫描获得 614 像元、224 个谱段的信息。对于 ER-2 飞行条件，仪器单个像元对应地面约 20m 的正方形区域（像素之间有些重叠），仪器的总幅宽约 11km。

图 6.20 和图 6.21 显示了 2011 年 AVIRIS 拍摄的圣迭戈的数据。ER-2（相对低的飞行高度）仪器的空间分辨率约为 7.5m。图 6.20 是“高光谱立方体”，显示了成像光谱数据的 3D 数据结构。图 6.21 的左图为仪器拍摄的“真彩色”图像。将此图像与 Worldview-2 所拍摄的图 1.15 进行比较，其空间分辨率要高很多。右侧的曲线则显示了拍摄场景的辐射特性（观测到的）和反射率特性（计算出的）。

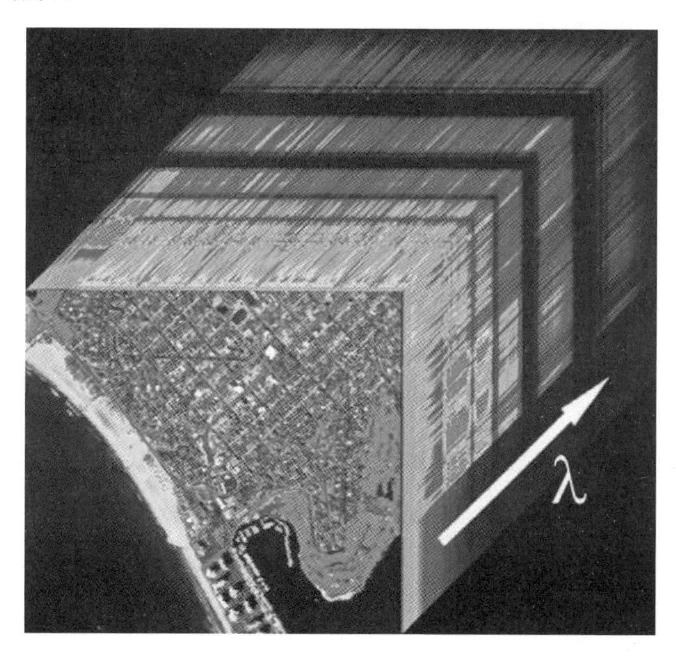

图 6.20　AVIRIS 的“高光谱立方”。该 3D 透视图展示了小部分伪彩色红外图像（750nm、645nm 和 545nm），其具备 3 个维度，前 2 个是空间维度，第 3 个是波长维度。辐射数据表明大气吸收相当明显。水的光强随波长而迅速降低。该图片的拍摄时间为 2011 年 11 月 16 日 20:40，图片的空间分辨率为 7.5m（见彩插）

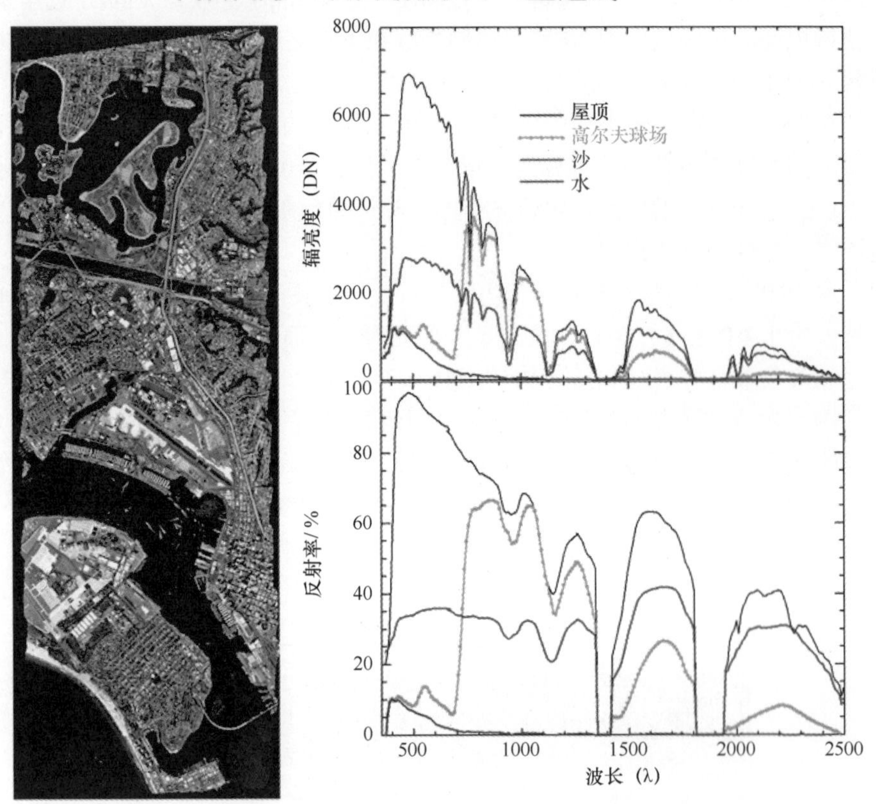

图 6.21　AVIRIS 在 2011 年 11 月 16 日所拍摄的图像。这次任务是在美国宇航局的 ER-2 飞机上拍摄的。飞机飞行高度为 7500m（25000 英尺）。左边图像是真彩色图像。右图选取了 4 个感兴趣的区域，并描绘了其随波长变化的辐亮度曲线（顶部图形）和反射率曲线（底部图像）。植被在绿色（550nm）和红外窗口表现出明显的小特征峰，尤其是在反射率曲线中。“白色屋顶”的光谱曲线来自于在图 1.15 右侧清晰可见的屋顶。而沙的光谱曲线来在于开阔的沙滩（见彩插）

如前面提到的图 6.21 所示，为方便与光谱库进行比较，物体的辐射数据必须转换为反射率。转换过程是剔除太阳辐射项，并对大气吸收和大气气溶胶的散射进行补偿。

这个简要的描述并没有体现出处理过程的困难，该处理过程使用了 FLAASH 算法，基于 MODTRAN（见第 3 章）实现。

6.8.2　Hyperion 光谱仪

在轨飞行的首个重要的可见光、短波红外光谱仪是装备于美国宇航局 EO-1 卫星平台上的 Hyperion 光谱仪。与 Landsat7 一起发射的 EO-1 卫星是用于验证地球资源遥感载荷的实验卫星，其目的在于验证 NASA 的后续技术。EO-1/SAC-C 于 2000 年 11 月 21 日在范德堡空军基地（VAFB）发射，卫星轨道高度为 705km，在轨紧随 Landsat7 飞行。Hyperion 光谱仪由 TRW 公司制造，该载荷的设计状态与 NASA 失败的 Lewis 卫星载荷相同。EO-1 卫星上还搭载了先进陆地成像仪（ALI）（即 Landsat8 卫星 OLI 载荷的前身）。

Hyperion 的地面分辨率为 30m，幅宽 7.5km，光谱范围 0.4～2.5μm，光谱采样间隔 10nm（共计 220 个谱段）。图 6.22 包含对载荷的光谱特性的描述，光谱曲线为埃特纳火山热熔岩的起始段黑体曲线，熔岩温度范围为 100～2000K。熔岩的光谱曲线（褐色曲线）显示，熔岩的辐射率波长 1600nm 开始超过太阳光的反射强度逐步上升，在波长 2.4μm 附近达到峰值。辐射率在 2000～2400nm 波长范围内达到峰值是由温度为 1000～2000K 的熔岩的黑体辐射决定。相反，植被曲线（图中的绿色曲线）在 700nm 处，表现出了红外窗口所期望的健康植被的响应。曲线底部分别标记为蓝色，绿色和红色的小箭头（分别位于 1234nm、1639nm 和 2226nm）对应于构成右侧伪彩色图像所用的谱段。

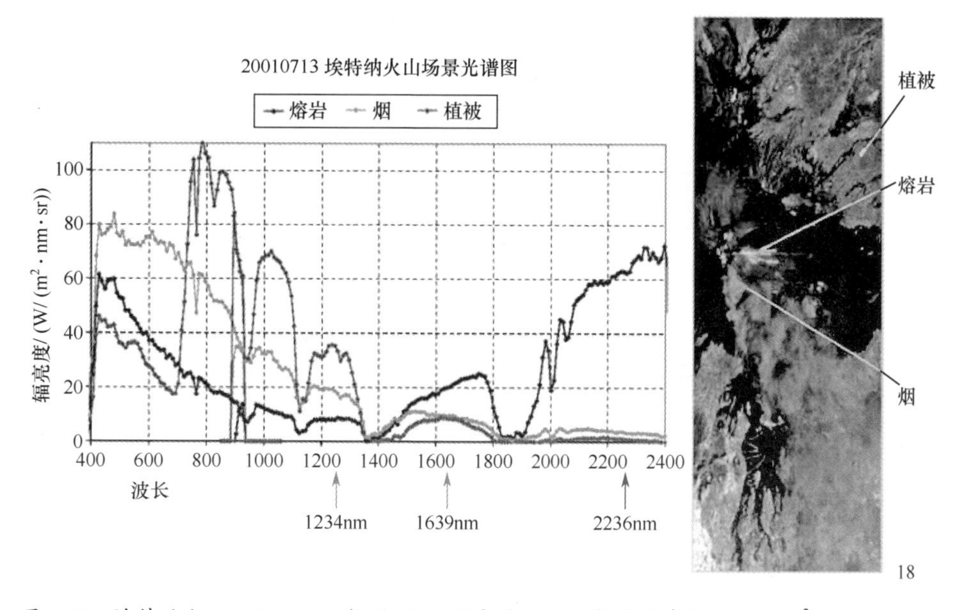

图 6.22　埃特纳火山。Hyperion 提供 12 位动态范围。辐亮度的单位是 W/（m^2·str·nm），即单位面积、单位立体角、单位波长（nm）的功率（见彩插）

6.8.3　傅里叶变换高光谱成像仪

在美国空军 MightySat-II.1 上的傅里叶变换光谱仪是首个搭载于卫星平台的高光谱载荷。由于傅里叶变换技术对振动非常敏感，因此该类载荷不适用于机载平台而适用于卫星平台。2000 年 7 月 19 日，Minotaur 火箭将 MightySat-II.1

（P99-1）从范登堡空军基地发射至550km极地轨道，并于2002年12月脱离轨道。傅里叶变换高光谱成像仪（FTHSI）在0.45～1.05μm谱段范围内，可以产生150个窄谱段图像。虽然载荷的图像质量一般，但该载荷是首个在轨运行的高光谱系统。美国空军的安全权限限制了该载荷数据的查看。如图6.23显示的伪彩色图像证明了该仪器的功能。

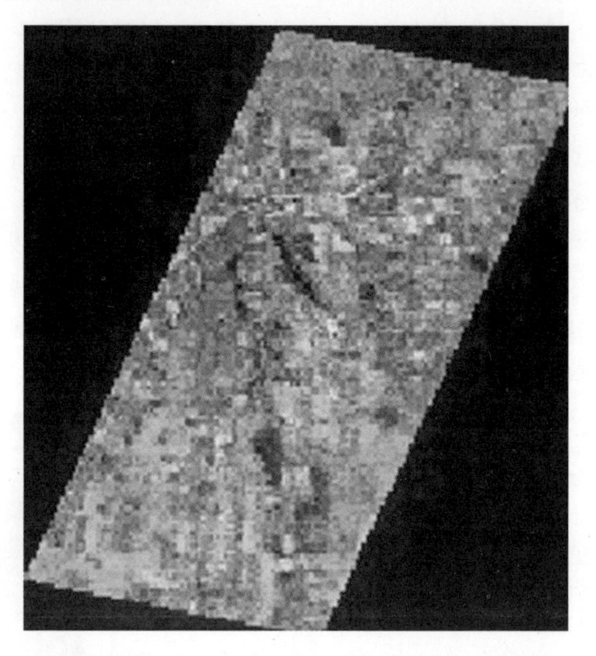

图6.23　第一景RGB图像，在金斯堡附近拍摄，数据以伪彩红外图像呈现，红色代表植被（见彩插）

从空间系统的设计角度，这个仪器最引人注意的方面是使用了商用货架零部件。载荷未使用辐射加固器件，仅在重要的部组件周围安装了屏蔽层。这个载荷一直在轨稳定运行，直到卫星正常停止工作。

6.9　光学偏振

与多光谱成像类似，偏振成像也是遥感的一个方向。迄今为止其在地面成像研究中应用很少，并且具备偏振光测量能力的系统也相对较少，因此，偏振成像仍是一门相对较新的学科。而在大气遥感领域，偏振成像具备很强的能力（此处未展开论述）。

如第2章所述，偏振是光的固有特性。在菲涅耳关系式的讨论中发展出的理论表明：在自然界中，太阳光在大部分情况下是非偏振的，其可见的偏振效果来自于反射特性。对于在后续章节中展开讨论的主动的激光载荷和雷达系统来说，偏振/极化已经成为载荷的固有性质。

如图 6.24 所示，偏振光的特性往往显得非常微弱。图片是利用带有电动旋转式液晶偏振滤光片的相机拍摄的。在此拍摄模式下，由于图像数据几乎没有明显差异，所以通常要将图片转换到以斯托克斯（Stokes）矩阵或斯托克斯矢量为基的坐标系中。由 G.G.Stokes 于 1852 年提出的斯托克斯矢量是一个基于强度测量的四维实矢量，用以描述偏振或部分偏振光。符号 S_0、S_1、S_2 和 S_3（分别也称为 ***I***、***Q***、***U*** 和 ***V***）用于代表 Stokes 矢量的四个维度，其定义为

$$\boldsymbol{S}=\begin{bmatrix}S_0\\S_1\\S_2\\S_3\end{bmatrix}=\begin{bmatrix}|E_x|^2+|E_y|^2\\|E_x|^2-|E_y|^2\\2\mathrm{Re}E_xE_y^*\\-2\mathrm{Im}E_xE_y^*\end{bmatrix}\propto\begin{bmatrix}I_0+I_{90}\\I_0-I_{90}\\I_{45}-I_{135}\\I_L-I_R\end{bmatrix}\tag{6.3}$$

图 6.24　海军研究生学院校园的光学偏振图像，显示了 ***I***（S_0）、***Q***（S_1）、***U***（S_2）和线性偏振度（DOLP）。为进行偏振滤光，全色相机装有限制波长范围的绿色滤光片

式中：S_0 是总光强；S_1 是水平和垂直偏振的差；S_2 是+45°和−45°线偏振之差；S_3 是左右圆偏振之差。由于后 3 项通常用 S_0 归一化，因此它们的值介于−1～+1（将雷达术语 ***I***、***Q***、***U***、***V*** 引入光学领域，其中前两项同相且正交）。强度项 S_0

或 ***I*** 实质上是非偏振光强或总光强。第二项实质上是在 0°和 90°时的测量值之差，第三项实质上是在 45°和 135°时的测量值之差。最后一项描述了在自然界极为罕见但在卫星通信中经常应用的圆偏振光。

图 6.24 描述了在白天时斯托克斯矢量的前 3 个元素。（图 2.3 为利用彩色数码相机拍摄的同一场景。）处于左上方的是强度图像在这里是所有 4 个滤镜测量值的平均值。太阳在场景的右侧，所以在右侧可以看到主楼的日照面和阴影面（Hermann Hall）。由于太阳光的瑞利散射（蓝天），天空发生了偏振，右上方的图片（***Q***）可以体现出这一点。因为相对光滑的砖块表面会导致反射光偏振（菲涅耳方程），所以 Hermann Hall 的屋顶看起来非常明亮。相比之下，因为来自自然物的反射光往往非偏振，所以树木在光学（绿色波长）图像和 ***Q*** 项图片中较暗。最后一项 ***U*** 包含了一些主要体现为噪声的残留偏振信息。在这里列出的一系列图片中，图片 ***U*** 中明显的灰度梯度变化反映了太阳光方向的变化。

光学系统的偏振依赖于光照方向和观测方向。为了分析所有的偏振，引入线性偏振度（DOLP），线性偏振度是 ***Q*** 和 ***U*** 的总和，即

$$\text{DOLP} = \frac{\sqrt{S_1^2 + S_2^2}}{S_0} \tag{6.4}$$

图 6.24 的第四张图片显示了场景的线性偏振度。天空是场景中线性偏振程度最高的元素，建筑物下部的窗户反射了偏振态的太阳光。对天空来说，图 2.3 显示了类似效果。发生瑞利散射的太阳光有 30%～50%被强烈偏振。

6.10　问题

1．首个陆地资源卫星何时发射？

2．对于陆地资源卫星的专题制图仪（ETM），红、绿和蓝谱段的波长范围分别是多少？

3．专题制图仪有多少个光谱通道，波长范围是多少？

4．标准的 Landsat8 图像的宽度是多少？反射谱段的空间分辨率是多少？热红外谱段的空间分辨率是多少？在反射谱段，幅宽对应多少像元？

5．Landsat8 的标称轨道是什么（包括赤道穿越的高度、倾角和星下点地方时）？

6．Landsat8 的重返周期多长？

7. Landsat7 上可见光探测器的动态范围是多少（6 位、8 位或 10 位）？（您可能需要访问 NASA / GSFC Landsat 网站。）Landsat8 有何改变？

8. AVIRIS 的标称光谱分辨率是多少（对比 Landsat）？植被的红外窗口是在哪个波长位置？这个波长是否在硅探测器的带宽内？

9. 相对于图 6.15 和图 6.16 所示的 3 个小区域，WorldView-3 遥感器的数据在表 6.7 中给出。图 6.25 所示的散点图与图 6.18 的散点图具有相同形式，该图显示了近红外通道与红色通道的比值。表 6.8 显示了各个区域的平均值。计算“草”与“土”之间的光谱角，以及“土”与“混凝土”之间的光谱角。作为参考，草矢量的大小为 137.3。

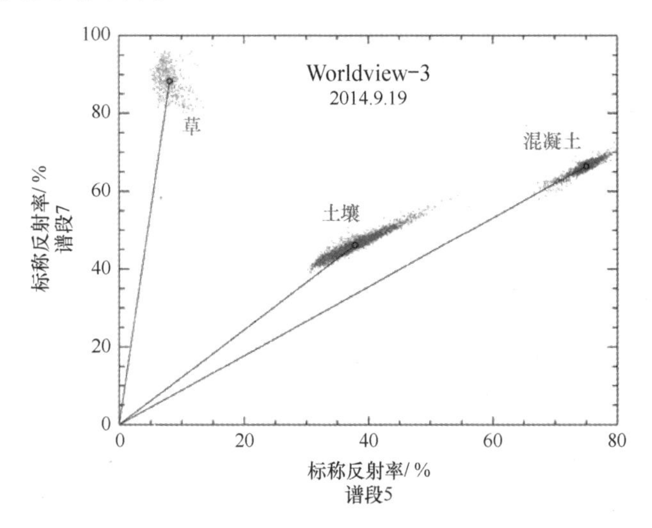

图 6.25　Worldview-3 可见近红外（B7）对比红色谱段（B5）的散点图

表 6.7　3 个目标地区的 Worldview-3 数据

	B1	B2	B3	B4	B5	B6	B7	B8
波长	425	480	545	605	660	725	832.5	950
草	2.2	2.9	8.8	8.8	8.04	45.4	88.3	93.6
土壤	16.2	19.1	24.9	32.5	37.9	43.4	6.1	50.1
混凝土	57.3	61.0	68.3	73.9	75.0	75.6	66.4	64.6

第 7 章　图像分析

前几章讨论了成像技术和遥感系统。数据传到地面之后，需要从图像中提取信息。我们从传统的图像数据判读技术开始讨论，再转到数字数据的处理。

遥感图像处理涉及两个技术：图像增强和信息提取。遥感图像处理的大部分工作都是在像素级，大量运用了场景统计。如果数据包含多个光谱，那么就可以广泛利用光谱特性，从而提取信息。

7.1　判读标准（识别要素）①

传统的图像分析需利用某些关键的识别要素，接下来介绍其中 10 个要素。前 4 项为形状、大小、阴影以及高度，这与景物的几何形状有关。

7.1.1　形状

形状是识别要素中最有用的一个。一个典型的形状识别结构如五角大楼（图 7.1）。众所周知的形状和尺寸，让识别变得更容易。

图 7.1　五角大楼早期的图像，倾斜角度使图像失真。停车场的大量汽车说明，即使在周六，这里的活跃度也很高

① Avery and Berlin，52-57 页；Manual of Photographic Interpretation; Jenson，121-133 页。

7.1.2　尺寸

相对尺寸对于物体识别非常有用，而对于从图像中提取信息来说，测量（绝对度量）非常有用。第 1 章开头的插图说明了如何从已校准的图像中获得跑道长度。图 1.4 展示了萨雷沙甘雷达站的形状和尺寸，通过尺寸可以获得雷达站的性能信息。

7.1.3　阴影

阴影将目标与背景分开，也可以用阴影来测量高度，如图 7.2 所示的华盛顿纪念碑。

图 7.2　Gambit（KH-7）在 1966 年 2 月 19 日（任务 4025，框架 3）拍到的华盛顿纪念碑的图像。图像的“上方”是方向北。基于这些细节，可以推算出图像拍摄的时间

7.1.4　高度（深度）

可以通过星下点成像推算高度，也可以通过倾斜的图像进行推算。在航空

摄影和早期的Corona卫星成像仪中，立体图像被用来区分目标的高度。现在可用的方法包括激光雷达（图1.17）和干涉合成孔径雷达（IFSAR）。

7.1.5 色调或颜色

色调和颜色都是目标物体发光与反射的结果，图像的这些特性提取主要取决于成像像素自身的水平，而其他特征提取则是基于更高级的抽象。第1章中的Landsat图像及其他类似图像解释了色调和颜色的要素。科罗娜多岛南部的植被区（图1.12和图1.15）可以通过颜色与近似亮度的其他区域区分开。在更大的尺度上，可以通过颜色区分圣地亚哥郊外的裸地与植被区（图1.11和图1.14）。之前的章节介绍了如何利用归一化差分植被指数（NDVI）测量颜色（图6.17）。

7.1.6 纹理

纹理与色彩边界的空间布局有关，纹理是物体细节的空间布局。纹理取决于图像的比例，可以用来区分那些其他方法可能无法判别的对象。表面相对粗糙或平滑是雷达数据的重要视觉线索（图1.19及图1.20）。纹理可以用来分析农业和林业的图像，如单独的树木是很难分辨的，但是树丛就具备纹理特征。

7.1.7 图案

与形状和纹理相关的是图案与外形等整体空间形态。图7.3是俄罗斯SAM site的特征纹理，可以用来探测导弹基地，如俄罗斯往往在重要设施周围设置三道同心栅栏。Landsat（30m分辨率）等系列的图像显示，美国西南地区（图7.4）的灌溉区的特征是圆形样式。在图1.14的DMC数据中，灌溉区和水田图案也非常明显。另外，地质结构的样式特点也很特别，我们可以通过矿物水合作用和水流的纹理①和样式②在火星上寻找水。

---

① "Petrogenetic Interpretation of Rock Textures at the Pathfinder Landing Site ," T. J. Parker, H. J. Moore, J. A. Crisp, and M. P. Golombek, 于1998年3月16日-20日的第29届月球与行星科学会议，http://mars.jpl.nasa.gov/MPV/science/lpsc98/1829.pdf。

② "关于火星海洋存在的最有力证据，就是在岩石上的一种独特样式，这种样式说明某种流动形成了岩石上的层状结构。水和风流很好区分，火星科学团队指导"机遇"号拍摄了一系列的特写照片用来判断这些刻蚀。"来自麻省理工的漫游者科学小组成员John Grotzinger介绍说："风和水形成的波纹是不一样的，'机遇'号一直在研究的中发现露出来的岩层的一些样式可能是由风造成的，但有充分证据，另一些是由水流造成的。" http://www.nasa.gov/vision/universe/solarsystem/Mars-more-water-clues_prt.htm, 3/23/3004。

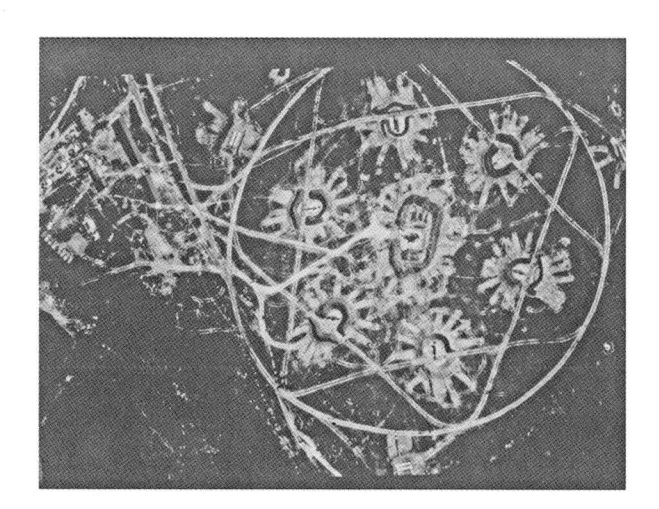

图 7.3 古巴萨姆防空导弹发射基地（SAM site）的图片，由 U2 侦察机拍摄于 1962 年 11 月 10 日。图像拍摄非常困难，全部拍摄于低海拔（低于 500 英尺）。Rudolf Anderson 少校在 1962 年 10 月 27 日[①]驾驶 SA-2 执行此项任务时被击落，殉职

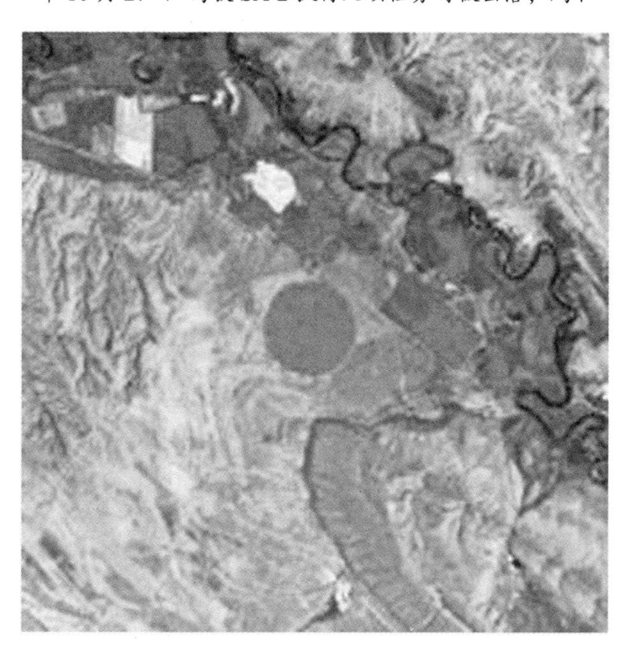

图 7.4 在科罗拉多州的博尔德采集的 Landsat TM 图像（2、3、4 谱段）。大角盆地位于北部怀俄明州黄石国际公园东部约 100mile 的位置。圆形图案为灌溉区。亮红色说明这个区域的近红外光谱有很高的反射率（TM 4 谱段），说明是植被。将这张图与图 6.15 进行对比（见彩插）

① National Museum of the Air Force,http://www.nationalmuseum.af.mil/Upcoming/Photos.aspx?igphoto=2000573166。

7.1.8 关联

图像解析的三要素分别是背景、场景中物体之间的相互关系和环境。这 3 个要素就是位置、关联和时间。

关联是物体或现象的空间关系，特别是场景元素之间的关系。“某些物体在根源上与其他物体有相关性，因此识别一个物体往往意味着识别另一个物体。关联是识别文化特征最有用的线索之一”[①]。热电厂的关联就是大型燃料箱和燃料管道。核电站通常会临近冷却水源（同样可以用来定位）。冷战时期关联识别的一个典型例子是，借助在非洲农村出现的棒球场（1975 年至 1976 年），发现了驻安哥拉的古巴军队。

7.1.9 位置

位置是一个物体与其地理位置或地形之间的关系，可以用来识别目标及其用途。例如，无法判断的山顶上的一个结构，从位置上判断，可能是通信中继。

7.1.10 时间

对象之间的时间关系是指可以通过在时间序列上一系列的观测，获取相关信息。例如，农作物显示出了特有的时间变化性，这些信息业决定了农作物的收获。变化检测与跟踪通常是非常重要的遥感任务，当然也遵从这一判读标准。时间也可以在判断目标活跃程度中起重要作用，如图 7.1 所示。

7.2 图像处理

图像处理包含多个重要主题。在前面几章对图像和各种空间系统数据的讨论中，至少有一个重要的概念尚需深入探讨：来自卫星的数据和这些数据产生的图像之间的关系。

在遥感领域中，地面接收到的传感器的数据，称为“灰度值（Digital Number）”或 DN 值（术语）。图 7.5 是一个数码相机拍摄的图片，它说明了图像与 DN 值之间的关系。选择人脸作为实验对象是为了提供一个直观的图像。由于图像分辨率很高，所以这里截取眼睛的一小块图片，这个分辨率便于绘制表格。表 7.1 是眼部的像素信息，数值从 0 到 210,0 为黑色，210 接近白色。

① Avery and Berlin（1992）。

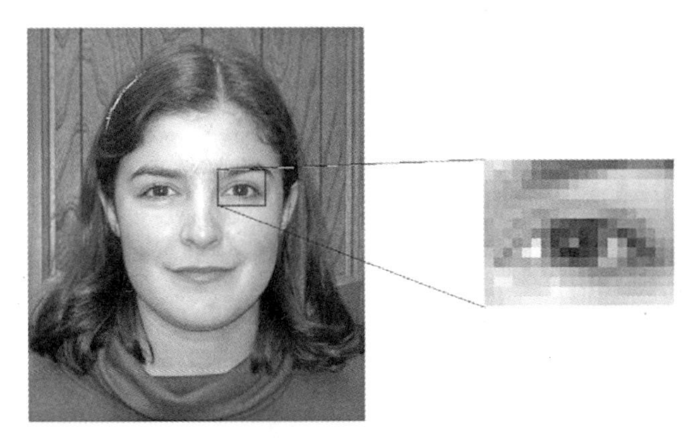

图 7.5　模特 Susanna Olsen，右侧图像的分辨率减小为原始图像的 20%

表 7.1　图 7.5 眼部图像的 DN 值。重点圈出 DN 值为 152 的点，共 10 个，将它们与 DN 值为 210 的地方进行对比

1	1	2	3	4	5	6	7	8	9	10	11	12	13	14	15	16	17	18	19	20
2	181	188	178	157	153	119	106	107	97	91	91	89	89	87	102	117	119	115	106	82
3	179	160	162	149	132	107	90	86	90	98	114	129	151	172	175	177	169	166	158	141
4	163	158	144	147	120	116	115	121	137	162	174	180	184	184	179	184	182	184	179	170
5	156	149	145	138	139	143	148	156	169	177	179	177	179	182	175	179	177	179	177	169
6	153	151	148	149	153	156	159	152	152	151	153	152	155	162	166	171	173	175	172	166
7	156	152	158	159	150	136	137	146	156	160	158	152	140	134	132	145	161	162	163	158
8	148	158	157	139	144	151	126	87	73	58	55	52	67	96	122	125	123	150	156	153
9	148	152	142	149	143	120	95	48	50	58	43	50	85	85	57	79	111	128	150	152
10	147	152	157	130	143	192	103	47	65	97	38	47	87	165	120	50	71	113	133	144
11	164	153	126	157	197	210	121	71	43	34	44	56	109	170	143	98	73	76	117	132
12	172	134	147	155	151	161	143	110	95	67	71	85	149	146	114	89	99	96	109	131
13	182	187	186	181	175	179	173	171	161	152	134	122	120	116	125	126	129	138	144	153
14	178	198	198	182	179	182	181	191	172	167	162	153	145	153	152	150	152	157	164	169
15	175	185	192	188	185	187	193	205	201	194	190	185	177	173	166	164	170	173	180	182
16	183	185	193	195	198	199	201	200	196	191	188	186	180	180	182	184	187	191	192	189

7.2.1　一元统计学

大多图像处理技术都是从检查场景或图像的统计数据开始，有一项特别重要的技术是检查场景的直方图。表 7.1 中 DN 值为 152 的地方出现了 10 次，对应图像中的亮灰色。图 7.6 中，可以找到表 7.1 中对应值（DN=152 出现的次数为 10）的点。另外的曲线显示了全图以及眼部区域在原始分辨率下的 DN 值分布。为了不超出直方图的比例，图中最上面曲线的数值缩小了 10 倍。由于是对

数纵轴，曲线表示了很宽的范围。数码相机本身已经完成了这些数据拉伸工作：DN 数值的范围适当（1～255），直方图均匀分布在 8bit 的动态范围内。

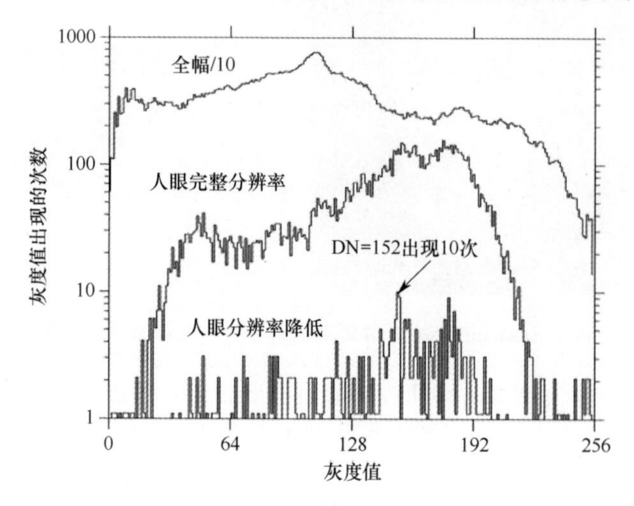

图 7.6　DN 值生成的直方图。低图像分辨率的曲线对应了图 7.5 的右图及表 7.1。图中还给出了相同区域全分辨率的统计数据，对应完整的 847×972 图像

7.2.2　动态范围：雪与黑猫

由高品质 2.25 英寸胶片相机（6×6cm）拍摄得到黑白照片，然后由 12bit 的尼康胶片扫描仪扫描得到图 7.7(a)。扫描后的图像数灰度值范围为 50～4000。图 7.7（b）是数据的直方图。

(a)

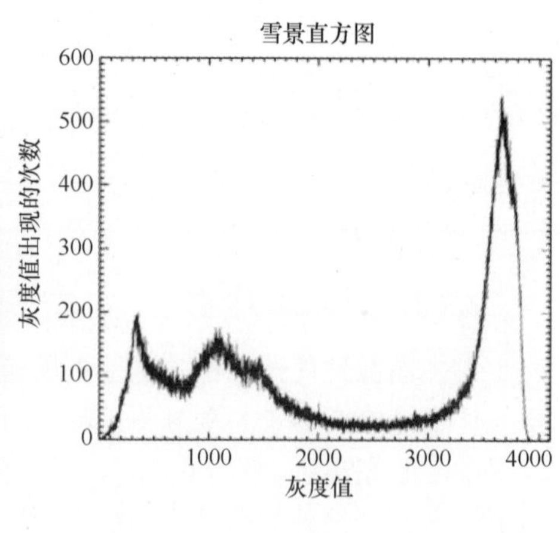

(b)

(c)

图 7.7　图（a）是扫描后的图像，动态范围约为 12bit。图（b）中直方图的峰值分别为 DN=340,1080,3660。图（c）是图 7.7（a）中小女孩的特写镜头

简单来说，图中有 3 个峰值。最右侧为雪景的数值（DN 值约为 3600），最左侧为深色大衣的数值（DN 值约为 340），中间峰值的 DN 值约为 1080，是中色色调的服装和带有雾气的背景。原始图像包含了直方图中对应的 3 个区域。

现代的航天卫星，如 IKONOS 和 Quickbird 卫星，能够提供 11bit 的数据，DN 值的范围从 0 到 2047。和这里的插图一样，为了显示图像，数据需要调整到 0～255。50～800 的动态范围强调了暗像素的细节；800～2500 的动态范围强调了中色调的细节；2500～4000 的动态范围强调了雪景的细节。

最后一点，为了观察图像中小女孩脸部的细节（图 7.7（c）），应将 DN 值 241～2116 调整到 0～255。

用彩色图像来举例，图 7.8（a）中的黑猫是用佳能数码相机（1600×1200）

(a)

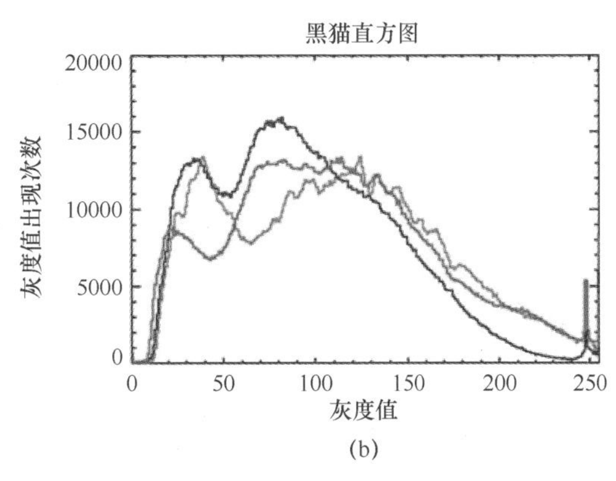

(b)

图 7.8　图（a）为一只黑猫的数码图像，图（b）为其直方图（见彩插）

拍摄的，调整曝光对接近黑色的毛进行补偿。图 7.8（b）是红、蓝、绿 3 个颜色的直方图。DN 值 30 附近曲线的顶部代表脸部颜色最深的毛发；DN 值 30 附近曲线的底部代表阴影部分的毛发；DN 值 100 左右代表了草地和亮色毛发；DN 值 250 代表了红色项圈和白色的毛发。在全色和多光谱图像中，这种直方图是将目标从背景中区分出来的关键。

7.3 直方图与目标探测

目标探测就是将目标物体从背景中识别出来，检测过程的有效性用检测率（它必须很高）和虚警率（很低）表示。实际情况是，检测概率与虚警率相关，检测概率越高，则虚警率越高。在大多数实际应用中，可以找到适当折中的方法兼顾这两个值。

在图 7.9 中，目标被叠加在一个随机生成的背景上，圆圈中是检测目标。表 7.2 是目标周边区域图像的 DN 值，表中的目标像素的数据值高于背景噪声。标准偏差为方差的平方根，即 24.1，大约是半峰半宽度（HWHM）。检测目标为 175～180，距离背景噪声的中心距离为 4σ。这里的背景分布并不完全表示传感器的噪声，还包括均匀背景，如天空的信息。

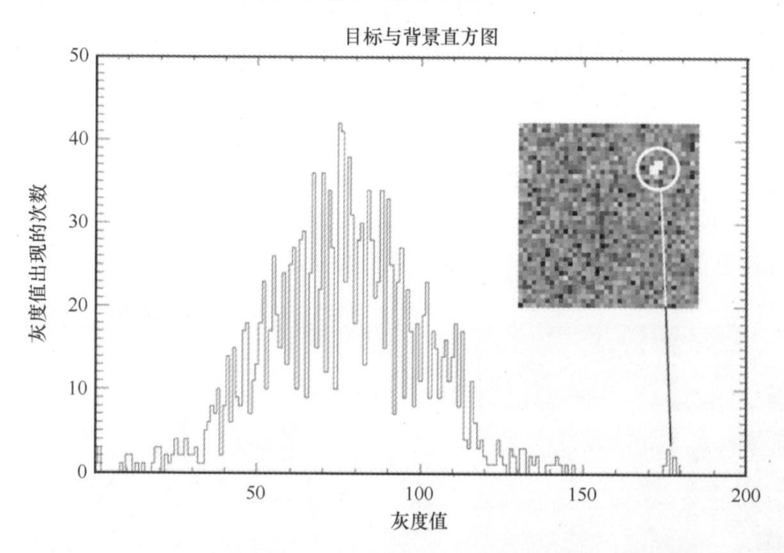

图 7.9 目标图像及其直方图。一个探测器阵列为 40×40 的望远镜拍到的图像。图像中的小亮色区域假设为目标

作为一个练习，从直方图（图 7.9）估算随机噪声水平（背景分布的宽度，称为 σ），并将其与计算得出的数据比较：平均值=76.8，方差=580.3，偏斜=0.21，

陡度=0.92。

表 7.2 图 7.11 中图像的直方图

93	91	74	87	68	85	94	37	72	94	110
59	97	85	110	88	71	102	47	50	96	98
132	79	77	114	113	75	87	61	99	86	80
96	95	52	96	58	81	65	96	54	64	75
97	76	85	91	67	176	176	88	52	75	41
80	63	10	59	175	180	178	63	91	100	111
92	107	62	54	176	178	49	58	113	89	78
36	78	96	112	87	142	100	82	75	43	73
72	73	58	37	84	54	38	111	116	101	69
66	60	104	63	109	91	43	62	79	105	93
79	66	50	76	88	110	60	88	112	84	31

7.4 多维数据：多元统计

上文主要处理的是全色图像，而光谱图像则需要不同的技术。为了更加清晰地表述光谱分析中的一些重要概念，我们构建了一个图像来说明具体情况。图 7.10 是一个红色的磁盘在草地上，颜色对比强烈。数据可表示为图像、直方图以及两个散点图。图中显示，尽管很容易能看见磁盘，但是却不能马上让计算机将红色像素从背景中判断出来。表 7.3 给出了与直方图相匹配的统计值。红色的平均值为 50.9，宽度或方差为 23.4。目标的 DN 值范围为 128～130。

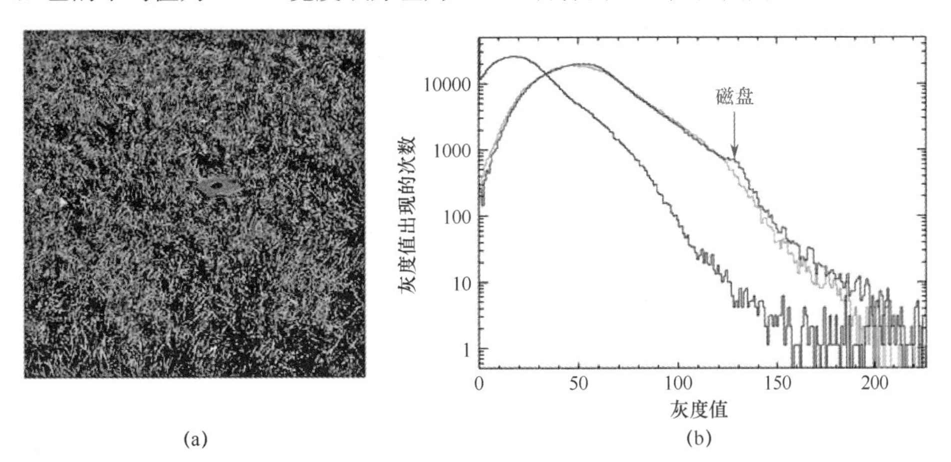

图 7.10 图（a）为草地上的红色磁盘图像，图（b）为红、蓝、绿三谱段的直方图（见彩插）

表 7.3　图 7.10（b）的直方图数值

颜色	平均值	标准差（σ）
红	50.9	23.4
绿	50.0	23.6
蓝	21.3	17.1

图 7.11 是一种新的数据形式：2D（二维）散点图。相关性也是非常明显的。数据中的这种相关性（或是重复）并不是关键问题，但是谱段越多，这种相关性就越关键（Landsat 带有 6 个反射谱段，AVIRIS 有 244 个谱段），这个方法就是利用光谱数据的重复性进行统计分析。

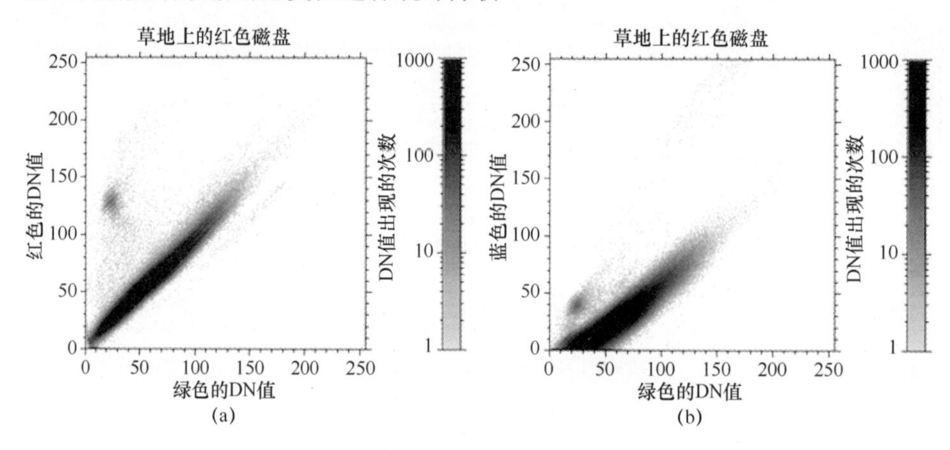

图 7.11　RGB 的散点分布图（见彩插）

（a）红色和绿色；（b）蓝色和绿色。

这个例子就显示了红、绿、蓝 3 个谱段强烈的相关性。由于场景的同质性这种相关性非常高，而且这个规律普遍适用。利用不同波长拍摄的图像，相关性很高。这种相关性在光谱数据分析中很重要。

相关性计算有一个紧密相关的术语：协方差。它与标准化因子有关，即标准差的平方。表 7.4 中协方差矩阵对角线上的值就是表 7.3 中的标准差的平方（对于蓝色谱段为 17.1^2=291.5）。

表 7.4　图 7.12 中的协方差及相关数值

	协方差矩阵			相关性矩阵		
	R	G	B	R	G	B
R	547.86	530.06	369.36	1.00	0.96	0.92
G	530.06	557.58	368.14	0.96	1.00	0.91
B	369.36	368.14	291.49	0.92	0.91	1.00

这些统计可以有效地解决多光谱图像中的目标检测及类似问题。这个方法将数据空间转换到坐标系统中，坐标内体现不同的谱段，这种转换方法对目标检测及其他任务非常有效。这种颜色空间的旋转可以由旋转矩阵得到的协方差（或相关）矩阵的对角化来实现（协方差矩阵对角化变换得到的特征矢量构成的矩阵）。这种转换称为原理-成分转换（PC 转换），也称为卡尔胡宁-洛伊夫转换或霍特林转换。新的坐标为 PC_1、PC_2 及 PC_3（表 7.5）。

表 7.5　坐标值

	转换矩阵			协方差矩阵		
	R	G	B	R	G	B
PC_1	0.631	0.635	0.445	1341.74	0.0	0.0
PC_2	0.116	0.490	−0.864	0.0	33.35	0.0
PC_3	0.767	−0.597	−0.236	0.0	0.0	21.85

对表 7.5 进行解释，举例为

$$PC_3 = 0.767 \times \text{red} - 0.597 \times \text{green} - 0.236 \times \text{blue}$$

PC_1 是每个谱段的平均亮度，通过动态范围（方差）加权。其余的 PC 谱段与第一个谱段（各谱段）正交，互不相关。这里 PC_3 为红、蓝、绿三色图像之间的差异。

协方差矩阵是对角矩阵，并且还有一个重要的特点：谱段根据它们自身的方差排序。这就意味着对于高维数据，可以通过这种转换来降低有效维度，因为图像场景的维数普遍是有限的，在一定程度上反映了场景中不同物体的谱段。对于超光谱图像来说，谱段会达到数百个，数据存在高度冗余。在 PC 变换中，空间变换的前几个谱段具有最高的方差，这也是大部分场景的信息。高阶谱段中，主要是噪声。事实上，多光谱图像去除噪声的一种方法就是将其转换为 PC 空间，去除噪声波段，然后进行反变换，这是一种去除传感器噪声的非常有效的方法。

人眼对图像的转换也是类似的。LMS 锥细胞（图 6.3）的信号通过类似 PC 转换的方式，减少从眼睛进入人体大脑的图像带宽。红绿锥细胞、蓝黄锥细胞与全色视杆细胞传递了图像的大部分信息。首先是强度，其次是色调，以及饱和度。大部分信息（最高的空间分辨率）都存在于强度谱段（PC1），只存在几个百分点的颜色信息（PC2）。所以，眼睛对高频率信息的分辨能力要高于对颜色的分辨能力。

回到图 7.10，在新的坐标系中，可以清晰地将目标（磁盘）从背景或者叫颜色空间（图 7.12 及图 7.13）中识别出来。磁盘的像素峰值 DN 约为 70，与草地像素背景相差大约 10σ。

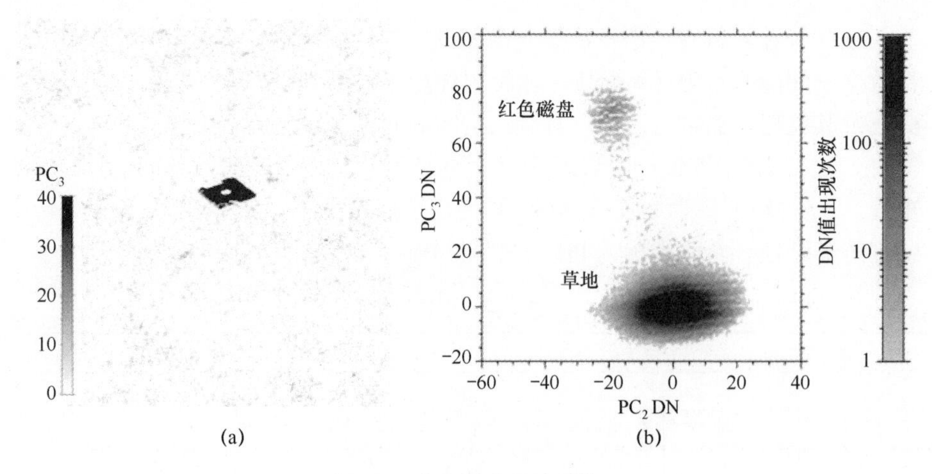

图 7.12 主分量空间的图像

（a）第三 PC 图；（b）散点图。

在 PC3 中，可以很清晰地将磁盘从草地背景中识别出来。

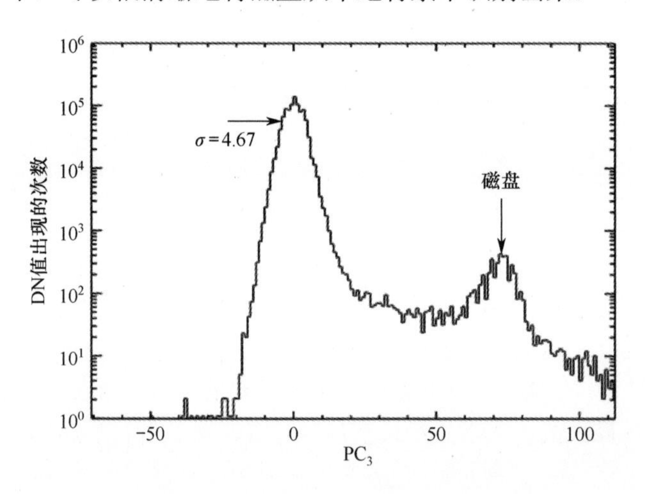

图 7.13 PC_3 的直方图，纵轴为对数级，背景分布相对较窄，σ=4.67，全峰半宽度（FWHW）约为 10。目标（磁盘）距离草地中心数值为 10σ

7.5 滤波器

有很多种图像处理的标准方法可以实现图像增强或易于信息提取。简单的平滑滤波可以减少噪声，还有更加复杂的滤波可以减少雷达图像的“斑点”。

这张旧金山全色谱段的图片，由 Landsat 卫星拍摄于 2000 年 3 月 23 日，从图上我们可以看出一些简单的图像处理概念。图像为 15m 分辨率，一个取自半岛（海湾大桥及旧金山芳草地岛）东北角的小区域图像，还有一个取自旧金山机场的小区域图像。这些滤波器使用了图像核运算——一个改编自微积分和转换理论的方法。

7.5.1　平滑滤波

噪声图像使图像解译更困难。降噪是一个办法，即运用不同方法对相邻像素进行平均，并使用一些特定的模板，如 Lee 滤波就用于减少雷达图像的斑点。由于数据质量特别好，所以这个解释并不是特别合适，我们用一个 3×3 的滤波块来举例，每个像素的权重都是均等的。这个卷积模板如下所列，每个 3×3 像素块的中心都替换为 9 个像素的平均值：图 7.14（b）就是平滑后的图像。

0.111	0.111	0.111
0.111	0.111	0.111
0.111	0.111	0.111

7.5.2　边缘检测

高通滤波可以去除图像中的低频率成分，从而保留高频部分（局部变化）。高通滤波可以用来增强相邻区域的边缘，也就是将图像锐化。这可以用中央值高，周围为负值的卷积核实现。

−1	−1	−1
−1	8	−1
−1	−1	−1

这里，卷积核将中心像元和各个方向的周围像元区别开来。

图 7.14 中的大桥，以及岛屿的边缘被增强。通过大桥的局部放大图像，可以更好地说明滤波结果。图 7.14（a）、（d）为原始图像，图 7.14（c）、（e）为滤波之后的图像。

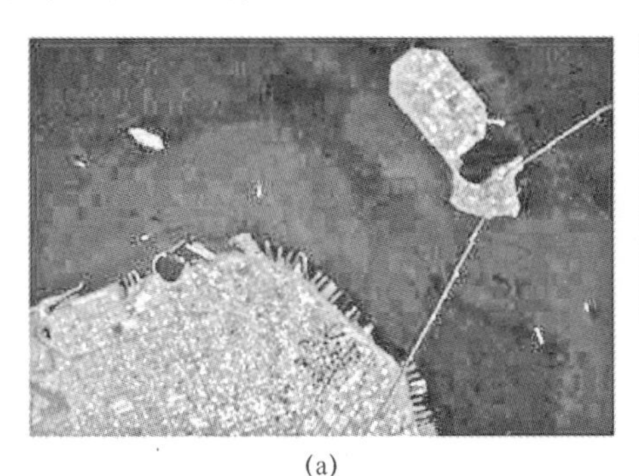

(a)

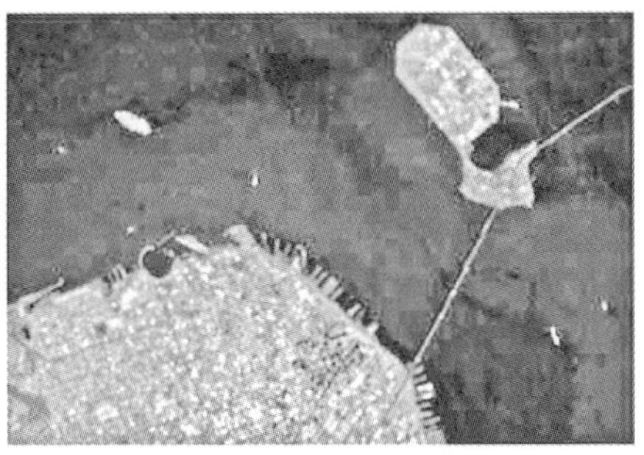

(b)

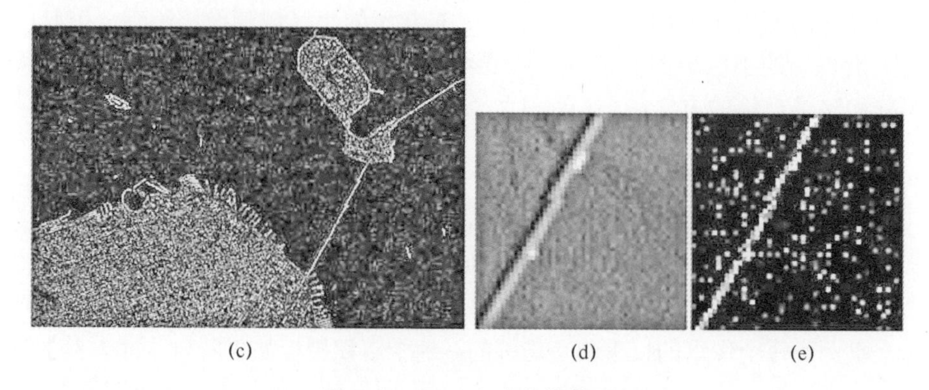

(c) (d) (e)

图 7.14 Landsat 全色传感器

（a）原始数据；（b）平滑后图像；（c）高通滤波；（d）原始图像；（e）高通滤波。

图7.15的机场图像也使用了同样的高通滤波。飞机跑道以及航站楼的边缘区域变得更突出。人眼用了同样的方法锐化分析的图像，如测绘中的自动边缘检测就非常重要。

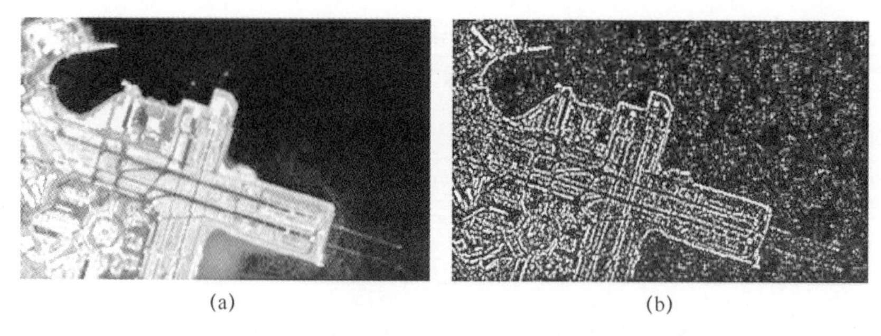

(a) (b)

图 7.15 Landsat 的原始图像（a）和高通滤波（边缘检测）（b）

7.6 基于统计学的补充说明

遥感数据处理使用了大量强大的统计分析工具，这需要起码的统计学和概率学知识。接下来，回顾一些基础的知识和处理方法。

首先，均值定义为用DN值总和除以像素个数求平均值，即

$$\text{平均值}(\text{mean}) = \bar{x} = \frac{1}{N}\sum_{j=1}^{N} x_j$$

方差表示的是数据偏离平均值的范围。空间上相似的场景，方差相对较小；场景或场景元素的 DN 值范围大，方差也就越大。标准差 σ 就是方差的

平方根，即

$$方差(\text{variance})=\frac{1}{N-1}\sum_{j=1}^{N}\left(x_j-\overline{x}\right)^2,\sigma=\sqrt{\text{variance}}$$

相关系数与协方差关系密切，即

相关系数（correlation coefficient）

$$=r=\frac{N\sum_{j=1}^{N}x_jy_j-\sum_{j=1}^{N}x_j\sum_{j=1}^{N}y_j}{N\sum_{j=1}^{N}x_j^2-\left(\sum_{j=1}^{N}x_j\right)^{21/2}N\sum_{j=1}^{N}y_j^2-\left(\sum_{j=1}^{N}y_j\right)^{21/2}}$$

$$协方差（\text{covariance}）=\frac{1}{N-1}\sum_{j=1}^{N}x_jy_j-\frac{1}{N}\sum_{j=1}^{N}x_j\sum_{j=1}^{N}y_j$$

$$=\frac{1}{N-1}\sum_{j=1}^{N}\left(x_j-\overline{x}\right)\left(y_j-\overline{y}\right)$$

相关系数与协方差和标准差之间的关系为

$$\text{correlation coefficient}=\frac{\text{covariance}}{\sigma_x\sigma_y}$$

举一个简单的例子：

$X=[1.2.3]$	$Y=[2.4.6]$
$\text{mean}(x)=2$	$\text{mean}(y)=4$
$\text{variance}(x)=1$	$\text{variance}(y)=4$
$\sigma(x)=1$	$\sigma(y)=1$
$\text{correlation coefficient}=1$	$\text{covariance}=2$

7.7　问题

1．图 7.16 是由 IKONOS 卫星于 2000 年 2 月 7 日拍摄的圣地亚哥港（科罗纳多）的一部分图像。从这两艘船你能看出什么？航空母舰的长度为 315m，那另一艘船呢？

2．如何判断一条公路或铁路是否打算运输导弹？

3．对于另一均匀的场景（图 7.17），目标 DN 值很高。如果方差为 5106.4，计算标准差σ，估计目标与背景的灰度差值（或 DN 值差），单位为σ。

图 7.16　IKONOS 卫星与 2000 年 2 月 7 日拍摄的圣地亚哥港

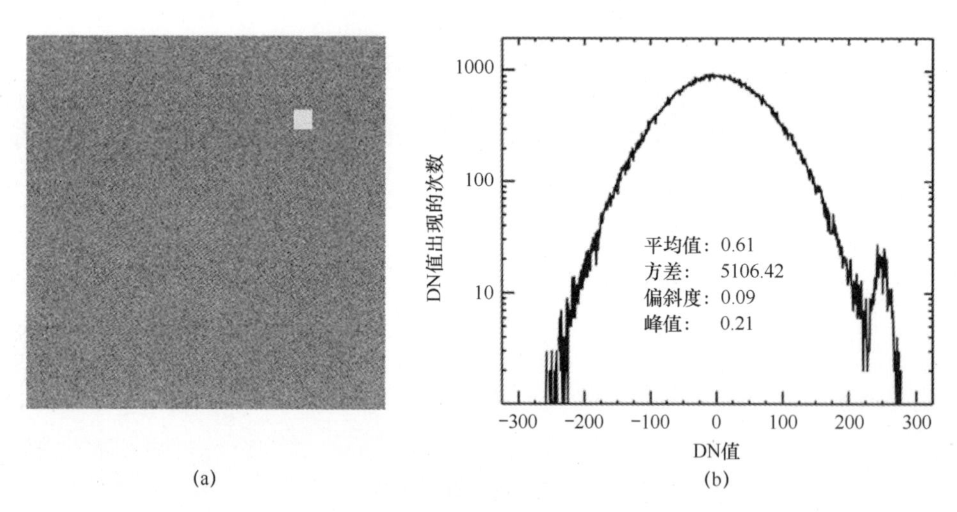

图 7.17　图（a）为暗灰色背景中的亮色目标；图（b）为 DN 值的直方图，目标 DN 值约为 250

4. 图 7.18 中有 3 块区域：水、亮土以及有一些亮白色沙土的旧 Moss Landing 炼油厂厂址（红色）。图 7.19 为其相应的直方图。请回答你将用什么动态范围来显示场景，进而增强感兴趣区域。例如，显示泥土最好是将 DN 值 250～450 转换到 0～255 范围内。

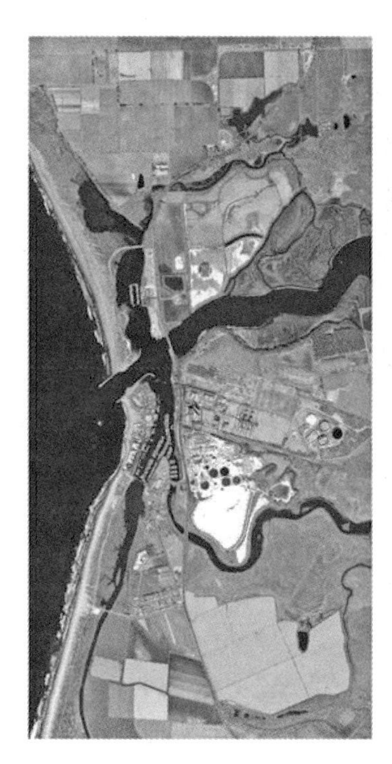

图 7.18　Moss Landing 精炼厂的耐火材料大约出现于 1942 年，白色的物质是来自 Gabilan 山脉的白云石，或者是提取自海水的镁渣（见彩插）

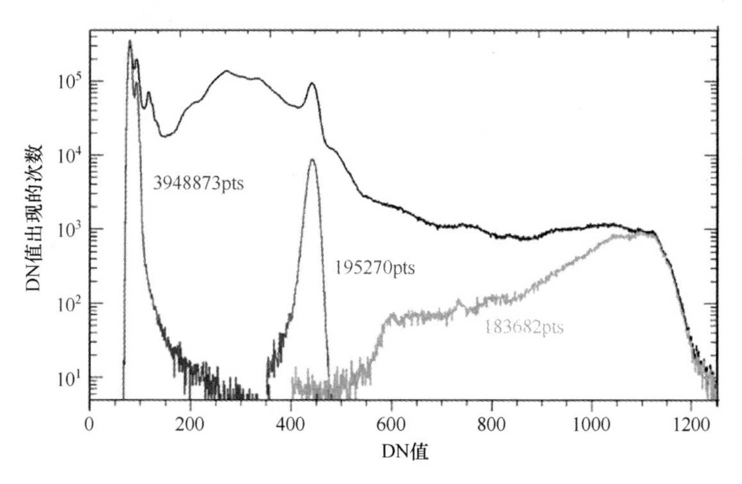

图 7.19　Elkhorn Slough 的直方图　蒙特利北部的 Moss Landing/Elkhorn Slough 的直方图，图中的红线代表土壤，绿线为白云石，青线代表了图中的蓝色区域，黑线则是代表全图（见彩插）

5．如下所列，如果场景中有 4 个像素，请计算像素间的相关系数及协方差。

像素编号	红（DN）	绿（DN）	蓝（DN）
1	40	50	60
2	20	25	28
3	30	30	30
4	15	16	14

6．图 7.2 的上方为“北”，那么，图中是一天中的什么时间？航天器相对于纪念碑的位置在哪里？

第 8 章　热红外

工作在红外谱段的各类战术及战略级探测器所获取的图像与数据，是源于目标与背景的自发辐射而非反射辐射产生的。这些红外探测器可以探测出与全色（可见光）图像截然不同的信息，大量的战术及战略级探测器只工作于红外谱段，探测目标与背景的自发辐射，这与之前谈论的探测反射辐射的探测器不同。

8.1　红外基础

在可见光谱段，人类看到的主要信息是来自于太阳反射光。在红外谱段，有太阳光的反射光（在白天），但更多信息来源于物体自身的红外辐射，特别是中波红外谱段（mid-IR，3～5μm）和长波红外谱段（LWIR，8～13μm）

8.1.1　普朗克辐射公式

回到之前第 2 章中展示的普朗克关系（Plank Relation），黑体的辐射公式是波长的函数，即[①]

$$\text{radiance}\left(\frac{\text{W}}{\text{m}^2\cdot\mu\text{m}\cdot\text{ster}}\right)=L=\frac{2hc^2}{\lambda^5}\frac{1}{\text{e}^{\frac{hc}{\lambda kT}}-1} \tag{8.1}$$

式中：c=3×10^{8}m/s；h=6.626×1034J • s；k=1.38×10^{-23}J/K。

这个常见的度量公式中含有混合单位，需要强调 m^2 是每单位面积，μm 是反映了每单位波长，ster 是每立体角成分。

图 8.1 显示了 5800K（太阳温度）和 300K（典型的地面温度）物体的黑体辐射曲线。利用太阳辐射在地球轨道“大气顶端的”的值对曲线进行归一化。这幅图表示低轨探测器获取的能量是波长的函数。

图 2.13 显示了光谱的峰值位置和辐射强度随温度的变化。对全谱段进行积分得到斯蒂芬—玻尔兹曼定律（Stefan-Boltzmann Law）（公式 8.2）。对于许多探测器来说，需要在相对较窄的谱段进行积分，这对式（8.1）的使用造成困难。通常，这个过程可以通过数值模拟的方式或者利用窄谱段的辐射强度

---

① 维基百科上有关于普朗克定律（Planck’s Law）的拓展与更多的参考，见 www. wikipedia.com。

近似值完成。

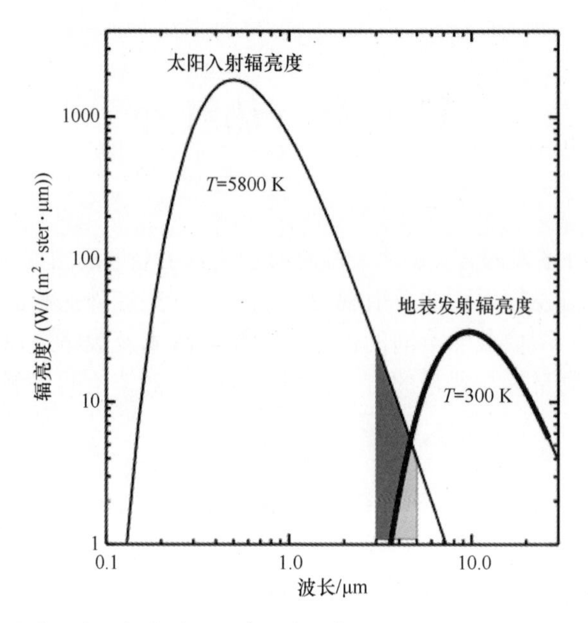

图 8.1 黑体辐射曲线。太阳辐射的例子中，太阳相当于一个 6000K 的黑体。显然，辐射强度由于平方反比率（Inverse Square Law）衰减，并且地球上观测到入射辐射由于各种原因衰减，如（r 太阳/r 地球轨道）^{2}。这样造成的结果是 3～5μm 的波段位于从反射太阳辐射区到地面目标热辐射区的过渡中间区

8.1.2 斯蒂芬—玻耳兹曼公式：辐射强度∝T4

斯蒂芬—玻耳兹曼定律定义的总功率为

$$S = \varepsilon \sigma T^4 \tag{8.2}$$

式中：σ 是一个常数，σ=5.669×10^{-8}W·m^{-2}·K^{-4}，ε 是辐射系数。黑体的辐射系数为 1。公式表明，在很多具有有限带宽（如 8～13μm）的实际探测器中，功率随温度单调增加。

黑体温度的概念在五金店之类的地方很常见，如美国通用公司（GE）的荧光灯泡按照色温进行销售①。灯泡不是黑体，但是黑体概念仍然适用。

（1）GE 日间紫外灯，3050lm，6500K。

（2）GE 日间灯，2550lm，6250K。

（3）GE Chrome 50，2250lm，5000K。

（4）GE Residential，3150lm，4100K。

---

① http://www.gelighting.com/LightingWeb/emea/images/Linear_Flourescent_T5_LongLast_Lamps_Data_sheet_EN_tcm181-12831.pdf。

（5）GE 自然色荧光厨卫生灯，3350lm，3000K。

发光通量或者流明，是一种考虑了人类视觉响应的功率测量方法。

8.1.3　维恩位移定律

维恩位移定律（Wien's Displacement Law）描述了峰值波长与温度成反比，即

$$\lambda_m = \frac{a}{T} \tag{8.3}$$

式中：a 是一个常数，a=2898μm/K。

8.1.4　辐射率

通常，目前假设认为发射体是黑体，可以完美吸收和发射辐射。真实物体的辐射率（Emissivity）为 0～1。表 8.1 显示了 8～12μm 范围内的一些物体发射率的平均值。如反射谱一样，辐射率也有细微尺度的差别，跟材料有关。黄金在长波红外的辐射很弱，只有百分之几。[①]

表 8.1　常见物质的平均辐射率

材料	辐射率
抛光金 @ 8～14μm	0.02
铝箔 @ 10μm	0.04
花岗岩	0.815
大粒的沙子，石英	0.914
用于铺路的沥青	0.959
步道的混凝土	0.966
由一层薄油膜的水	0.972
纯净水	0.993

图 8.2 显示了一些常见物质在长波红外谱段辐射率随波长的变化。图中相邻材料的标尺基线向上移动了一小部分以防止重叠。每个曲线的最大值都小于 1.0。

由菱镁矿变为白云矿再到方解石，这些含镁矿石在 11μm 上方的辐射率凹陷向右移动。它反映了材料间结合强度的改变。

① 引用：Buettner and Kern, JGR, 70, p. 1333, 1965. 也可参考 http://www.infraredthermography.com/material.htm。

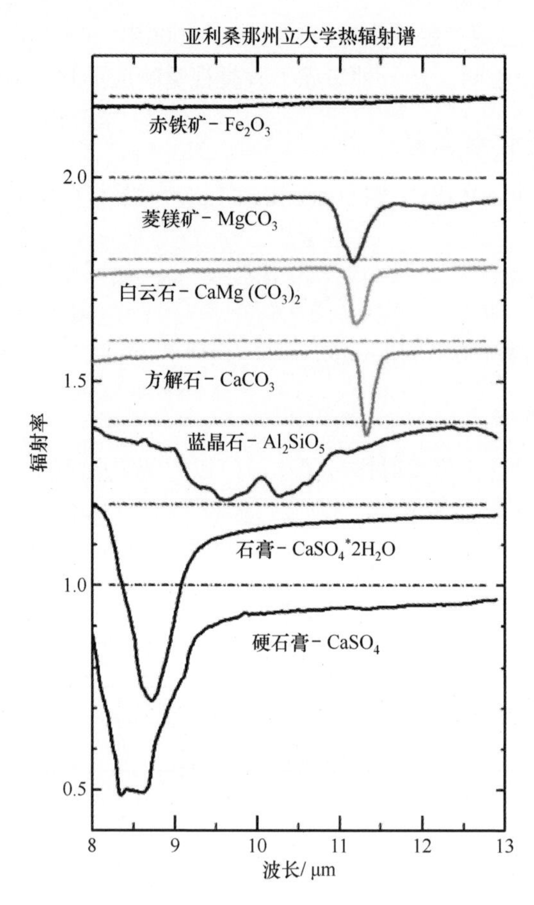

图 8.2　长波红外的辐射谱。来自亚利桑那州立大学的光谱图书馆。http://speclib.asu.edu/

8.1.5　大气吸收

在红外谱段，大气吸收——主要是水和二氧化碳，是非常重要的因素（图 3.12 和图 3.14）。

8.2　辐射测量

很多热成像的目标是从观测中提取准确的物体温度信息（图 8.3），这个过程称为辐射测量（Radiometry），它包含目标及其辐射特性、大气吸收、散射及传播，以及探测器响应函数。因为对这个话题的完全阐述需要一本书的篇幅，本章涉及其中一些要点，即只对一些基本要点和结果进行论述[①]。这里使用了

① W. L. Wolfe, 辐射测量概述, SPIE Press, Bellingham, WA (1998)。

Schott（1997）的一些论述①。

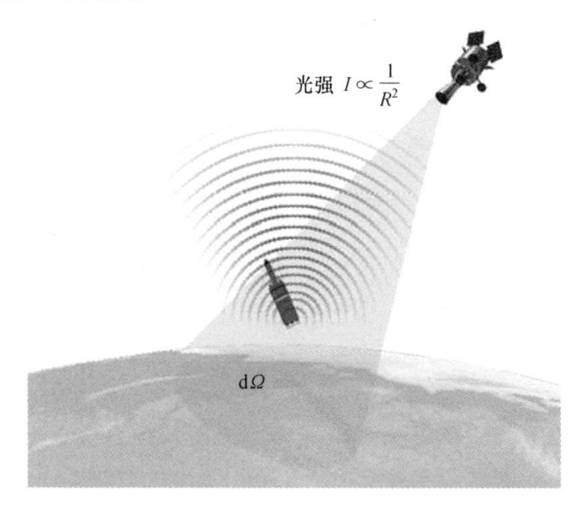

图 8.3 点目标的测量要素

首先考虑两种简化情形：一个点目标（亚像素）和一个均匀的朗博体面。前者可以是诸如导弹一类的难以分辨的目标，后者可以是诸如 Landsat 卫星这样的系统。在这两种情形中，假设存在各向同性的辐射模式（如朗伯体）。基于这个假设，辐射出射度为 M，其中角度已经被积分掉了，因此，在使用中产生了一个全局因子 π，即

$$\text{出射度（exitance）}\left(\frac{\mathrm{W}}{\mathrm{m}^2\cdot\mu\mathrm{m}}\right)=M=\frac{2\pi hc^2}{\lambda^5}\frac{1}{\mathrm{e}^{\frac{hc}{\lambda kT}}-1} \tag{8.4}$$

此处也忽略了反射的太阳光，在通常情况下，太阳是一个很重要的背景影响。8.3 节中代表瞬时视场角（IFOV）的立体角标记为 dΩ。

8.2.1 点源的辐射测量

基于以上假设，第一个情形中首先关注的是由于距离增加、大气吸收、光电探测器响应函数所导致的辐射能量扩散。应用高斯定理（Gauss' Law），目标的能量以 $1/r^2$ 向外扩散衰减。此处先忽略大气效应，剩下的变量就是光电探测器响应，尤其是光电探测器的尺寸（面积）。光电探测器可以对“照度（Irradiance）”进行响应，照度是指光电探测器中单位面积的功率。照度 E 与出射强度（$\mathrm{W/m^2}$）具有同样的单位，这与第 2 章中“发射/接收（吸收）比”的概念不同。太阳的出射度是 $6.42\times10^7\mathrm{W/m^2}$；地球的照度约是 $1378\mathrm{W/m^2}$。

① J. R. Schott, 遥感，图像链路的方法, 牛津大学出版社, 牛津 (1997). 感谢 David Krause 的算法代码和探测器响应数据。

点目标的照度一般公式为

$$E(\lambda)=M(\lambda)\cdot\frac{\text{area}_{\text{target}}}{4\pi r^2}\quad（单位为\frac{\text{W}}{\mu\cdot\text{m}^2}）\tag{8.5}$$

测量能力依赖于探测器的孔径大小——通常由通光直径所决定。测量辐射通量为

$$辐射通量（\text{radiant flux}）=\Phi(\lambda)=M(\lambda)\cdot\text{area}_{\text{target}}\cdot\frac{\text{area}_{\text{detector}}}{4\pi r^2}\quad（单位为\frac{\text{W}}{\mu}）\tag{8.6}$$

因此，探测一个近处的目标比探测远处的目标容易得多。波长依赖性可被一个宽带的探测器积分掉，因此可以估算探测总功率为

$$总功率（\text{power}）=\sigma T^4\cdot\text{area}_{\text{target}}\cdot\frac{\text{area}_{\text{detector}}}{4\pi r^2}\quad（单位为\ \text{W}）\tag{8.7}$$

例： 考虑从地球静止轨道上观察一个高温再入地球大气的运载工具（如在再入中燃烧的卫星或者流星）。假设表面积为 20m^2，温度为 1500K，距离约为地球半径 6 倍（$38\times10^6\text{m}$）。设相机主镜直径为 1m。系统探测到的入射功率为

$$\begin{aligned}总功率（\text{power}）&=\sigma T^4\cdot\text{area}_{\text{target}}\cdot\frac{\text{area}_{\text{detector}}}{4\pi r^2}\\&=5.68\times10^{-8}\left(\frac{\text{W}}{\text{m}^2\cdot\text{K}^4}\right)\times(1500\text{K})^4\times20\text{m}^2\times\frac{0.25\pi}{4\pi(38\times10^6)}\left(\frac{\text{m}^2}{\text{m}^2}\right)\\&=0.25\times10^{-9}\ \text{W}\end{aligned}$$

功率能弱（辐射的热能量约为 6MW），目标的能量峰值在 1.9μm；可以快速估算出这个能量对应的光子数为

$$\begin{aligned}光子数（\text{number of photons}）&=\frac{\text{power}}{hc/\lambda}=\frac{0.25\times10^{-9}}{6.63\times10^{-34}\times3\times10^8/1.9\times10^{-6}}\\&\approx\frac{0.25\times10^{-9}}{1\times10^{-19}}=2.5\times10^9\ \frac{\text{photons}}{\text{s}}\end{aligned}$$

在 1ms 的名义曝光时间内，有 2.5×10^6 个光子可以被测量，对于现代探测系统，这是一个相当好的信号。本节中讨论的内容是不可分辨的目标。对于可以分辨的目标，将有所改变。

8.2.2 可分辨目标的辐射测量

对于可以分辨的区域目标，辐射测量方法会改变。最主要的区别是探测距离增加，遥感器可以观测更大的区域（图 8.4）。式（8.6）变成

$$\begin{aligned}\Phi(\lambda)&=M(\lambda)\cdot\text{area}_{\text{target}}\cdot\frac{\text{area}_{\text{detector}}}{4\pi r^2}\\&=M(\lambda)\cdot(\text{d}\Omega\cdot r^2)\cdot\frac{\text{area}_{\text{detector}}}{4\pi r^2}=M(\lambda)\cdot\left(\frac{\text{d}\Omega}{4\pi}\right)\cdot\text{area}_{\text{detector}}\end{aligned}$$

式中：$d\Omega$ 是由遥感器孔径所决定的立体角。

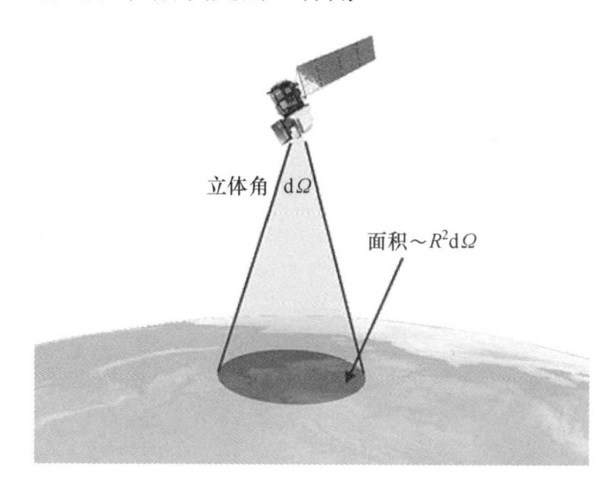

图 8.4 面目标的辐射测量要素。成像区域随探测范围增加而增加，因此对于固定的角分辨率该项在功率计算中会被你消掉

例：对于 Landsat 7 这样的系统，705km 的观测距离对应着 60m 的分辨率，即

$$d\theta = \frac{\text{GSD}}{\text{range}} = \frac{60\text{m}}{705\times10^{3}\text{m}} = 8.5\times10^{-5}\,\text{radians}$$

对于 θ 很小时，$d\Omega \sim \theta^2$，即

$$d\Omega = (8.5\times10^{-5})^2 = 7.24\times10^{-9}\,\text{ster}$$

Landsat 7 系统的主镜直径为 40.64cm，内部光圈直径为 16.66cm，那么，有效面积为 0.11m^2。对于低轨卫星，观测地球温度为 300K，即

$$\begin{aligned}\text{power} &= \sigma T^4 \cdot \left(\frac{d\Omega}{4\pi}\right)\cdot \text{area}_{\text{detector}} \\ &= 5.68\times10^{-8}\left(\frac{\text{W}}{\text{m}^2\cdot\text{K}^4}\right)\cdot(300\text{K})^4\cdot\left(\frac{7.24\times10^{-9}\ \text{ster}}{4\pi}\right)\cdot 0.11\text{m}^2 \\ &= 2.9\times10^{-8}\,\text{W}\end{aligned}$$

地面峰值的能量在 10μm，可以估算出这个能量所对应的光子数为

$$\text{光子数（number of photons）} = \frac{\text{power}}{hc/\lambda} = \frac{2.9\times10^{-8}}{6.63\times10^{-34}\times3\times10^{8}/10\times10^{-6}} \approx \frac{2.9\times10^{-8}}{2\times10^{-20}} = 1.4\times10^{12}\,\frac{\text{photons}}{\text{s}}$$

对于确定的遥感器，探测到的总能量与距离没有明显关系。距离增加时，

遥感器可以看到更大的地面区域，观测面积随着距离的平方（R^2）而增加。当GSD保持不变时，能量随距离增加减小。

8.3 更多的红外术语与概念

8.3.1 信噪比：噪声等效温差

遥感链路的所有环节都存在传感噪声。可见光谱段的硅探测器的成像质量高（均一性好），白天工作时噪声影响不大。在红外领域，特殊材料制备的光电探测器在灵敏度方面通常不是非常均一，并且伴有噪声。红外探测器常常被用在极限情况下，探测变化背景中的暗目标，因此对探测器极限进行识别非常重要。

在优秀的红外遥感器书籍中，至少需要一个章节对红外系统的噪声进行测试和估算，这里不打算进行展开说明，只是将主要研究结果整理为一些以温度为单位的关键参数。第一个是噪声等效功率（Noise Equivalent Power，NEP）。该参数是信噪比（Signal-to-noise，SNR）为1时的入射通量。这是灵敏度的阈值，该分辨率可以定义为噪声等效温差（Noise Equivalent Differential Temperature），缩写为NEDT或者NEΔT。以一个优良的实验室相机为例，菲力尔（FLIR）系统SC6000的NEDT是20mK（典型值是18mK）。[①]

8.3.2 动力学温度

长波红外（LWIR）系统通常缺乏辐射率的信息，尽管这个信息可以在分析阶段得到。为了弥补这个缺失，引入动力学温度的概念 T_{kinetic}。这在物理上非常简单，辐射量是 $\varepsilon\sigma T_{\text{kinetic}}^4$，那么，探测器的数据也应该折算为 $\sigma T_{\text{radiated}}^4$。这里 T_{kinetic} 就是“实际”的温度，即利用温度计测量得到的目标温度。让二者相等得到

$$\sigma T_{\text{radiated}}^4 = \varepsilon\sigma T_{\text{kinetic}}^4$$

或者

$$T_{\text{radiated}}^4 = \varepsilon T_{\text{kinetic}}^4$$

因为辐射率 $\varepsilon<1$，因此，$T_{\text{kinetic}}>T_{\text{radiated}}$，即

$$T_{\text{radiative}} = \varepsilon^{1/4} T_{\text{kinetic}} \tag{8.8}$$

① FLIR-SC6000-MWIR-Series-Datasheet.pdf, September 2013 下载。

8.3.3　热惯量、热导率、热容和热扩散

反射式观测主要依赖于瞬时进入系统的辐射值，但是热红外观测更多地依赖于目标区域的先前的热学情况和被观测物质的属性。①

8.3.3.1　比热容

比热容（Heat Capacity or Specific Heat）是指温度每升高 1℃所增加的热能量（热量），测量的是 1g 材料升高 1℃所需的卡路里的值，用 C 表示，单位 cal/（g·℃）。

蓄热（Thermal Storage）是一个与比热容紧密相关的量，可由比热容乘以密度得到，用小写 c 代表，单位 cal/cm^3·℃，水的蓄热非常高（1.0）——大约是岩石的 5 倍（这里 $c=\rho C$，其中 ρ 是密度，单位 g/cm^3）。

8.3.3.2　热导率

热导率（Thermal Conductivity）是指热量通过一种物质时的速率，是对某一给定温度下（℃），流过横截面（cm^2）一段距离（厚度为 cm）的热量值（卡路里）进行测量。由符号 K（cal/（cm·s·℃））表示，岩石的热导率是 0.006（水是 0.001，铜是 0.941）。和金属相比，岩石是热的不良导体，但是它们常常比含有气泡的疏松土壤好（表 8.2）。

表 8.2　各种物质与热相关特征值。单位是 cgs 制
数据来源于 Remote Seinsing Tutorial②

物质	K/（cal/（cm·s·℃））	C/（cal/（g·℃））	ρ/（g/cm^3）	P/（cal/（cm^2 • ℃ • s$^{1/2}$））
水	0.0014	1.0	1.0	0.038
橡木	0.0005	0.33	0.82	0.12
沙子/土壤	0.0014	0.24	1.82	0.024
玄武岩	0.0045	0.21	2.80	0.053
铝	0.538	0.215	2.69	0.544
铜	0.941	0.092	8.93	0.879
不锈钢	0.030	0.12	7.83	0.168

8.3.3.3　热惯量

热惯量（Inertia）是物质抵抗温度变化的性质，它可以用物体从最热到最冷的时间进行表示，即

① W. G. Rees, 遥感的物理机理, p. 109–113 (1990); F. F. Sabins, 遥感: 机理与解释, Waveland Press, Inc., Long Grove, IL (1997)。

② Nicholas Short 博士的教程目前已不在 NASA 的网站上，也可以参考 Avery and Berlin 第 123 页的表 6-4; Campbell 第 251 页的表 8.2; Sabins(2nd edition)第 133 页的表 5.3。

$$P=\sqrt{K\cdot C}\left(\frac{\text{cal}}{\text{cm}^2\cdot{}^{\circ}\text{C}\cdot\text{s}^{1/2}}\right)$$

如表8.2所列，对于不同的材料，这个值可以变化4～5倍。图8.5展示了火星的热惯量分布，该图反映了热惯量随地壳的物质分成以及厚度而发生变化。

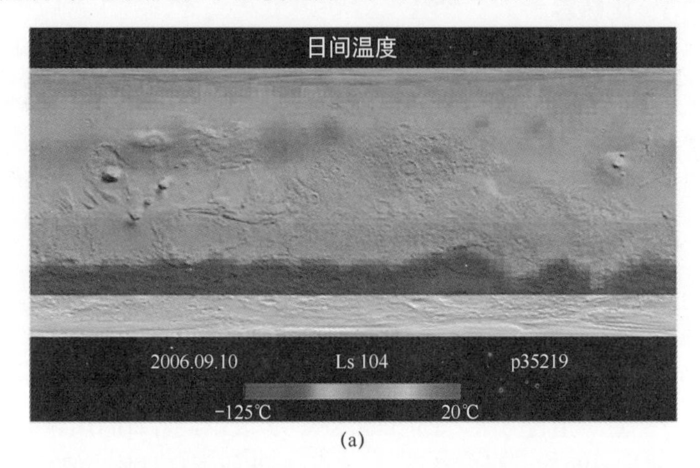

(a)

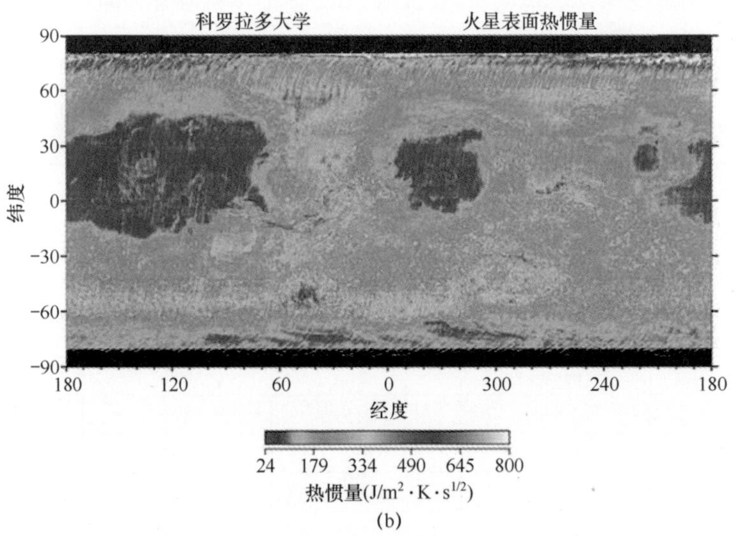

(b)

图8.5 （a）火星环球探测器（Mars Global Surveyor, MGS）上热发射光谱仪上的数据。这幅图展示了某一天的白天的温度。数据标尺范围为−125℃到20℃。[①]（b）比较昼夜温差获得的MGS的热惯量图。左边大片蓝色区域是奥林匹斯山（Olympus Mons）。标尺范围24～800J/（$m^2 \cdot K \cdot s^{1/2}$）（见彩插）[②]

① http://tes.asu.edu/tdaydaily.png。

② N. E. Putzig, M. T. Mellon, K. A. Kretke, and R. E. Arvidson，火星环球探测器探测任务中火星全球热惯量和表面性质，Icarus 173, 325-341, 2005. http://www.mars.asu.edu/data/tes_putzigti_day/。

8.3.3.4　热扩散

热扩散（Thermal Diffusivity）是指物质内部的热量转移速率。它和传导率 k 相关，$k=K/\rho\cdot$℃（cm^2/s）。遥感学科中这个值表示白天（升温阶段）物质将热量从表面转移到亚表面（Subsurface）以及夜间（降温阶段）物质将热量从亚表面转移到表面的能力。

8.3.3.5　昼夜温度变化

前边提到的概念可应用在一天中地球阳照面的温度变化。热惯量高的物质（如金属）温度变化适中。热惯量低的物质（如植被）温度变化快。图 8.6 显示了一些测量结果。不同物质在清晨和黄昏会达到相同的辐射温度。由于目标的亮温度（译者注：亮温度，brightness temprature：如果实际物体在某一波长的光谱辐射与某一温度的绝对黑体在同一波长的光谱辐射相等，则黑体温度则称为该物体在该波长的亮温度）与背景的亮温度一致，引起目标在热红外图像中消失。

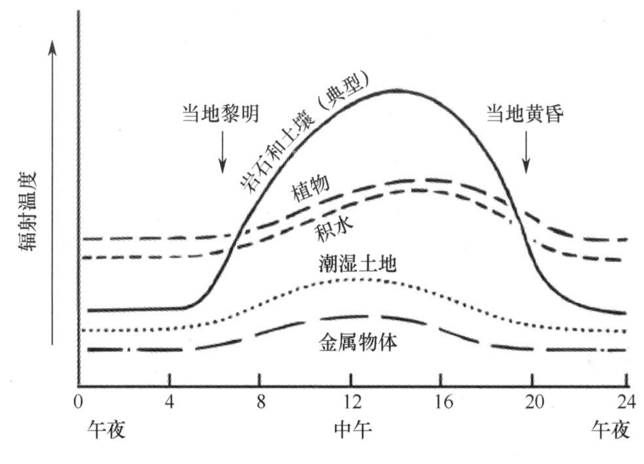

图 8.6　一天中各种物质温度随时间变化

图 8.7 中海军研究生院（Naval Postgraduate School）的观测更加直观地阐释了这种效应。这幅图是利用中波红外（MWIR）相机拍摄的，型号 FLIR SC8200。红外图像被折算为温度，图 8.8 显示了不同物体温度随时间曲线变化的曲线。图 8.7 中的圆圈表示图 8.8 中曲线对应的测量区域。两幅图中所给出的温度都假设辐射率为 0.98，未对大气效应进行补偿。第一个假设明显不对，但是第二个假设对于场景中的近处物体可行。此外，在太阳照射的中波红外场景中，图像还有太阳反射成分，而这一部分没有被校正。

相比于图 8.6 中的一般性展示，图 8.8 展示了一天中不同时间影子引起的不同物体的温度变化。很明显，热交叉（Thermal Crossover）在清晨和黄昏时非常明显。绿色树叶与周围大气的温度非常接近，这个事实在红外遥感图像温度定标时非常有用。Sabins（1986、1996）对类似场景进行了大量解释，包括风吹过表面时的影响。由于蒸发、发射和大气效应，海面温度（15～16℃）与直接测量海洋温度（约 17℃）存在差异。午后一次偶然的日偏食会引起整个场景温度小幅的下降。

图 8.7　2014 年 10 月 23 日当地时间 12:00 获取的中波红外图像。当人们去吃午饭时，最近被占用的停车区域的沥青路面温度明显更低。土地/草地看起来和沥青一样或者比沥青更加热，这很大程度上是辐射率差异的图像

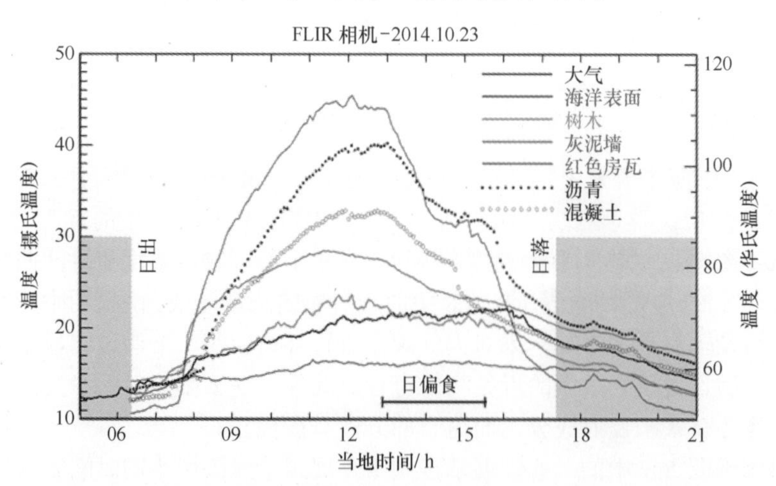

图 8.8　图 8.7 场景中的温度图像。大气温度由美国海军研究生院（Naval Postgraduate School，NP）气象台提供。红瓦屋顶在午后被遮盖住，因此温度的下降比其他仍然被照射表面的合成物质要快，它们的正好在日落时相交。这天中同一地点的海湾中水温测量为 63℉（17℃）

8.4 （美国）地球资源探测卫星

第 1 章中展示了圣地亚哥几个地区的 Landsat 卫星的红外数据。这里展示第二个例子，Landsat7 号卫星拍摄的红外谱段数据，这幅图为北格陵兰，图勒空军基地（Thule AFB）。在图 8.9 的彩色图像中，作为探测器校正研究的一部分，利用立方卷积插值法（Cubic Convolution）B6 谱段的 60m 分辨率数据被重新采样到 5m 分辨率。如图 8.9 所示，短波红外的数据与全色数据融合成 RGB 图像。B6（短波红外）被指定为红色通道，全色数据被指定为绿色和蓝色通道。

图 8.9　左侧是红外和全色融合图像；右边是全色（反射）图像。冰冻海洋在左上角。油库和道路比背景暖和。朝上是北。美国地质调查局的地球资源观测与科学（Earth Resources Observation and Science，EROS）数据中心的 Jim Stoery 对该图像进行了重采样和图像增强（见彩插）

由于北纬高纬地区 24h 可以得到光照，一些物体比周围的雪显得更加温暖。基地中的道路和各种建筑物显得相对温暖，基地附近储油罐的南侧比北侧显得更加温暖。北部山坡上边裸露的岩石比雪发射出更多的热量。①

直到最近 Landsat 卫星的热红外通道才被广泛地利用起来。一个看似新兴的应用是水体监测。Landsat 卫星的短波数据提供了一种追踪自然和人工水体变化的有效方法。图 8.10 展示了短波红外数据一个略微不同的用途。这幅圣地亚哥港的图像显示了经过温度校正后的船只及其尾迹。在白天的图像中，水体表面温度会比水下温度高 1～2℃。但是，在水面航行的船只搅动了水面，比较寒冷的水被带到了水面上。

① 地球观测资源，2000；只读 CD，欧空局. 感谢 NASA 友情提供图片。

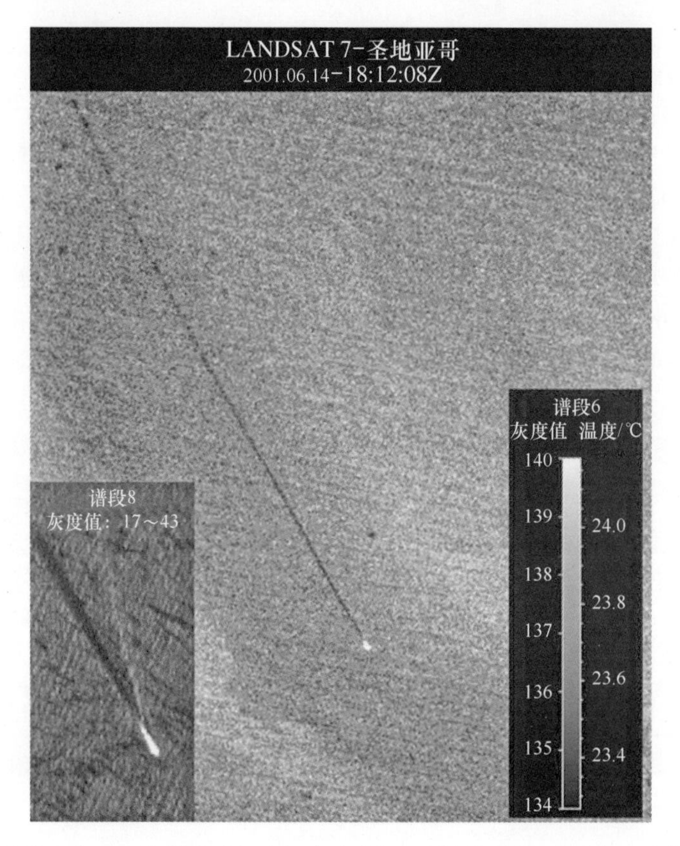

图 8.10　主图显示了60m分辨率的短波红外通道（B6谱段）。插入的图是一幅空间分辨率为15m的全色图。通过融合B6的低增益和高增益通道引进了伪彩色。类似的尾迹特征也可以在合成孔径雷达（synthetic aperture radar，SAR）数据中找到（见彩插）

8.5　早期的气象卫星

气象卫星是主要的红外载荷平台。历史上第一个红外载荷平台是小极轨平台（TIROS卫星、云雨卫星），紧接着是第一个地球静止轨道平台（应用技术卫星，缩写为ATS）。从地球静止轨道拍摄的可见光波段图像（图8.11），增加了人们从高轨道上进行战略或者战术气象监测的信心。

8.5.1　视频红外观测卫星

视频红外观测卫星（TIROS）是第一批携带视频相机（用于拍摄云量）的气象卫星，它展示了航天器在气象研究与天气预报中的价值。

第一颗TIROS卫星于1960年4月1日发射并传回22952幅云量图。按照现代标准来看这颗卫星非常小，质量为 120kg，轨道近地点为 656km，远地点为 696km，倾角为 48.4°。美国 RCA 公司建造了这个小型的圆柱体飞行器［直径 42 英尺，合 1.0668m，高度 19 英尺，合 0.4826m］。[①]

图 8.11 由 TIROS 获取，是早期从太空拍摄的地球照片之一。关于 TIROS 名字的变迁、昵称、载荷形式和参数的历史很复杂。在 1960 年到 1965 年期间，共发射了 10 颗 TIROS 卫星。卫星为 18 面圆柱体，在侧面和上面是太阳能电池，在相对的两面为视频相机留了开口。每个相机每轨可以采集 16 幅图像，每幅图像的间隔是 128s。

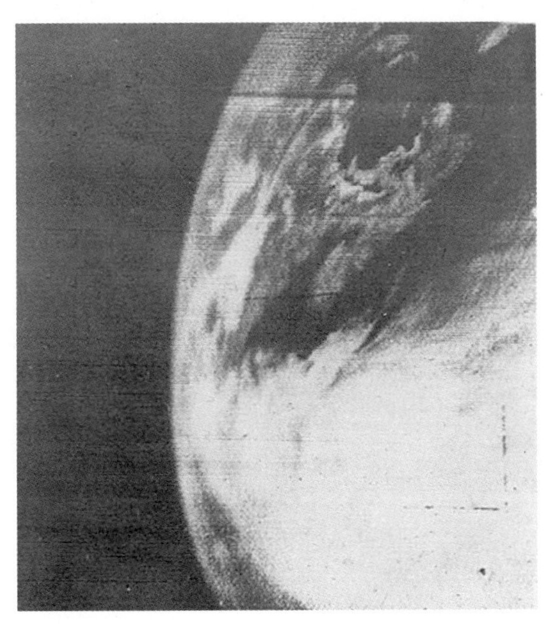

图 8.11　1960 年 4 月 1 日 TIROS 的图像（图像由 NASA 提供）

8.5.2　云雨卫星

云雨卫星（Nimbus）为第二代气象卫星，比 TIROS 卫星更加庞大和复杂。云雨 1 号于 1964 年 8 月 28 日发射，携带 2 个视频相机和 2 个红外相机。云雨 1 号卫星只有约 1 个月的寿命；之后陆续发射了 6 颗卫星，云雨 7 号卫星于 1978 年至 1993 年在轨工作。

云雨卫星携带了一套先进的摄像拍照系统，可以记录和存储遥感云量图像，一个实时拍摄云量图像并自动传输的相机，以及一个具有硒化铅探测器（3.4～4.2μm）的辐射计。这个辐射计白天可以对视频相机进行补充，夜间可

① http://history.nasa.gov/SP-168/p15.htm。

以测量云层顶端与地形表面的辐射温度。这个辐射计的瞬时视场角（IFOV）约为1.5°，即在航天器的标称轨道上（约为1000km）星下点的地面分辨率为8km。图8.12展示了一些早期的红外图像。左图显示了一个约5000km范围的风暴系统轮廓。辐射值已经被换算为黑体温度和相应的海拔高度。右图是于1966年10月7日当地时间午夜获取的图像，这幅图像显示了温度由低（位于云层位置）到高（位于陆地处）再到最高（位于海洋表面处）的渐变。

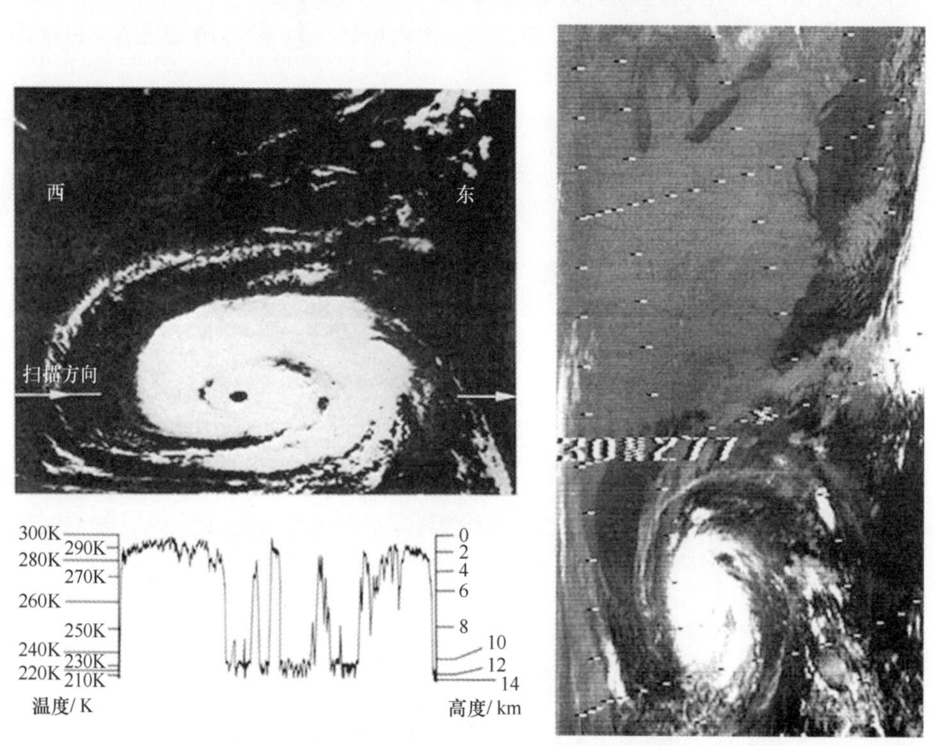

图8.12　云雨2号的中波红外（MWIR）图像，显示了格拉迪斯（Gladys）飓风（左图）和伊内兹（Inez）飓风（右图）。深色区域是海洋表面或者低纬度云；这些位置比图中渲染为白色的高纬度云层顶端温度更高，图像由NASA提供

8.6　地球静止环境业务卫星

8.6.1　卫星与探测器

地球静止环境业务卫星（Geostationary Operational Environmental Satellite, GOES）提供了目前我们在新闻广播中看到的、为全世界熟知的天气图像。这个系列的每个卫星都携带了两个主要载荷——成像仪和探测仪，它们可以提供高分辨率的可见光与红外数据，同时提供大气的温湿度情况。图1.9和图1.10

为 GOES 卫星拍摄的图像，这些图像表明，地球同步系统可以持续对全球进行成像①。

GOES 提供的服务覆盖了以下区域：中太平洋与东太平洋；北美洲、中美洲与南美洲；中大西洋与西大西洋。太平洋区域包括夏威夷和阿拉斯加州海湾。这项任务由两颗卫星完成：COES-West，位于西经 135°；GOES-East，位于西经 75°。有一个共同的地面站，即位于弗吉尼亚州瓦勒普斯岛（Wallops）的 CDA 地面站，为两颗卫星提供接口。

图 8.13 为 GOES 卫星的成像仪。主光学系统是常见的卡塞格伦系统，探测器由一个单像素组成，通过机械式扫描扫过视场内的半球。这种设计允许每 30min 对视场内的半球进行成像。选择这种设计方案的原因一部分是由于继承性，一部分是由于它简化了探测器的标定（把一个较大阵列的探测器标定到要求的精度非常耗时）。

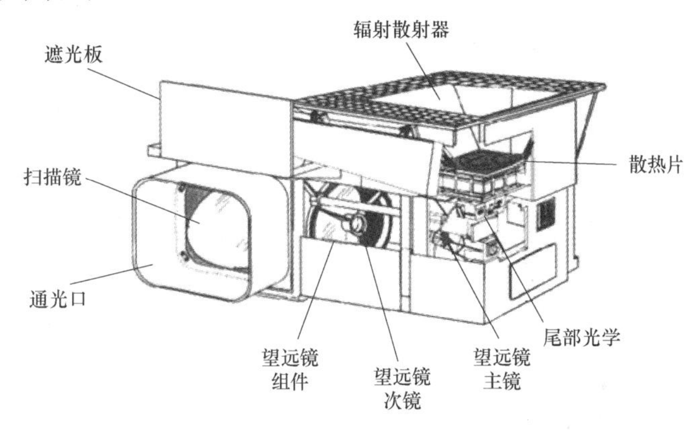

图 8.13 这个 120kg 的部组件工号为 120W，输出 10 位量化，数据率小于 2.62Mb/s。卡塞格伦望远镜的孔径直径为 31.1cm（12.2 英寸），F 数是 6.813

该成像仪具有 5 个通道，如图 8.14～图 8.16 所示，表 8.3 进行了明确的说明。图 8.15 显示了红外通道的光谱响应函数以及美国标准大气亮温度谱，数据反映了在这些谱段内可以穿透大气的深度。

因为 10km 以下，大气温度随着高度单调递减，所以亮温度可以与海拔高度对应起来。以通道 3 为例，这个通道看不到地表，但可以看到亮温度为 220～240K 的顶端大气。GOES 的工作谱段范围很大，不同通道的探测器材料和空间分辨率变化也很大，图表中介绍了一种在红外领域常用的单位——波数，它为厘米的倒数。它很适合频率维度，10μm 的波长相当于 1000cm^{-1} 的波数。②

① GOES N 系列数据手册；Contract NAS5-98069 Rev D November 2009，波音公司出版，http://goes.gsfc.nasa.gov/text/GOES-N_D atabook/section03.pdf。

② 老式 GOES 系列卫星使用了一个稍短波长，为该探测通道所指定的通道 5 被保留了下来。λ=12μm，833cm^{-1}。

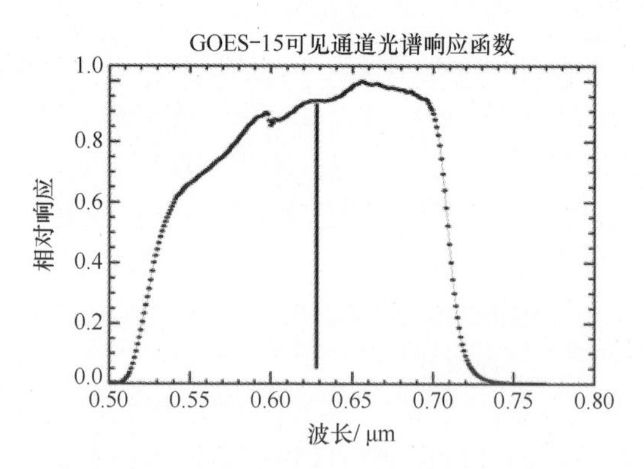

图 8.14　GOES-15 的可见光通道光谱相应函数。对该相应函数的高斯拟合方法（Gaussian fit）不是特别吻合，但是这种方法提供确定相应函数中心位置的一些测量方法

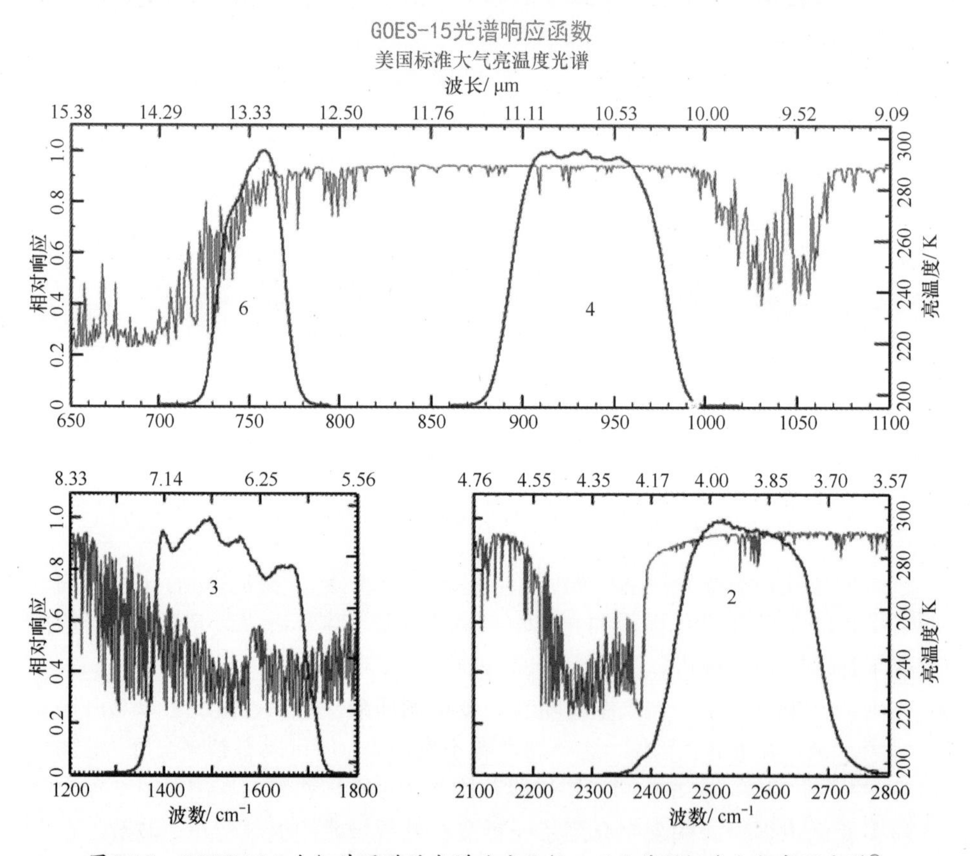

图 8.15　GOES-15 4 个红外通道的光谱响应函数，以及美国标准大气亮温度谱[①]

① 引用：“威斯康星大学—麦迪逊空间科学与工程中心”；气象卫星联合研究所，http://cimss.ssec.wisc.edu/goes/calibration/http://cimss.ssec.wisc.edu/goes/calibration/。

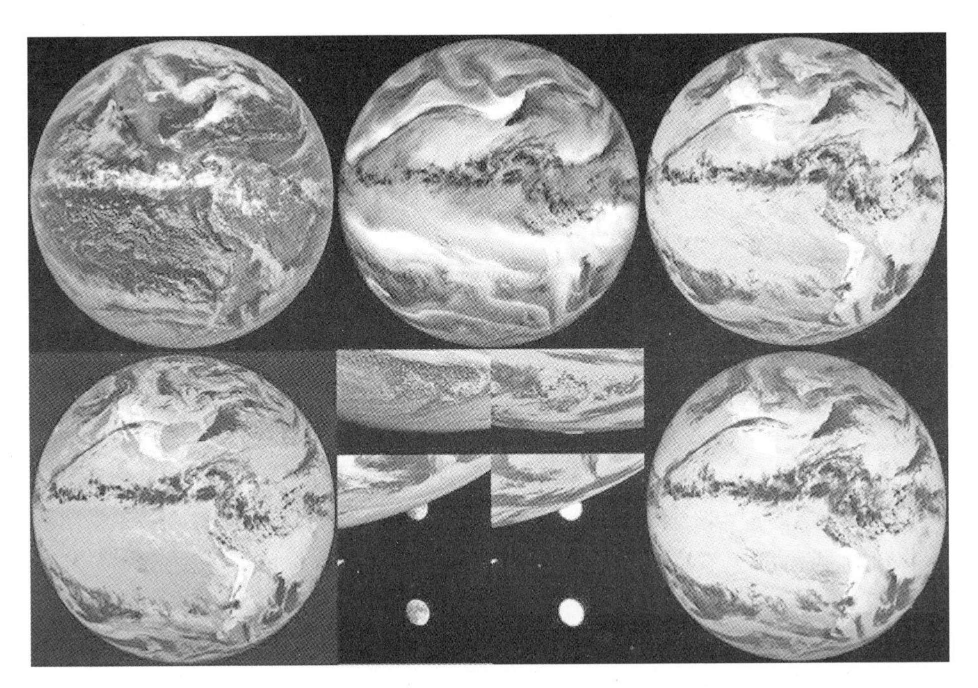

图 8.16　GOES-15 的全球红外图像，拍摄于 2010 年 4 月 26 日协调时间 17:30。左上角：0.6μm 谱段通道（可见光）；上排中间：3.9μm 通道（红外 2）；右上角：6.7μm 水汽通道（红外 3）；左下角：10.7μm 通道（红外 4）；右下角：13.3μm 通道（红外 6）。“可见谱段的月球（左）有一些扭曲，这源于月球的运动，以及同一时刻成像仪的来回扫描。月球的红外图像（3.9μm）是如此明亮以至于与用于地球扫描的温度范围不相称。”①

表 8.3　GOES N、O、P 型号的详细参数
注意通道 1 的地面像元分辨率为 28μrad②

通道	波长/μm	波数/cm^{-1}	探测器类型	地面像元分辨率/km	用途
1	0.52～0.71	15385	硅	1	云层绘制
2	3.73～4.07	2561	锑化铟	4	夜间云层绘制，火情，火山
3	5.8～7.3	1481	碲镉汞	4	水汽成像与水蒸气；云层覆盖和高度
4	10.2～11.2	943	碲镉汞	4	陆地与海洋热力图绘制
5[17]	13.0～13.7	750	碲镉汞	4	水蒸气

图 8.16 展示了 GOES-15 卫星拍摄的一系列不同通道的图像，这颗卫星于 2010 年 3 月 4 日发射，2011 年 11 月 6 日该卫星被用作 GOES-West，替代了原来的 GOES-11 卫星。这一系列图像包括偶然观测到的月球图像。

① http://goes.gsfc.nasa.gov/pub/goes/100426_GOES15_firstir/index.html。
② GOES N 系列数据手册；Contract Report under NAS5-98069 Rev D November 2009，波音公司出版。

GOES的谱段选择借鉴了极轨NOAA TIROS卫星。这些谱段可以观测云层，云与水蒸汽的温度以及大气中的水分。通道3的中心波长为6.7μm，这个波长可以吸收大气中的水分，在这个波长下，大气是不透明的（图3.12），这个探测器主要测量大气顶端水蒸气的能量辐射。

8.6.2 航天发射：水汽尾迹与火箭

GOES卫星可以充当一个非常好的导弹预警卫星。图8.17由GOES-8卫星拍摄的图像显示了1996年6月21日的航天发射，时间稍晚于协调世界时14:45（美国东部时区10:45）。在可见光图像中可以看到水汽尾迹（从地面上看起来像白色的云）。在4个红外通道可以看到炙热的亚像素级的目标。长波通道（11μm和12μm）的对比度不好，因为在这个波长下地表非常明亮。最好的对比度在通道3（波长6.7μm），因为在该波长下大气中的水蒸气阻止了探测器观测到多余的地面杂物。

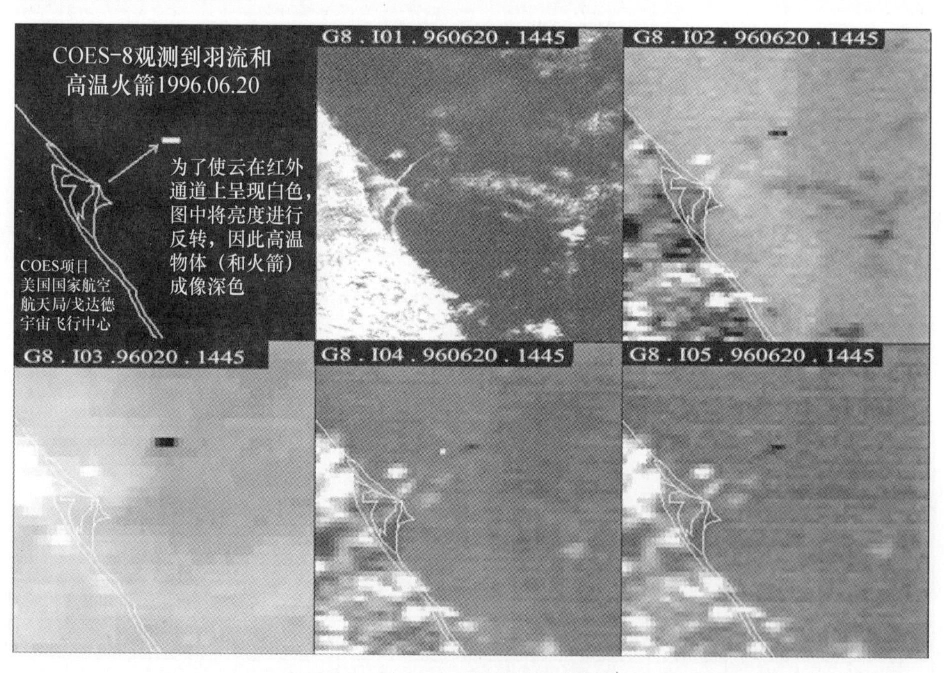

图8.17 这里使用的波长范围在图8.14和图8.15中进行了说明。
第三张图中，6.7μm的通道展示了最好的信杂比[①]

在GOES卫星之前已经观察到可见的羽流（Plumes），但这是第一次在4km和8km红外像素上观察到来自于火箭的热源。3.9μm和11μm的窗口通道与493K黑体一致，占2km^{2}像素的0.42%。水蒸气通道与581K黑体一致，占2km^2

① http://goes.gsfc.nasa.gov/text/goes8results.html。

像素的 0.55%。火箭燃烧的液氢与液氧形成了高温气体，而这种气体在水汽通道上显得尤为明亮。

8.7 国防支援计划[①]

前面的章节中提到利用 GOES 数据分析导弹发射能力，这种利用多个地球静止轨道卫星协同收集信息的计划称为国防支援计划（Defense Support Program，DSP）。这些卫星和它们的任务，已经不像最初设定的那样，而是被赋予了其他任务。下一代空基红外系统（Space-based Infrared System，SBIRS）已于 2010～2013 年期间投入运营。

上一代 DSP 卫星的代号是“阻碍 14（Block 14）”，以 1971 年 5 月发射的第一颗业务 DSP 航天器为开始形成一个序列。这个卫星由美国汤普森—拉莫—伍尔德里奇公司（TRW）建造，焦平面由航天喷气公司（Aerojet）制造。最后一颗“阻碍”卫星是一个质量约 2400kg、长 10m、直径 6.7m 的卫星。这个飞行器绕长轴以 6r/min 的速度进行旋转。太阳能电池阵列可以提供 1.5kW 的能量。相机的主轴与卫星的旋转轴存在一个偏角，这使相机可以对全球进行大范围扫描。

卫星的焦平面由 6000 像元的硫化铅探测器构成，设计工作波长 2.7μm。这款探测器在 193K 的相对高温条件下具备良好的灵敏度，并采用被动式辐射制冷。焦平面质量为 1200lb。之后的几代（1985）卫星增加了一个 4.3μm 的碲镉汞（HgCdTe）焦平面。第一个地面基站位于澳大利亚的乌美拉沙漠试验场（Woomera），之后陆续增加了其他地面站。

DSP 的业务星座通常有 4 颗或者 5 颗卫星。图 8.18 展示了一幅航天飞机部署 DSP 卫星的图片，这幅图成为一副在轨卫星的独特图像。

“由 4 颗卫星组网的 DSP 星座可以对诸如飞毛腿（Scud）这类的小型弹道导弹的发射阵地进行常规探测，跟踪和精准定位。DSP 已经观测到约 2000 次左右利用苏制飞毛腿攻击阿富汗叛军的导弹发射事件和在两伊战争（the Iran/Iraq War）中的另外 200 次的发射事件。海湾战争中（Persian Gulf War），部署于印度洋和大西洋东部上空的 DSP 卫星对攻击以色列和沙特阿拉伯的 88 颗伊拉克“飞毛腿”弹道导弹提前 5min 发现并预警，为“爱国者”（Patriot）导弹的发射提供了信号。”

---

① 源自 Aviation Week & Space Technology 杂志（1989 年 2 月 20 日；1991 年 11 月 18 日；1991 年 12 月 2 日；1997 年 2 月 10 日；1997 年 3 月 3 日；1998 年 1 月 5 日）和 TRW 出版的各种出版物。Dwayne Day1996 年在《太空飞行》杂志发表了 3 篇讲解透彻的连载文章。

图 8.18 DSP 卫星过去通常由各代的“大力神”(Titan)运载器发射。这张照片反映 DSP 飞行器 16(DSP Flight 16),“DSP 自由号(DSP Liberty)”的航天飞机发射，这颗卫星是由“亚特兰蒂斯”号（Atlantis，STS-44）于 1991 年 11 月 24 号发射。美国东部时间 01:03 宇航员部署了这颗 37600lb 的 DSP/IUS 庞然大物

“此外，DPS 卫星对‘飞毛腿’导弹羽流的红外跟踪具备足够高的精度以至于可以在 2.2n mile 范围内确定伊拉克的发射阵地。DSP 的详细数据随后可以把空军 E8 联合监视目标攻击系统（Air Force E-8 Joint-STARS）中的飞机引导至‘飞毛腿’导弹的发射阵地，进行最后的发射点位确认和联军轰炸。”①

目前，DSP 红外探测器获得的数据已经不再公开，但是仍然可以从气象学这类自然科学的研究中得到一些结果。这里展示了两幅从这些高时间分辨率，非成像探测器中所获的结果。图 8.19 显示了导弹防御预警系统（Missile Defense Alarm System，MIDAS）卫星试验获取的红外数据。MIDAS 是 DSP 系统的前身，在 20 世纪 60 年代开展试验。仪器的探测器是装有滤光片的硫化铅探测器，可以抑制水汽吸收谱段（2.65～2.80μm）的响应。图中，辐射强度最开始的变化是由于火箭在大气层中上升时大气吸收衰减，之后的辐射强

① Aviation Week & Space Technology 杂志; November 18, 1991; Vol. 135, No. 20; Pg. 65。

度的衰减是因为尾焰气体中的羽流效应。

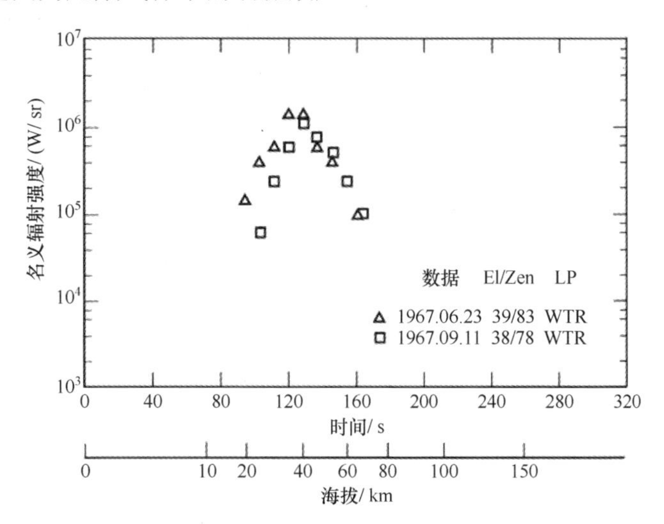

图 8.19 对 2 个"大力神"II 号洲际弹道导弹（Intercontinental Ballistic Missile，ICBM）测试发射的观测。经 F. Simmons, Rocket Exhaust Plume Phenomenology, Aerospace Press（2000）许可印刷[①]

图 8.20 展示了 DSP 卫星获取的可见光数据。图中观测到的能量来自一颗

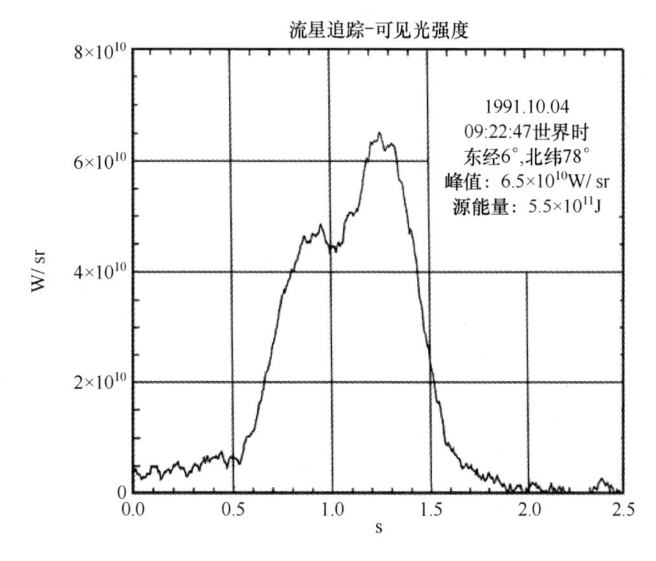

图 8.20 流星追踪的图。经 Tagliaferri et al., "Detection of Meteoroid Impacts by Optical Sensors in Earth Orbit," pp. 199～220 in Hazards Due to Comets and Asteroids, T Gehrels, ed. (1994). 许可印刷

① Simmons (2000)。

陨石，即流星撞击。这个事件显著区别于其他自然现象（如闪电）以及探测的主要目标——洲际弹道导弹。对能量的计算是基于目标温度为 6000K 的假设。这种假设是必要的，因为宽谱段探测器只能给出能量——它不知道谱段的峰值在哪里，哪怕探测源是一个黑体。

DSP 探测器的高时间分辨率在遥感中并没有被利用起来。红外探测器可以观测诸如森林火灾（防御日报，1999 年 4 月 29 日）和装备燃烧室的喷气式飞机之类的事件，并且可以进行战场损失评估（Battlefield Damage Assessment，BDA）。

8.8 增强宽带阵列光谱系统

8.8.1 终极目标

光谱成像已经成为反射领域一个重要手段，它在发射领域也正在兴起。图 8.21 中的图像是一次在阿拉巴马的亨茨维尔的试验中利用增强宽带阵列光谱系统（Spectrally Enhanced Broadband Array Spectrograph System，SEBASS）从高塔上拍摄的，这个仪器可以测量以波长为自变量的辐射强度。图 8.22 显示了 3 个地方的光谱。树的温度名义上和大气温度相同并且本质上说是完全的发射光谱（它们是黑体）。尽管水箱处于和清晨大气与树木同样的温度环境中，但其光谱在 9μm 处有一个明显的凹陷。该副图中地面温度更低，颜色更深。[①]

图 8.21　整个短波红外谱段范围的 SEBASS 积分数据

① 来自 Aerospace Corporation 公司的谱增强宽度阵列光谱仪系统。

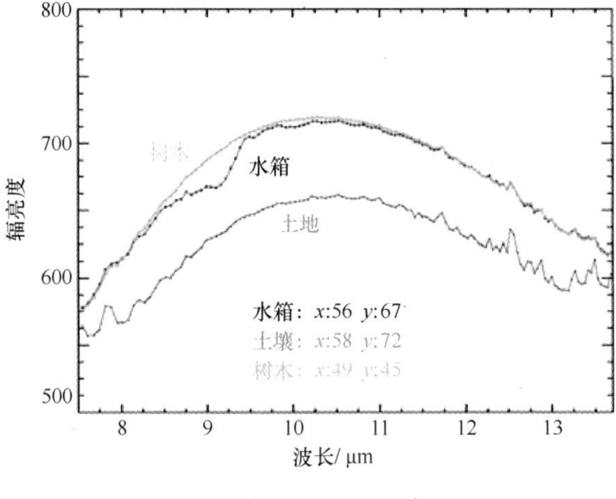

图 8.22 SEBASS 谱

长波红外成像仪具有全天时观察能力，这成为它的一大优势。长波红外光谱成像在气体探测时已有重要应用，如下节所示。

8.8.2 气体测量：基拉韦亚火山，Pu 'u'O'o 火山口

火山是热红外光谱测量的一个高温极限。在夏威夷岛的火山口上面利用夏威夷大学的机载高光谱成像仪（Airborne Hyperspectral Imager，AHI）进行了一次实验性的测试飞行，并获取了图 8.23～图 8.25 的各种图像。图 8.23 显示了一张火山口的可见光图像和长波红外图像，右侧图大致对应左侧穿过火山口的一条图像。对这些红外数据的建模需要比较复杂的计算。图 8.24 显示了建模所需的大部分基本要素。利用大气校正程序 MODTRAN 对图中所示过程进行建模，

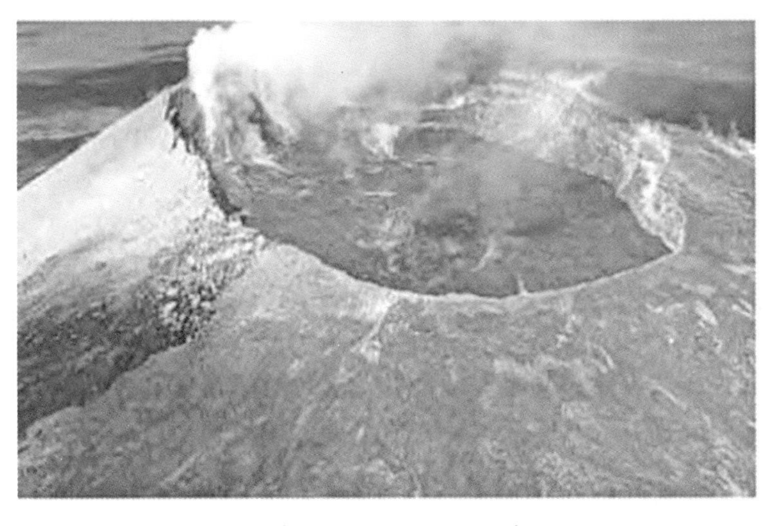

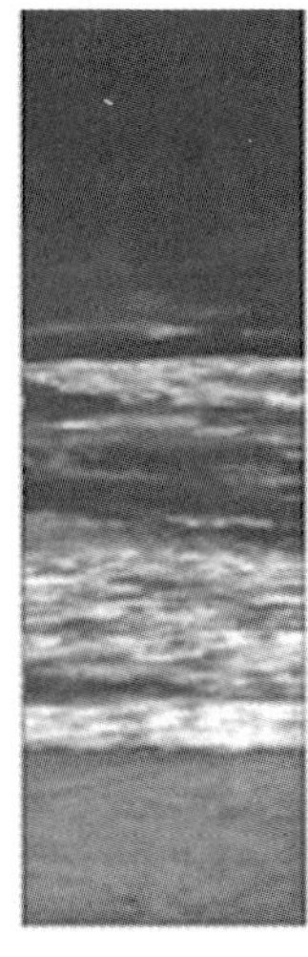

图 8.23 左图描绘了基拉韦亚（Kilauea）火山的特征；右图呈现了火山上方的短波红外数据

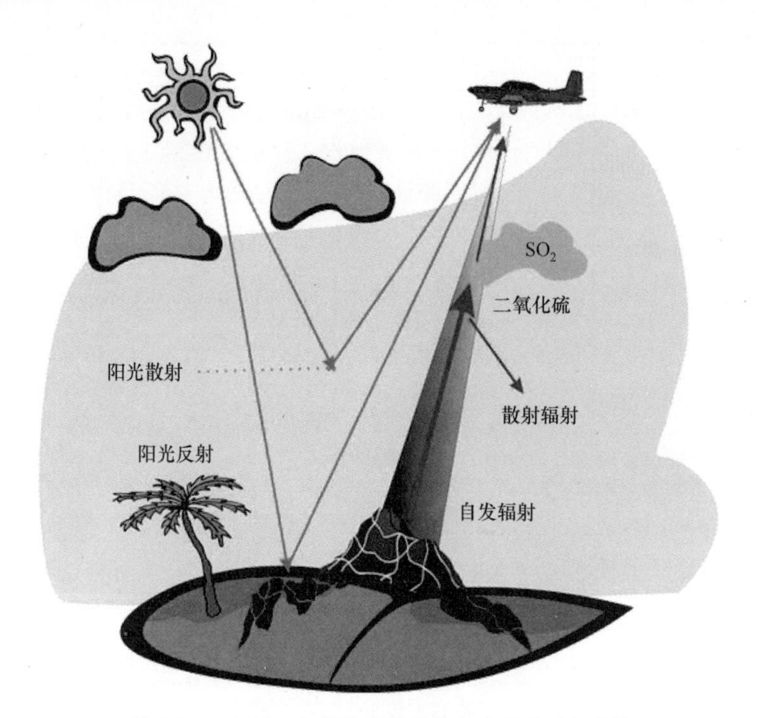

图 8.24　对 SO_2 浓度的建模需要相当数量的信息[①]

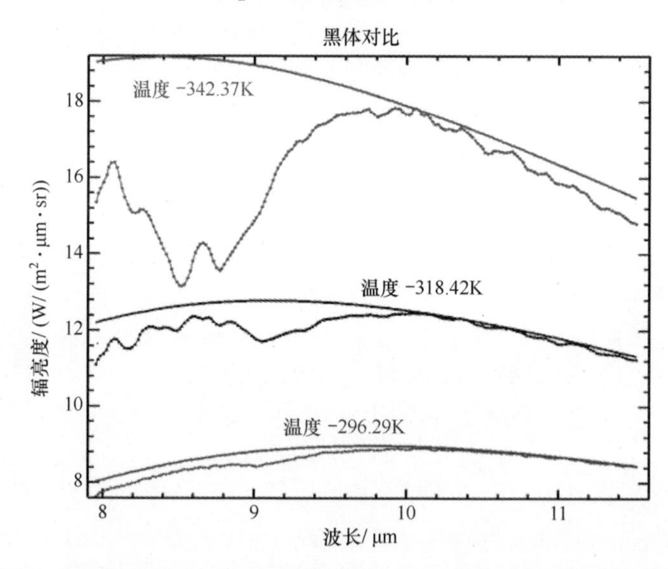

图 8.25　10μm 处比较合理的黑体光谱，背景温度可以从光谱的这部分估算出来。在短波区域 SO_2 吸收了向上的辐射。SO_2 的路径密度可以从吸收建模值估算出来[②]

---

① 这些插图源于海军研究生院 Aimee Mares 上尉的论文工作。

② A. G. Mares, R. C. Olsen, and P. G. Lucey, “火山二氧化硫羽流的长波红外光谱测量,” Proc. SPIE 5425, 266–272 (2004)。

并将计算结果与试验数据进行了比较。图 8.25 中，利用长波红外数据拟合得到的曲线和光滑的黑体曲线基本吻合。8.0～9.5μm 范围内实际数据和平滑曲线不一致是因为火山所喷发的羽流被 SO_2 所吸收。图 8.25 中最上边的曲线是基于估算的 342K 地面温度获得的。另外两个采样点是从温度稍低的地面获得的。

对图 8.25 数据的分析表明，利用 AHI 观测到的 SO_2 浓度可以成功建立这样一层模型，模型浓度为几百 ppm（parts per million），厚度估计为 150m，温度和背景大气相同，基于此，估算得到羽流密度为 1～5×10^4ppm-m（译者注：ppm-m 为柱密度单位，柱密度=浓度×厚度，根据前文这里厚度取 150m）。这个值与在火山羽流下方利用仰视紫外光谱仪获取的值相一致。

8.9　问题

1．在哪个波长目标在 300K 时的辐射达到峰值？一个人（300K）和一个运载工具（1000K）发射的单位面积总功率之比是多少？

2．在中波红外（3～5μm）和长波红外（8～13μm）之间如何选择？考虑辐射能量，探测器技术（制冷问题）和瑞利判据（Rayleigh criterion）。

3．在表 8.2 所列的材料中，哪个材料在 24h 高低温循环中温度波动最大？哪个最小？

4．目标的“真实”或者动力学温度为 613.134K，发射率为 0.900。如果假设发射率为 1（不正确），目标的温度应估计为多少？

5．从普朗克公式（Plank Equation）出发，对于一个温度为 1000K、波长在 1～2μm 的源，它的辐射量是多少瓦（W/（m^2 • ster））？

6．对于炙热的火箭尾气，很多辐射量位于水的吸收谱段（高温水分子的发射谱段为 2.5～3.0μm）。对于一个位于地球同步轨道的探测器（如 DSP），如果目标源的发射功率为 10^6W，那么，到达探测器的功率是多少？假设目标源位于探测器正下方，距离探测器 5.6 倍地球半径处，并且位于大气层上方（没有大气吸收）。对于一个 50cm^2 的不透明区域，0.1s 内可以收集多少能量？折合成多少光子？

7．第 2 章中太阳的辐射功率计算为 P=3.91×10^{26}W。根据平方反比定理（Inverse Square Law），“太阳常数”是多少？即地球大气上方的辐射量是多少？距太阳的距离按照 150×10^9m 计算。

第 9 章　无线电探测和测距

9.1　微波成像雷达

雷达，尤其是微波成像雷达，代表了一类强大的遥感测量工具，该工具具有全天候工作功能的优势（不需要太阳光照明）和全天候性能（可穿透云层）。微波成像雷达的概念可追溯至 1951 年，是由 Carl Wiley 首次提出的，随后就出现了实际的应用系统。首颗卫星测试是通过 NRO 实验型 Quill 卫星，该卫星于 1964 年发射升空，其采用了电晕卫星系统。微波雷达可以穿透到适当的深度直到地面，并允许探测到地表以下——这对于探测埋藏在地面以下的物体（如管道或矿井等）非常有用。微波成像雷达是解决海上问题必不可少的工具，从跟踪船只到跟踪海冰都能用到。本章阐述了微波成像雷达的物理原理和性质。

图 9.1 描述了一些微波雷达数据的典型特征。来自机载传感器微波获取的图像数据是由工作波长为 6cm 和 24cm 的微波雷达所获取的。黄色和蓝色的色调区分不同的地表粗糙度和植被（高尔夫球场和城市公园）表现得特别好。

图 9.1　1996 年 10 月 18 日，利用 JPL AIRSAR（C 和 L 波段，VV 偏振，10mGSD，飞机航向 135°）拍摄的加利福尼亚旧金山的图片（见彩插）

9.1.1　成像雷达基础知识

雷达系统有一套独特的术语，因此在开始本章节之前，有必要给出新的定义。并非所有术语都将在这里使用，但它们都在现代系统应用中和文献中经常出现。这些定义涉及成像平台（飞机或卫星）和该平台的速度矢量。图 9.2 说明了这个参考矢量的具体含义，该矢量定义了沿轨道方向（也就是方位角方向）。定义正交方向为穿轨方向，或者距离与方位方向。

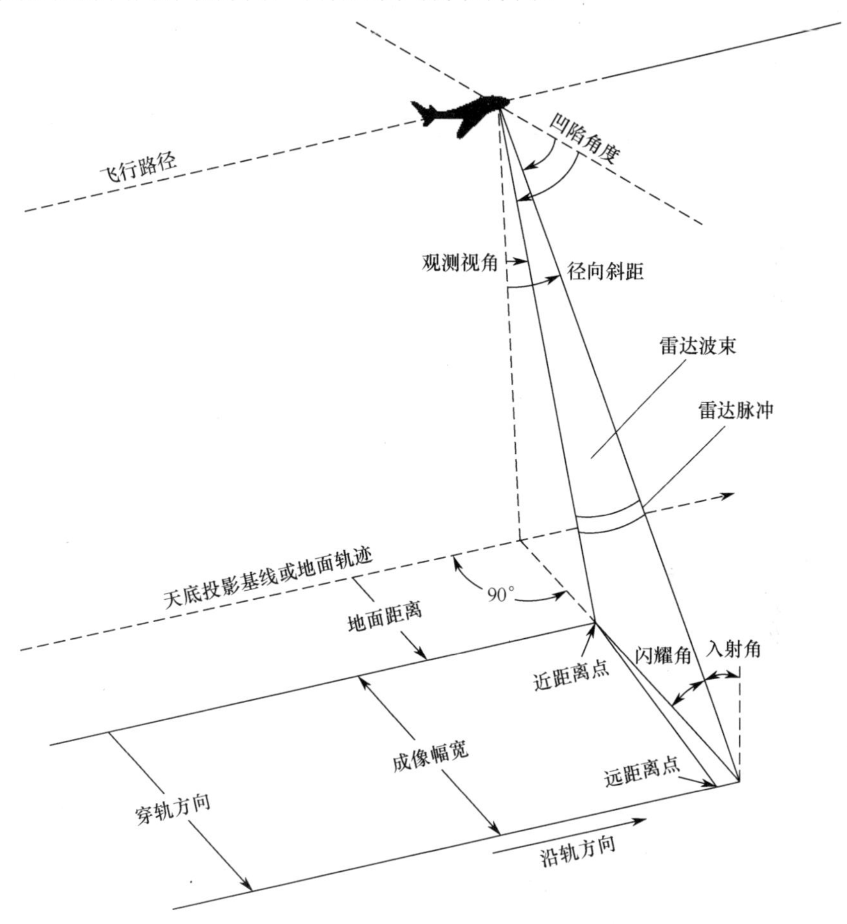

图 9.2　成像雷达专业术语的定义

角度由飞机或卫星的飞行路径确定。俯角 b 定义为垂直于飞行方向的水平线与微波雷达出射的微波束之间的夹角。凹陷角度在整个图像条带上是呈现变化规律的，当微波雷达进行远距离观测时，该角度为小角度；反之，当微波雷达进行近距离观测时，该角度为大角度。

虽然成像微波雷达不能直接观测平台正下方，但是在这种情况下的凹陷角度是等于 90° 该观测模式为天底角观测模式。观测视角 θ 等于互补角度（$b+u=90°$）从传感器的局部垂直方向测量。

相对于地面定义了类似的角度。入射角度 φ 定义为微波雷达波束与和地面垂直连线之间的角度。对于水平地形来讲，入射角等于外观角度（$\theta=\varphi$）。入射角的补角称为闪耀角度 γ。对于水平地形来讲，俯角等于闪耀角度（$\beta=\gamma$）。

最后，对一组距离给出了定义假设。

（1）斜距定义为从天线到地面或测量目标进行测量的视线距离。

（2）地面距离定义为从地面轨迹或者天底角到目标的水平距离。

（3）近距离是最接近地面轨道的雷达区域脉冲拦截地形。

（4）远距离定义为微波雷达发射信号的脉冲最远处的地面距离。

分辨率的概念以前是在以下光学系统背景下定义的，并且该定义具有比较直观的含义。光学系统的地面分辨率（GSD）是由光学性能和探测器的性能指标所决定的。微波雷达系统的分辨率和光学系统的分辨率在某些方面具有相似性，同时也具有不同性。微波雷达分辨率定义为具有相同反射率的两个物体的最小间隔，该间隔可以在一个连续的微波雷达图像中进行独立分开。在微波雷达领域内，脉冲响应函数定义为分辨率。微波雷达系统通常用于区分点目标，而脉冲响应定义了它们具有这样做的能力。微波雷达的这种独特的性能是因为分辨率在距离和方位角方面来自不同的物理过程，并且通常情况下，它们也不一定相同。这些关系将在以下章节中讨论。

9.2 微波雷达分辨率

9.2.1 距离分辨率

在倾斜范围 R_{sr} 内的距离或穿轨分辨率由从天线发射的微波雷达脉冲的物理长度确定，称为脉冲长度。脉冲长度可以通过将脉冲持续时间 t 乘以光速来确定，其中 $c=3\times10^8$m/s，即

$$\text{pulse length}=ct \tag{9.1}$$

在一些微波雷达文献中，脉冲长度（距离）可以表示为 τ，严格意义上代表时间的概念。在本书的工作中，将使用以上定义原则，但请注意，这并不是一个普遍选择。为了使雷达系统能够识别跨轨道尺寸中的两个目标，其反射信号的所有部分必须在不同时间在天线处接收，或者它们将在图像中显示为一个大的脉冲返回点。在图 9.3 中可以看出，由倾斜距离等于或小于 $ct/2$ 分开的物体将产生反射，作为一个连续脉冲到达天线，指示它们被成像为一个大物体（目标 A、B 和 C）。如果倾斜范围间隔大于 $ct/2$，那么来自目标 C 和 D 的脉冲将不

重叠，并且它们的信号将被单独记录。因此，在跨轨道尺寸中测量的倾斜范围分辨率等于发射脉冲长度的 1/2，即

$$R = c\tau / 2 \tag{9.2}$$

要将 R_{sr} 转换为地面分辨率 R_{gr}，其转换公式为

$$R = c\tau / 2(\cos\beta) \tag{9.3}$$

式中：τ 是脉冲长度；c 是光速；β 代表了天线观测角度。雷达图像既可以在倾斜范围方向进行处理，也可以在地面范围内进行处理。在某种程度上，这是一种解决当前成像问题的技术选择。

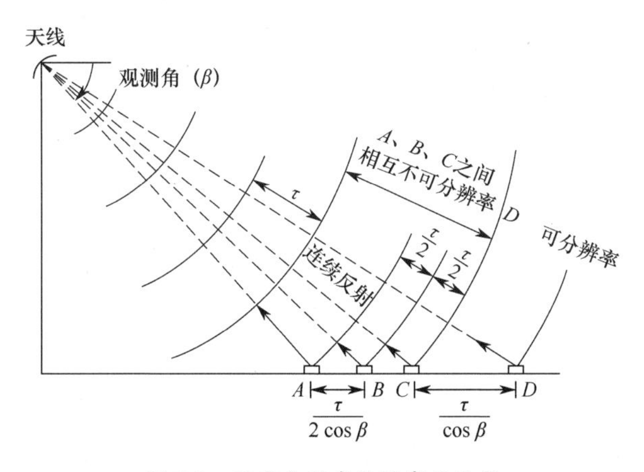

图 9.3　距离分辨率是脉宽的函数

式（9.3）表明地面分辨率随着地面轨迹的增加而逐渐提升改善（即在远距离范围内的跨轨道分辨率比在近距离范围内更好，因为 β 更小）。分辨率也可以通过缩短脉冲长度进行改善。然而，当一个急剧缩短的脉冲不能包含足够的能量以使接收器检测到其回波时，这是一个极限。实际上，最小脉冲长度为 0.05～0.10ms，对应的距离为 15～30m。

与脉冲持续时间密切相关的概念是脉冲重复频率或频率（PRF），其对应于脉冲之间的间隔并且与脉冲持续时间相比相对较长。图 9.4 显示了用于 SIR-CX 微波雷达的信号。该信浩的脉冲宽度为 40μs，重复频率 PRF 为 1240～1736Hz，因此，脉冲之间的间隔约为脉冲宽度的 15 倍。

9.2.2　信号调制

区分目标的能力是微波雷达脉冲信号长度的函数。然而，在平衡合适数量的信号功率分布和距离分辨率的需求方面存在着矛盾。脉冲调制提供了一种解决方案，该方案将时域信号的形状与频域分布关联起来。图 9.5 描述了连续波和脉冲信号的一些基本特征。非常短的脉冲信号产生较宽频域谱的信号，而单

色（频域）信号意味着具有非常宽的脉冲宽度。

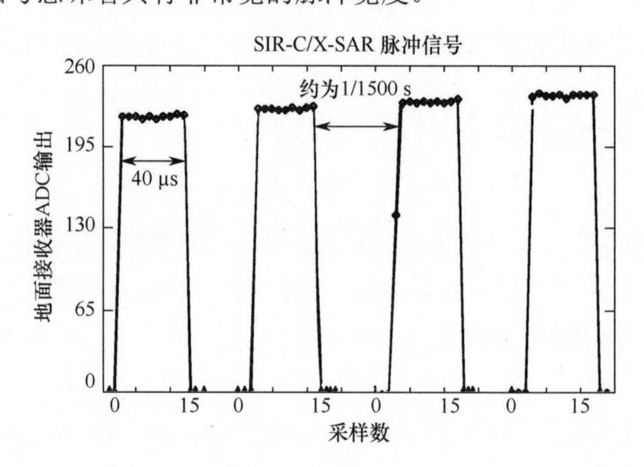

图 9.4　由地面校准接收器记录的 SIR-C X-SAR 脉冲，以 4ms（250kHz）采样。在这段时间内看到的力量的微小变化是由于航天飞机在地面上的进展。如果没有信号整形，可以从这种脉冲获得的最佳距离分辨率为 6km。通过 9.2.2 节中描述的技术获得的分辨率为 25m，对应于 10MHz 或 20MHz 带宽。

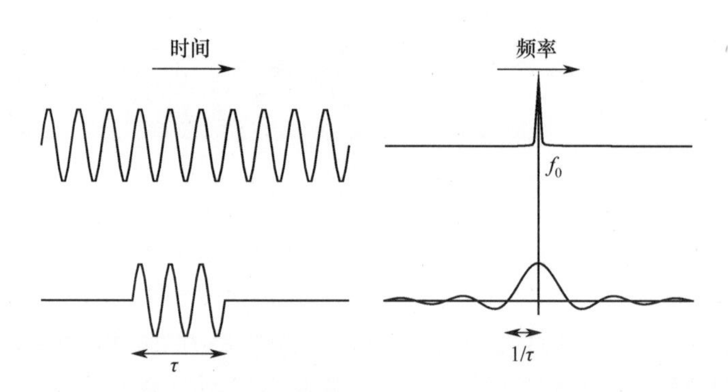

图 9.5　连续波和脉冲信号，带宽等于脉冲长度

简单傅里叶分析理论提供了一些关于上述关系的重要论据。例如，方波脉冲的频谱变换是 sinc 函数，该函数即为 sin$x$ 与 x 的比率。在频率域里脉冲宽度恰好是时域里脉冲宽度的倒数，如图 9.5 中的下半部分所示。对于由载波频率调制的方波脉冲，sinc 函数的中心位置有所移位，否则，该函数的形状不变。

这个概念对距离分辨率做了稍微不同的定义，即

$$\Delta \text{range} = \frac{c\tau}{2} = \frac{c}{2B} \tag{9.4}$$

式中：τ 是脉冲长度；探测带宽 B 是脉冲宽度 τ 的倒数；c 是光速。该定义最初就较好地提供了一种理解调制脉冲频率的方法。

频率调制脉冲的概念，现在称为“FM 啁啾信号”，该名称是在第二次世界大战后（1954 年）由剑桥大学的 Suntharalingam Gnanalingam 进行推导得出的。该项技术是为了研究电离层而开发的。图 9.6 描述了啁啾概念——脉冲信号被以随时间线性增加的频率进行信号调制，这样就可以通过照射在物体上的脉冲信号所产生的不同回波信号的频率差进行不同目标距离的区分，即使回波信号在时域上有所重叠。Gnanalingam 理解到啁啾脉冲信号的变换在频率空间中具有由调制的频率范围定义的带宽。不需求任何形式证明，可以肯定的是：与有限的脉冲恒定频率类比，带宽（$1/\tau$）被替换为范围频率扫描（Df）。因此，有效的空间分辨率表示为

$$\Delta \text{range} = \frac{c}{2\Delta f} \tag{9.5}$$

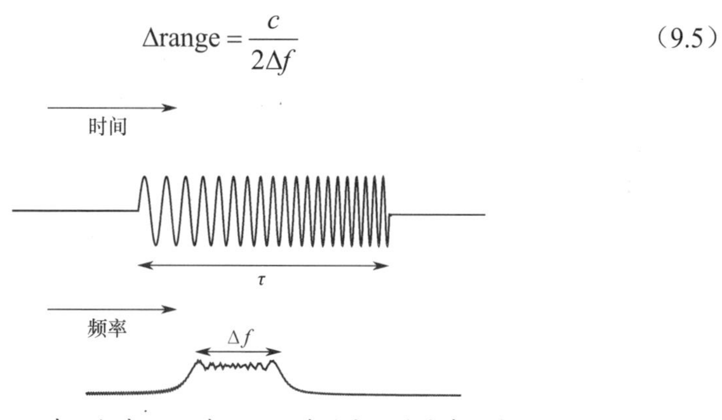

图 9.6　中心频率从 f 到 $f_0 + \Delta f$ 线性变化的脉冲信号。信号的功率就集中在频率带宽范围内

这会带来更好的空间分辨率，因为频率扫描可以远大于脉冲宽度的倒数。（例如，在 SIR-C X 波段系统上，9.61GHz 信号具有 9.5MHz 的啁啾声带宽，或大约 15m 范围的分辨率）。

9.2.3　方位分辨率

方位角或长轨道分辨率 R_a 由雷达脉冲信号照射的地形条带的宽度决定，雷达脉冲是真实的孔径雷达（RAR）波束宽度的函数。如图 9.7 所示，波束宽度随着距离的增加而增加。因此，两个类似坦克的物体（在相同的距离范围内）同时在微波信号所覆盖的区域内，并且从这两个坦克目标反射的回波信号将同时被接收。因此，它们将在图像中显示为一个扩展目标。另外两个物体，A7 喷气式飞机和 T72 坦克，位于微波信号所覆盖的区域宽度之外，如图 9.7 所示。因为以上两个目标的间隔大于光束覆盖的范围，因此，它们的目标反射信号会被独立地进行接收和处理记录。因此，为了在沿轨道方向分离两个物体，有必要保证两个物体目标的间隔距离必须大于微波雷达光束的宽度。什么因素决定

了波束宽度，基本上是由天线的物理长度来决定的。

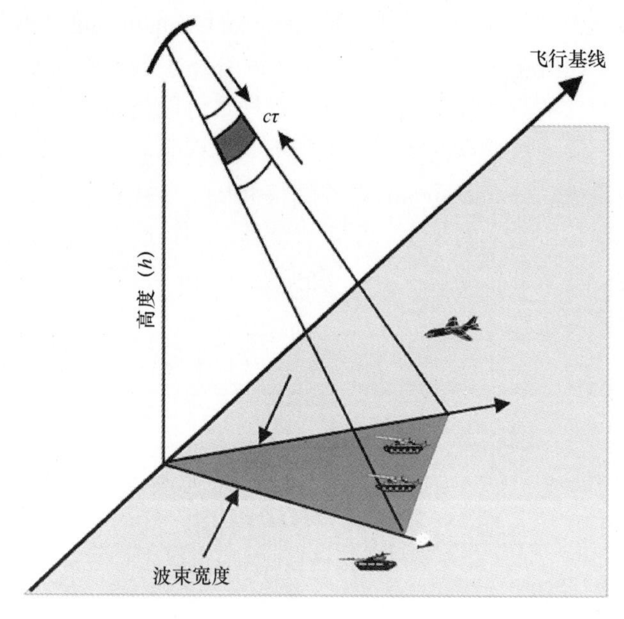

图 9.7　微波成像雷达的几何关系阐述

9.2.4　光束类型和分辨率

为了理解成像微波雷达系统的分辨率特性，天线辐射类型的特征应该被检验。回顾到锐利标准（第3章）的初步讨论，对于矩形微波雷达天线或者柱状微波雷达天线同样适用。光束类型在附件1.3部分中有所阐述。这里我们对结果进行相应近似，光束类型是对孔径进行傅里叶变换获取到的，对于方形的孔径来讲，光束的类型是 sinc 函数的平方。

图 9.8 描述了方形孔径的光束模式，并阐述了函数（$\sin a/a$）^{2}，其中 a=（$kL\sin u$）/2，L 是天线长度，k 是波数。当其正弦函数 sin 的参变量等于 $m\pi$ 或者等于下式时，该函数的取值为零，即

$$kL\sin\theta/2 = m\pi \Rightarrow kL\sin\theta = 2m\pi \tag{9.6}$$

该式可变换为

$$\frac{2\pi}{\lambda}L\sin\theta = 2m\pi \Rightarrow L\sin\theta = \lambda$$

或者

$$\frac{\lambda}{L} = \sin\theta \tag{9.7}$$

这个方程实际上给出的衍射极限光学系统的分辨率，该结果并不是一个偶

然事件。它适用于任何孔径下的远场特征（远场指的是距离远远大于孔径尺寸与波长的乘积）。

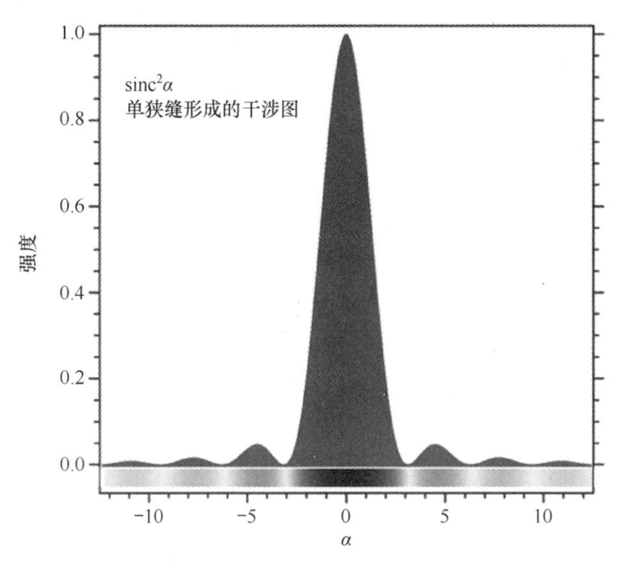

图 9.8　sinc 函数的平方函数：$(\sin\alpha/\alpha)^2$

确定方位角分辨率 R_a 的方程等式为

$$R_a = \frac{\lambda R_s}{L} \tag{9.8}$$

式中：λ 是工作波长；R_s 是微波雷达到探测目标的倾斜距离；L 是天线的长度。

式（9.6）中所表达的关系表明方位角分辨率会随着探测距离的增加而减小（也就是说，分辨率在近距离情况下是最优的，此时，对应的波束宽度是最窄的），并且较长尺寸的天线或者较短的工作波长将会改善方位角分辨率。这个概念适用于所有体制的微波雷达，但尤其适用于 RAR，其中飞机稳定性的天线长度的实际限制为 5m，当波长减小到约 3cm 以下时，雷达的全天候能力有效降低。由于这些限制，RAR 最适合低级别的短程操作。

沿轨道的真实孔径成像雷达的分辨率前面给出的方向可以改写为

$$R_a = \frac{\lambda h}{L\cos\theta} \tag{9.9}$$

当给出一般情况下的空间参数（天线长度 L=10m，λ=3cm，u=20°，h=800km）满足分辨率为 2.5km，看起来似乎需要更大的天线。

在论述可以行成长合成孔径天线的方法之前，本节将简要介绍一些观察到的天线图，同样来自 SIR-CX-SAR 仪器。图 9.9 显示了根据前面描述的理论确定的 sinc² 模式（使用 dB 作为单位意味着垂直坐标轴的单位是对数形式）。在

图 9.9 中显示了一个对比结果，在图中的底部显示了线性垂直标度上的数据，并除以顶部的 sinc^2（φ/0.151°）的预设因子。在这里，该模型适用于 3cm（9.6GHz）波，假定天线的长度为 12m（0.15°=λ/L）。

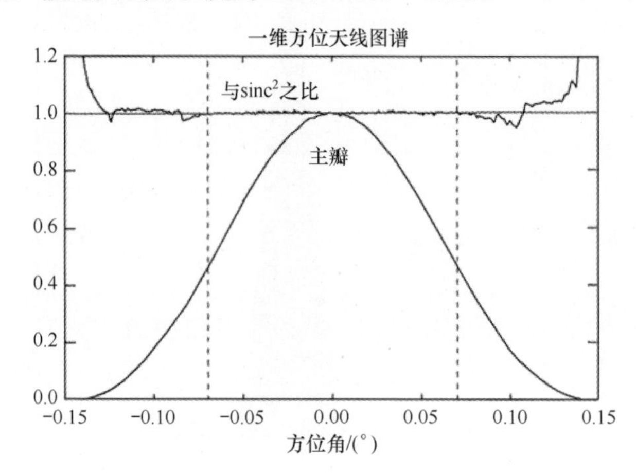

图 9.9　SIR-CX-SAR 方位角天线方向图与线性标尺相比较 sinc^2。这部分处理数据来自虚线之间的区域模型非常准确的线（±0.07°）

对比分析表明，距离向（俯仰角）方向上的天线类型是由如图 9.9 中观测的数据所合成而来的，具体如图 9.10 所示。由于在相应方向（0.75m）的尺寸天线较窄，因此，该类型天线的宽度很大。

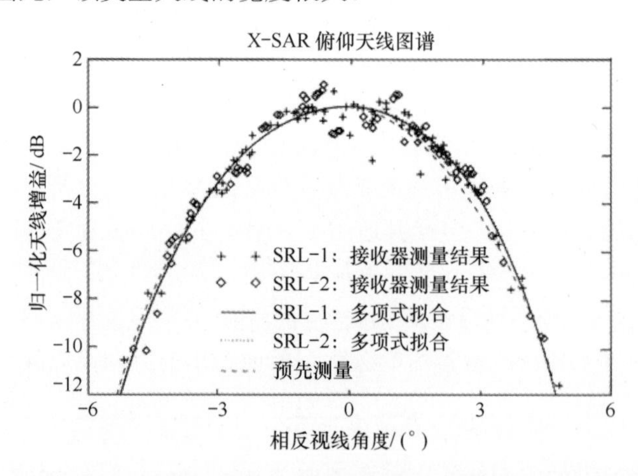

图 9.10　SIR-CX-SAR 范围天线方向图。这种光束模式需要覆盖系统的整个跨轨道范围，如 20～70km，从 222km 照亮高度

9.2.5　合成孔径微波雷达

真实的孔径微波雷达的主要缺点是其沿径向或方位角分辨率受天线长度

的限制。合成孔径微波雷达（SAR）的发明即是为了克服这一缺点。SAR 通过使用平台的向前运动合成或虚拟地产生非常长的天线，以将相对短的真实天线携带到沿着飞行线的连续位置。通过利用雷达信号的相干性来模拟较长的天线。如果传感器以速度 v 移动并且具有天线长度 L，则表面上形成的主波束足印具有特征长度

$$l = \frac{2\lambda h}{L} \tag{9.10}$$

只要给定地面中的目标点在视场范围内，那么，目标所接收的数据就能够通过数据积累进行获取（图 9.11）。

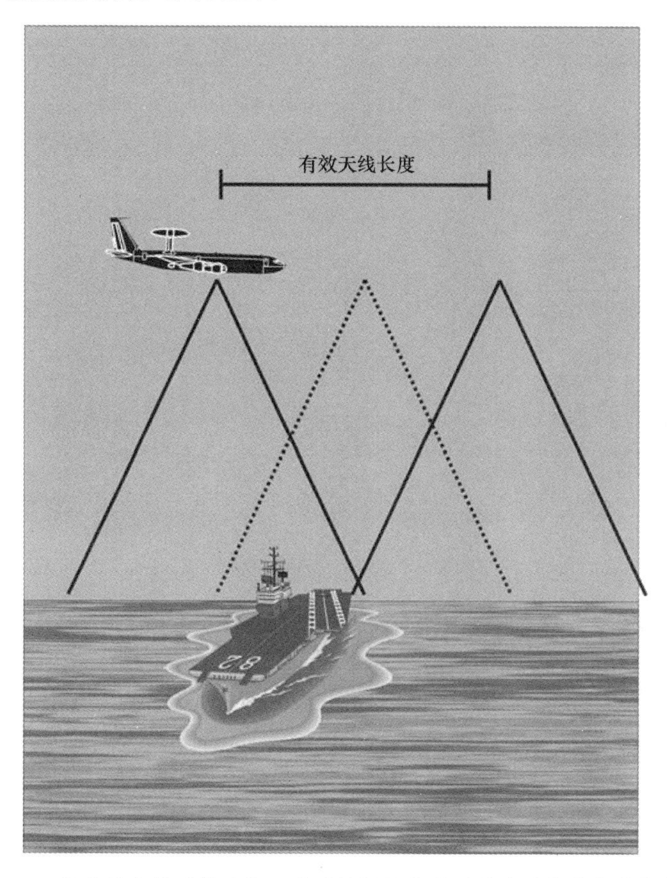

图 9.11　微波雷达所照射的船只的时间间隔取决于雷达的高度和波束宽度

对于在观测过程中所产生的合成波束对应的视场角为

$$\theta_s = \frac{\lambda}{l} = \frac{L}{2h} \tag{9.11}$$

并且在地面上产生的阵列足印的大小为

$$R_a = h\theta_s = \frac{L}{2} \tag{9.12}$$

由于采用了较小的天线（较小的 L 值）而形成超乎想象的结果，在成像过程中，目标物体将在光束覆盖的区域中停留较长的时间。对象被照亮的时间段随着范围的增加而增加，因此方位角分辨率与范围无关。

本节中针对“扫描模式”的SAR的讨论是正确的，其中天线的方位角度是固定的。如果天线以特定的方式进行了旋转（物理方式旋转或者电磁场方式旋转），连续照射目标，得到第三个结果（图9.12）。在聚焦照射模式下，微波雷达能量从目标返回一个由操作员定义的间隔，模拟任意大的天线阵列。例如，如果航天飞机雷达照射目标10s，则有效天线长度约为75km，即

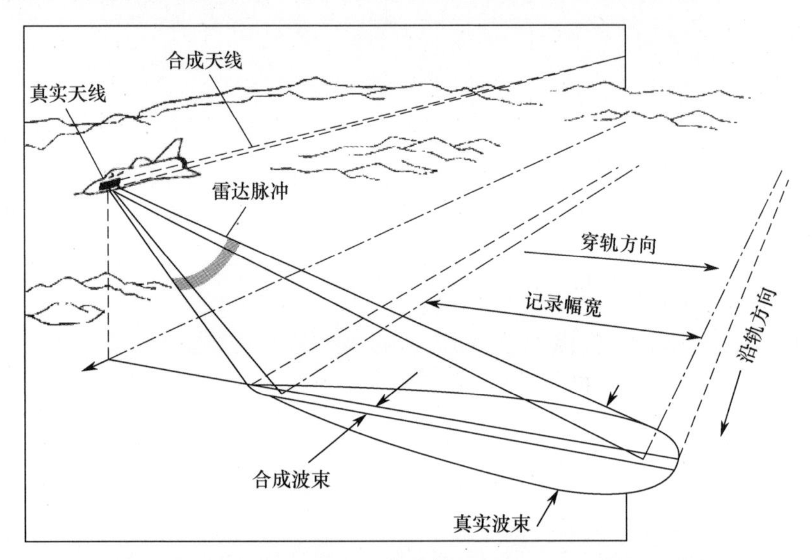

图9.12　合成天线的长度与范围成正比：随着跨越轨道距离的增加，天线长度也增加。无论如何，此行为都会生成具有恒定宽度的合成光束扫描模式SAR的范围。经洛克希德·马丁公司（Goodyear Aerospace Corp.原创）许可转载

$$R_a = \frac{\lambda}{L_{\text{eff}}} h$$

其中

$$L_{\text{eff}} = v_{\text{platform}} \cdot T_{\text{observe}} \tag{9.13}$$

在处理过程中，则通过分析由地形对象和平台之间的相对运动引起的回波中的位置相关的频率变化或移位确定方位角细节信息。为此，SAR系统必须从多个天线位置中的每个位置解算地面特征的复杂回波历史。例如，如果单个地面特征是孤立且离散的，那么，就会随着平台的前向移动而产生一系列的频率

调制。

（1）该功能进入平台前方的光束，其回波信号被调制到更高的载波频率（正多普勒）。

（2）当平台垂直于目标特征的位置时，回波信号当中没有频率的调制（对应为零多普勒）。

（3）随着平台运动移动远离目标位置时，回声信号的频率相较于发射信号的频率会有所降低（负多普勒）。

然后，通过电子比较获得多普勒频移信息来自给定特征的反射信号与参考信号包含相同频率的发射脉冲。输出信号称为相位历史，它包含多普勒频率的记录变化加上每个地面特征的返回信号幅度穿过移动天线的光束。这样做的结果使移动的物体看起来会沿着轨道方向移动。

9.3　雷达散射截面 σ 和极化偏振

从原理上来讲，目标反射能量的信号强度大小是由目标的散射截面决定的，目标的有效面积是收到照射到目标上的波长调制的。实际上，目标的散射截面在很大程度上取决于目标的形状、材料和表面粗糙度。典型的理想目标是一个光滑的金属球体，其微波雷达散射截面刚好等于在光学衍射极限条件下的投影面积（πR^2），这里的光学衍射极限即入射到目标上的波长远小于目标的尺寸。在这种情况下，从目标球体的每一个方向反射或散射（各向同性散射）的信号能量是相等的。

无量纲形式对于某些应用是优先采用的。因此，假设入射在目标表面上的能量信号以各向同性的方式进行散射，那么，散射截面定义为后向散射能量与传感器将接收的能量之比，并且它是无量纲的。因此，后向散射截面以 dB（分贝）表示，由 σ =10log（能量比）给出。

测量到的散射截面 σ 取决于一些表面特性参数，主要对入射角和散射角有很强的依赖性。当散射角大于 30° 的情况下，表面散射主要受小尺度粗糙度的影响（小尺度与波长数量级相当）。这里说明一下点散射模型的情况，首先需要假设这些小散射体是符合朗伯分布（光学术语）的，并且表面粗糙度可以表达为

$$\sigma(\theta) \propto \cos^2\theta \tag{9.14}$$

这种朗伯模式遵循“粗糙度表面特性”，给出了人们可能获得的角度函数依赖类型的一些概念。如 Skolnick 所示，细节可能要复杂得多到目前为止。

目前，在该部分的讨论内容忽略了极化这个重要因素。微波雷达信号在传输过程中是被极化的，其具有两个归一化的分量，分别称为垂直分量（V）和

水平分量（H）。垂直分量意味着电矢量在入射平面内，水平分量意味着电矢量垂直于入射平面。接收天线可以选择性地针对垂直分量或者水平分量进行回波信号接收，这样就可能针对回波信号产生了一个矩阵，该矩阵可以使散射截面 σ 变成一个张量函数，其表达式为

$$\boldsymbol{\sigma}=\begin{pmatrix}\sigma_{HH} & \sigma_{HV}\\ \sigma_{VH} & \sigma_{VV}\end{pmatrix}$$

每个张量元素的第一个下标是由发送信号状态决定的，第二个下标是由接收状态决定的。散射矩阵的这 4 个复变量（幅度和相位）包含了许多信息量，远远超过了从光学系统中获得的信息。一般而言，沿极化方向排列的散射体会产生更强的回波信号，粗糙的表面会产生交叉项。水在交叉项中几乎为零散射，而植被则给出相对较大的交叉项。

9.4 雷达距离方程

如果不考虑雷达距离方程，就不能完成对雷达的讨论。雷达探测目标的能力取决于发射功率、探测距离、目标的雷达散射截面和天线增益（面积）。对于完全照射目标的情况，探测能力随着 R^{-2} 的降低而降低，与返回信号的 R^{-2} 因子相结合，就会对探测能力产生 R^{-4} 的影响。最后得到的雷达方程为

$$\begin{aligned}P_{\text{received}}&=P_{\text{transmitted}}\cdot\frac{G_{\text{antenna}}}{4\pi R_{\text{range}}^2}\boldsymbol{\sigma}\frac{A_{\text{antenna}}}{4\pi R_{\text{range}}^2}\\&=P_{\text{transmitted}}\cdot\left(\frac{1}{4\pi R_{\text{range}}^2}\right)^2 G_{\text{antenna}}A_{\text{antenna}}\boldsymbol{\sigma}\end{aligned}$$

式中：P_{received} 为接收功率；$P_{\text{transmitted}}$ 为发射功率；$\boldsymbol{\sigma}$ 为雷达横截面（区域）；A_{antenna} 为天线面积；G_{antenna} 为天线增益（无量纲单位但与天线面积成比例）。

天线增益中包含了许多物理术语，而散射截面并没有在这里进行阐述。天线增益正比于天线接收面积，而与波长的平方成反比（由于光束图案），并且是无量纲的单位。

天线的最大增益由天线面积 A 和波长共同决定，即

$$G_{\text{antenna}}=\frac{4\pi A}{\lambda^2}$$

该表达式代表了光束类型（如前面图 9.8 和图 9.9 中的瑞利模式所示）。与各向同性辐射器观察到的相比，它近似于给定天线的目标上的能量比。

设计的范围方程有许多变化强调范围方程的不同对称元素，特别是关于天

线增益。这里选择该形式以强调空间系统的限制因素之一，特别是信号在范围上的 R^{-4} 依赖性。这种依赖性是雷达卫星高度的一个相当有效的限制。

9.5　波长

雷达波长的选择根据系统的目标而变化。表 9.1 列出了成像雷达系统的大多数标准波长范围和名称。波长的变化影响成像系统的行为和性能，较短的波长具有更高空间分辨率探测能力。当然，一般来说，微波雷达信号可以穿透云层、烟雾、雨水和雾霾。对于雨水渗透存在一定的波长依赖性，15cm 波长和更长波长（2GHz 及以下）在雨水中传输不是问题。在 5GHz（6cm）处，可以看到明显的雨影。在 36GHz（0.8cm）时，适度的降雨率会导致严重的衰减。波长越长，叶片穿透力越强。较短波长（X 和 C 波段）主要与表面相互作用，而较长波长（L 和 P 波段）穿透森林树冠土壤。目前，这一代操作雷达系统主要在 X、C 和 L 波段工作。Ku 和 P 波段主要用于机载空中系统。

表 9.1　微波雷达的典型波长带宽

带宽	波长/cm	频率/GHz
Ka（0.86cm）	0.8～1.1	40.0～26.5
K	1.1～1.7	26.5～18.0
Ku	1.7～2.4	18.0～12.5
X（3.0 和 3.2cm）	2.4～3.8	12.5～8.0
C	3.8～7.5	8.0～4.0
S	7.5～15.0	4.0～2.0
L（23.5 和 25cm）	15.0～30.0	2.0～1.0
P	30.0～100.0	1.0～0.3

9.6　SAR 图像元素

根据雷达截面，雷达回波的强度在场景内变化，如 9.3 节所述。形成 SAR 图像的其他基本要素是折射率（介电常数）和表面粗糙度。

9.6.1　介电常数：土壤湿度

雷达回波的幅度很大程度上取决于表面材料的介电常数（联想正常光学系统中的折射率，$n=\sqrt{\varepsilon_r}$，折射率随相对介电常数的平方根而变化）。当表面材料从绝缘体到导体时，雷达回波会发生很大变化，其介电常数显示为虚部 ε''（图 9.13），说明土壤湿度增加了假想项，导致雷达能量的吸收增加。这种变化的波长依赖性意味着更高的频率（更短波长）受到的影响更大。因此，较低的频率可以更好地穿透地面和树叶。

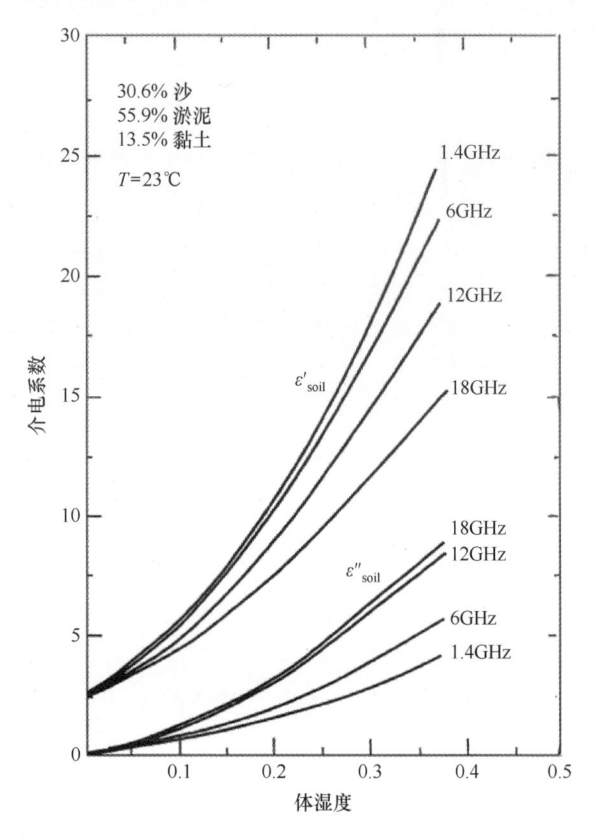

图 9.13　粉质壤土混合物介电常数的 e' 和 e'' 组成部分，作为含水量的函数。吸收随含水量的增加而增加，反射（散射）随 e' 的增加而增加。经过 Ulaby 等允许转载 2006

后向散射对照明区域的介电特性（包括含水量）也很敏感。较潮湿的物体会显得明亮，较干燥的物体会显得较暗。光滑的水体是一个例外，它将作为一个平坦的表面，并反射来自绘图区域的输入脉冲，这些部分会显得很暗（作为参考，微波炉的工作标称频率为 2.45GHz，或波长约为 12cm）。

在各种沙漠观测中，雷达穿透干燥土壤的能力是显而易见的。图 9.14 描绘了撒哈拉沙漠东部的古河床。位于苏丹西北部的 Selima Sand Sheet 地区，从撒哈拉沙漠上的航天飞机成像雷达（SIR-A）任务开始的 50km 宽的路径叠加在同一地区的 Landsat 图像上，雷达穿透沙漠下方 1～4 米处露出地下在 Landsat 图像上看不见的史前河流系统。土壤必须非常干燥（含水量低于 1%），并且细粒度（与雷达波长相比较小）均匀。这一想法遵循了 Charles Elachi 在 1975 年提出的建议。

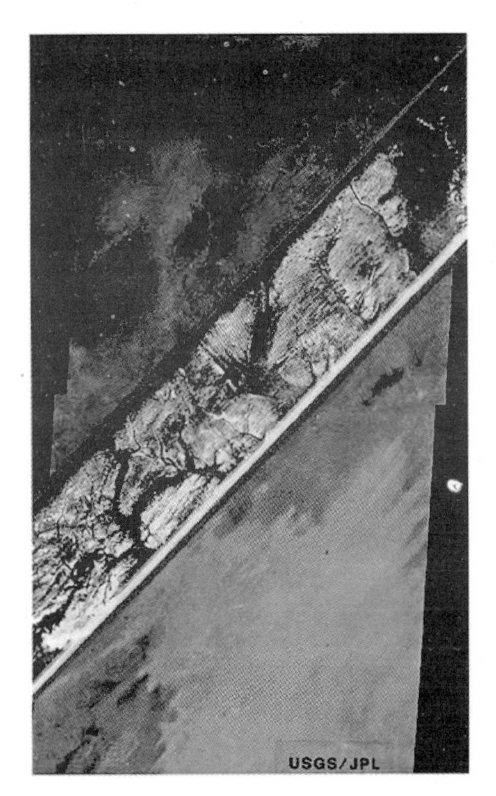

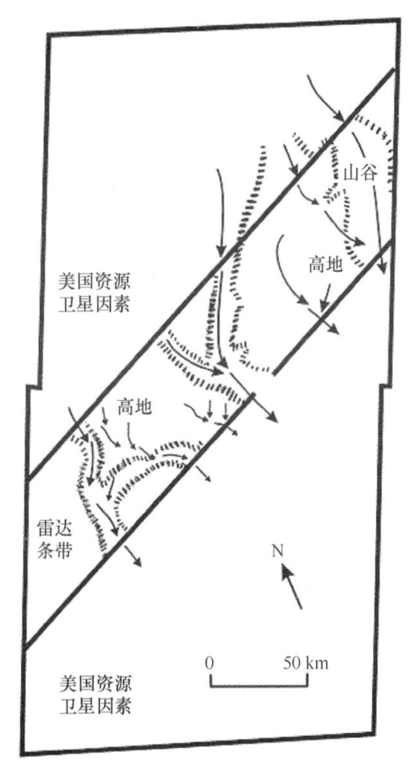

图 9.14　SIR-A 对地下地质构造的观测。斜条纹是 SIR-A 数据，橙色背景是 Landsat（可见）图像。Victor R. Baker 和 Charles Elachi 的作品（见彩插）

9.6.2　粗糙度

表面粗糙度的影响如图 9.15 所示。该图略有示意，但它强调了雷达回波随

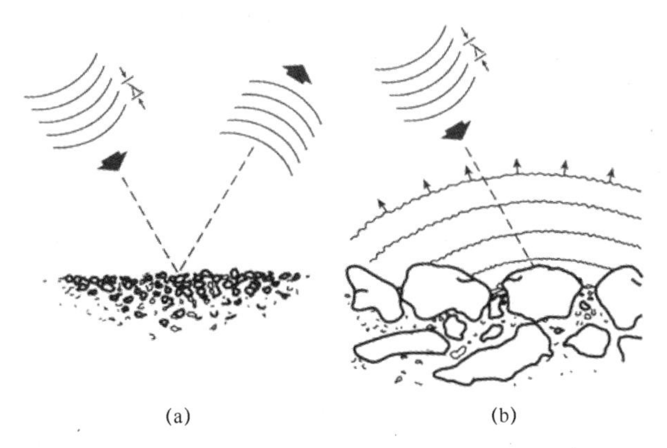

图 9.15　粗糙和平滑的概念必须考虑辐射的波长。经洛克希德·马丁公司（Goodyear Aerospace Corp.原创）许可转载

角度和表面粗糙度的变化。粗糙度与波长有关，因此“平滑”表示像混凝土墙（如文物）的表面，而“粗糙”表示像植物一样的东西。

雷达成像的经验法则是图像上的反向散射越亮，被成像的表面越粗糙。在雷达图像中，反射很少或没有微波能量的平坦表面看起来很暗。植被在大多数雷达波长范围内通常是中等粗糙的，并且在雷达图像中呈灰色或浅灰色。倾向于雷达的表面将比倾斜的表面具有更强的反向散射。

9.6.3 四面体/角落反射器：主要效果

硬目标即大多数合成伪像，通常具有尖角和平坦表面等特征。这些功能产生极其明亮的回报，通常会使 SAR 系统产生的图像饱和。死亡谷上空的 SIR-C 飞行包括带有后向反射器的校准序列，其特征在于将所有入射辐射返回到入射方向，也就是说，它们几乎是完美的反射器。图 9.16 显示了在线图中呈现的一些 SIR-C 观测值。在 SAR 图像中，这些观察结果相对应平坦的背景下的一个小白点。

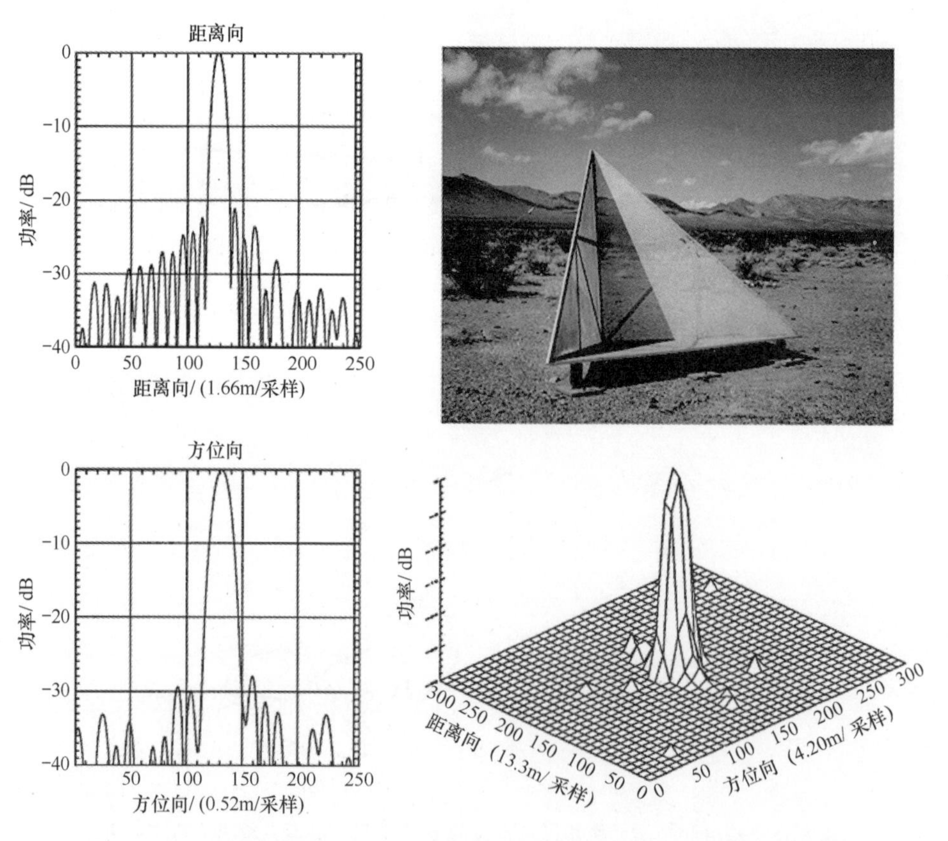

图 9.16　SAR 脉冲特性响应曲线，对应于 NASA 拍摄死亡谷地区的角反射镜

在这里展示的校准实验中利用的概念在城市地区的图像中再次变得明显，其中基数效应导致来自城市区域的部分非常明亮的回报。图 9.17 显示了洛杉矶 SIR-C 图像的主要效果。

图 9.17　1994 年 10 月 3 日加利福尼亚州洛杉矶的 SIR-C/X-SAR 图像。显示穿梭成像雷达数据：C 波段/ HV（红色）、C 波段/HH（绿色）和 L 波段/HH（蓝色）。顶部的大青色区域是圣费尔南多市，以 5 号和 210 号州际为界，街道与这些高速公路基本平行且垂直。反过来，它们大致平行于 STS-68 飞行线，因为航天飞机沿对角线穿过场景向东飞行（这里向北朝上）。以类似的方式，圣莫尼卡市以该地区海岸线所定义的方向为导向。建筑物在 4 个“基数”方向上起到角反射器的作用，并在共极化的 C 波段和 L 波段数据中提供强大的回报。红色区域，圣莫尼卡最明显的 NW，由粗糙表面和植被引起的多次散射以及相对较高的能量进入交叉极化接收器（9.2 节中的 SVH）定义（见彩插）

9.7　问题

1．对于聚光模式 SAR 系统，方位分辨率可以是多少使用 X 波段获得 10s 积分区间（假设 v=7.5km/s 并且取范围（海拔高度）为 800km）？

2．1D 孔径的电场幅度由下式给出

$$\text{intensity}=\left(\frac{\sin(kL\sin\theta/2)}{kL\sin\theta/2}\right)^2$$

参见附录 1 的推导。然后，该等式的零点定义波束图案，如图 9.18 所示。将此功能绘制为 L 波段天线（1～24cm）。将天线长度设为 15m（L=15m，k=（2π）/λ=（2π）/0.23m），绘制 θ=0～5rad（3°）的角度范围。θ 取什么值时，出现前几个 0 值？

3．对于图 9.11 所示的情况，航天飞机处于 222km 高度，天线（航天飞机）姿态为 27.1°。27.1°±3° 角度范围（从最低点测量）对应的范围是多少？

4．在 SIR-B 飞行期间，观测结果如图 9.8～图 9.10 中所示类似，绘制了如图 9.8～图 9.10。图 9.18 显示了作为时间函数的强度，给定车速为 7.5km/s 时，将此处显示的时间变化转换为以度为单位的波束宽度。波长为 23.5cm，局部入射角为 31°（入射角从垂直方向向下测量）。附加信息如表 9.2 所列。这种天线方向图所暗示的天线长度是多少？

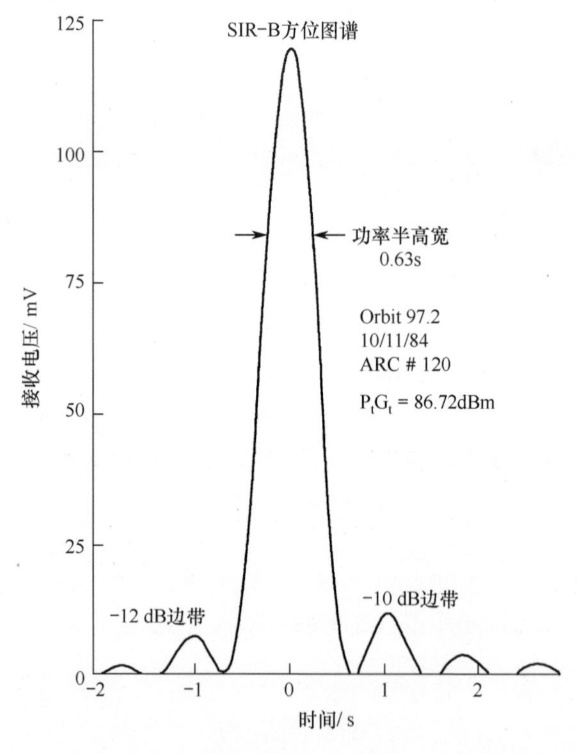

图 9.18　SIR-B 方位（沿航迹）天线图。图像经过 Dobson 等人许可转载，“SIR-B 图像的外部校准” IEEE TGRS（1986 年 7 月）

表 9.2　SIR-B 卫星发射参数

飞船轨道姿态	(360，257)，224km
飞船轨道倾角	57°
发射时长	8.3 天
雷达频率	1.275GHz（L 波段）
雷达波长	23.5cm
系统带宽	12MHz
距离分辨率	58～16m
方位分辨率	20～30m（4 个观测方向）
幅宽	20～40km
天线尺寸	10.7m×2.16m
天线观测视角	15～65°（垂直方向）
偏振态	HH
发射脉冲宽度	30.4μs
最小峰值功率	1.12kW

5．为什么雷达卫星在地球静止轨道上工作是不可行的？

6. 在假设所有其他参数保持不变的情况下，根据表 9.2 的 SIR-B 参数外推，估计在一个地球半径高度上运行的雷达卫星所需的功率。

7．估算高度为一个地球半径的雷达卫星所需的成像时间，以获得 1m 的方位角分辨率，假设倾斜角为 45°，请问卫星在这段时间飞行了多远？（提示：它的移动速度低于 7.5km/s）。

8．日本卫星 ALOS（图 9.19）携带 L 波段（23.6cm）PALSAR 雷达系统。天线的二维尺寸大小为 3.1×8.9m（长尺寸为沿轨方向）。当卫星高度为 570km，入射角为 45° 时，估计投影椭圆的大小有多少？

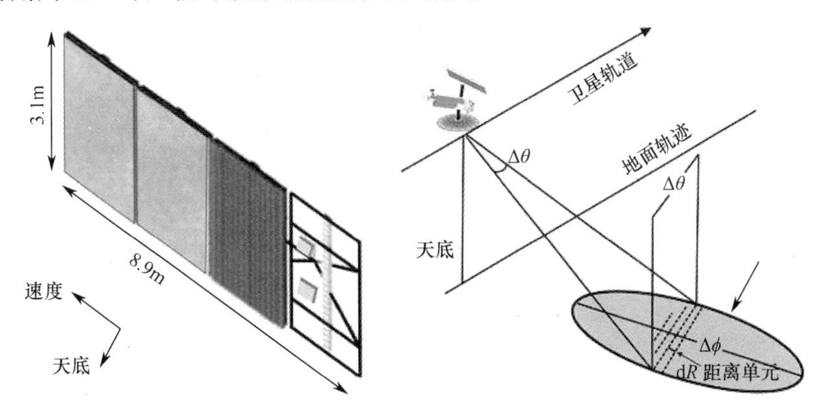

图 9.19　ALOS 尺寸和组成示意图

第 10 章　雷达系统及应用

雷达成像的基础知识已在上一章中进行了阐述。本章介绍了过去 20 年中使用的部分成像雷达系统，由它们测绘形成的成像产品类型以及利用干涉测量法的一些非文字分析技术。由于航天飞机成像雷达（SIR）是空间中唯一实现多个波长的系统，并且也是第一个提供多种偏振的系统，因此，本章首先阐述航天飞机成像雷达（图 10.1）。

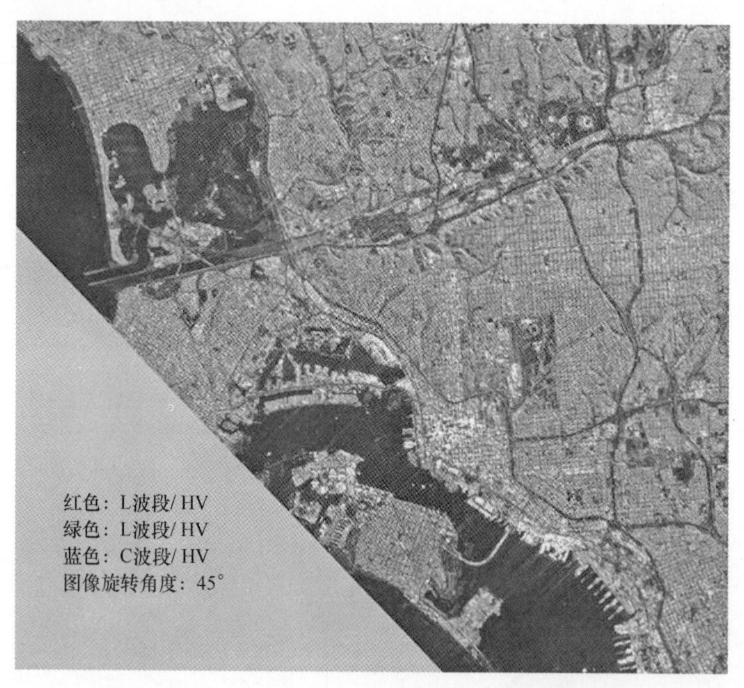

图 10.1　这些数据是 1994 年 10 月 3 日由 Endeav-our 航天飞机上的星载成像雷达 C / X 波段合成孔径雷达（SIR-C / X-SAR）采集的（图像 P48773）。此处的图像是整幅图像的一部分，已通过旋转使北方基本朝上。图中显示了 L 波段和 C 波段的数据。这里将两种不同的偏振探测结果组合在一起：水平方向发送/水平方向接收（HH）和水平方向发送/垂直方向接收（HV）

10.1　航天飞机成像雷达

经历过的 SIR 有 3 种版本（A、B 和 C）。1994 年，C 型有效载荷两次执行成像任务。SIR-C 发射任务是由“奋进”号轨道飞行器执行的，第一次的 SRL-1 于 1994 年 4 月 9 日至 20 日发射，代号是 STS-59。第二次的 SRL-2 于 1994 年 9 月 30 日至 10 月 11 日发射，代号是 STS-68。两次飞行都是在海拔高度 222km、倾斜 57° 的圆形轨道上进行的。SIR-C 包括 X 波段雷达、C 波段雷达和 L 波段雷达（图 10.2），并具有多种模式，包括全极化（VV、VH、HV 和 HH 极化）。SIR-C 在 2000 年 2 月 11 日（STS-99）进行了第三次航天飞机雷达地形任务（SRTM）。在 SRTM 飞行任务中获取了 C 波段数据和 X 波段数据。

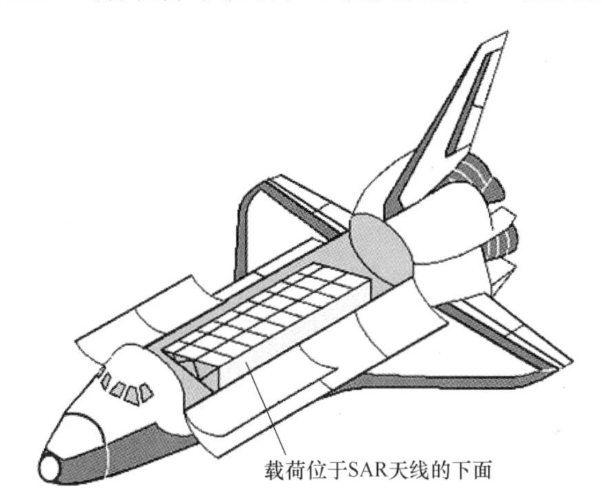

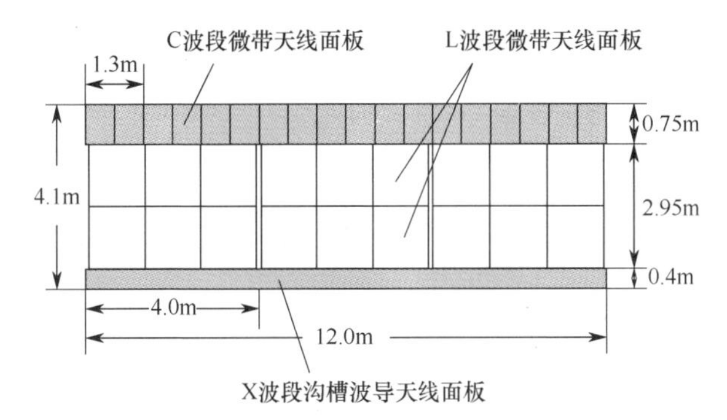

图 10.2　X、C 和 L 波段天线的长度均为 12m。在宽度上，X 波段（在图的底部）为 0.4m 宽，L 波段为 2.95m，C 波段面板为 0.75m。宽度值遵循与波长相同的比例（X : C : L=3 : 6 : 24）

不同传感器的空间分辨率是随着操作模式变化而发生变化的，但通常为10～25m，该分辨率对应的空间尺度为30～50km量级。混合型SIR-C / X-SAR有效载荷的质量（包括仪器、天线和电子设备）为10.5t，几乎填满了航天飞机的整个货舱，具体参数请参见表10.1。

表10.1 航天飞机成像雷达技术参数

参数	L频带天线	C频带天线	X频带天线
波长/cm	23.5	5.8	3.1
频率	1.250GHz	5.3GHz	9.6GHz
孔径长度	12.0m	12.0m	12.0m
孔径宽度	2.95m	0.75m	0.4m
结构	有源相控阵		缝隙波导
偏振态	H&V	H&V	H&V
天线增益	36.4dB	42.7dB	44.5dB
机械运动范围	N/A	N/A	±23°
电动运动范围	±20°	±20°	N/A
光束俯仰方向宽度	5°～16°	5°～16°	5.5°
光束水平方向宽度	1.0°	0.25°	0.14°
辐射峰值功率	4400W	1200W	3350W
质量	3300kg		49kg

显而易见，这些任务的数据量都很大。自1994年4月9日发射以来，SIR-C/X-SAR的STS-59任务在为期10天的任务中总共收集了65h的数据，对应着6600万km^2。所有数据都使用高密度数字旋转头磁带录音机存储在航天飞机上。数据已填充了166个数字磁带（类似于VCR磁带）。

任务共计返回了47TB的数据（47×1012bit）。当所有雷达运行工作时，它们每秒产生2.25亿bit的数据。原始数据使用JPL的数字SAR处理器以及德国和意大利为X-SAR数据开发的处理器将其处理成图像信息。

L和C波段SAR（图10.3）允许进行多频测量和多极化测量。可以在具有HH、VV、HV或VH极化的L波段和C波段生成并行图像。视角在20°～55°变化。L频段的数据速率为90Mbit/s，C频段的数据速率为90Mbit/s（总共4个V和H数据流，其中每个数据流的数据速率为45Mbit/s）。

德国X波段SAR由DARA/DLR和ASI提供。X-SAR仅使用垂直极化（VV）。视角（最低点）在15°～55°变化，数据速率依然是45Mbit/s。天线所照亮的地面是一个约60km×0.8km的椭圆形（海拔222km）。行波管（TWT）放大器以1736脉冲/s的速率发射峰值功率为3.35kW的脉冲信号。这些脉冲都是在脉冲长度为40μs内进行频率调制的（啁啾调制），其可编程带宽为

9.5MHz 或 19MHz。

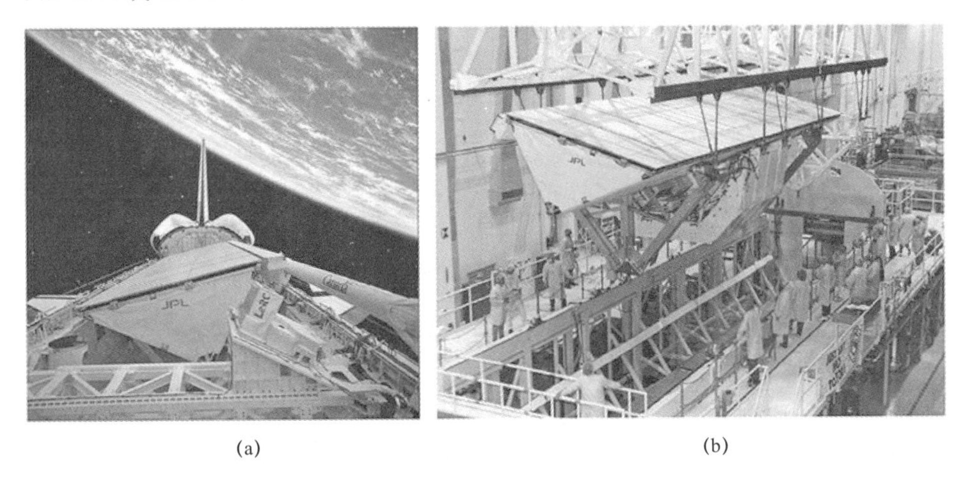

(a)　　(b)

图 10.3　电子控制相控阵 C 波段和 L 波段天线（a）。天线总长 4m×12m（b）。图片转载自 NASA.1

信号回波在数字化（4 位或 6 位）的相干接收机中被放大，并与辅助数据一起被记录下来。

来自 SIR-C 任务的数据在图 10.1 中采用该系统常用的复合图像技术进行了说明，3 种颜色用于表示不同的波长和偏振态。尽管通常难以表达清楚，但这些图对于说明这项技术依然很有用。不同的波长以不同的比例表示表面粗糙度（通常对应了与波长可比的空间结构）。对偏振的依赖性也是表面粗糙度和散射系数的函数。较粗糙的表面倾向于使返回的雷达信号功率去极化，因此，在交叉极化测量（如 HV）中相对较强。

10.2　土壤渗透率

雷达图像最吸引人的方面之一是其能够看到干燥的土壤（如沙漠）表面之下情况的能力。图 9.15 显示了早期航天飞机的观测结果。图 10.4 显示了航天飞机“奋进”号于 1994 年 10 月 4 日在北非撒哈拉沙漠地区拍摄的图像。该区域位于利比亚东南部的 Kufra 绿洲附近，以北纬 23.3°、东经 22.9° 为中心。

这张 SIR-C 图像揭示了一个古老并且现已不活动的溪谷系统，称为“古排水系统”，在这里可以看到，两个较暗的图案在图的顶部聚集在一起。在潮湿的气候时期，这些山谷引导着水流，穿过撒哈拉沙漠一直引向北方。该地区现在非常干旱，每年只有几毫米的降雨量，山谷现在是干燥的“干谷”或河道，其中大部分被风沙所掩埋。在执行 SIR-C 任务之前，该古排水系统的西分支称为

Kufra 干谷（位于图像左侧的暗通道），已对其进行了描述。Kufra 干谷较宽的东分支，从图像的上部中心一直延伸到图像的右边缘，直到 SIR-C 成像雷达仪器能够在此处观察到该特征之前才是未知的。东部支流至少有 5km 宽，近 100km 长，并且该支流的沙子可能只有几米深。

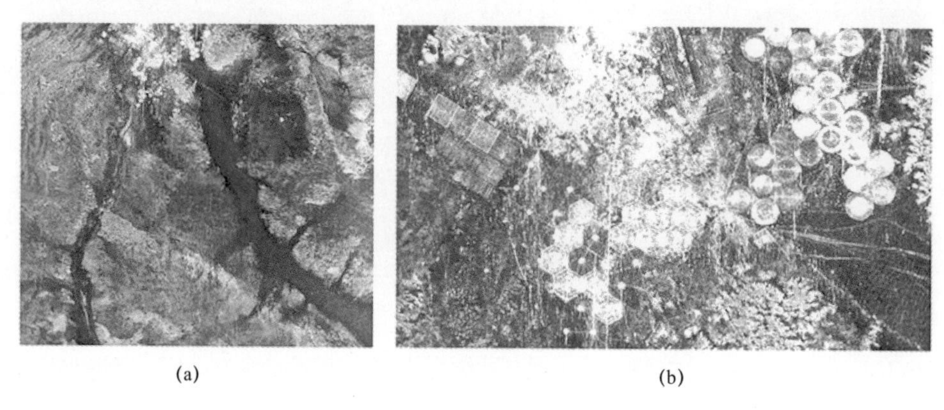

(a) (b)

图 10.4　北非撒哈拉沙漠的 JPL 图像 PIA01310（a）以及 Kufra 绿洲的放大图（b）。在这些图像中，北朝向左上方。红色为 L 波段，水平发送和接收。蓝色是水平发送和接收的 C 波段。绿色是两个 HH 频段的平均值。由于介电常数增加，雷达上灌溉良好的土壤非常明亮，如图 9.14 所示（见彩插）

Kufra 干谷的两个分支在 Kufra 绿洲汇合，位于图 10.3（b）顶部的圆形场簇中。Kufra 的农场依赖 Nubian 含水层系统的灌溉水。古排水结构表明，绿洲的供水是来源于间歇性径流和旧河道中地下水运动。

10.3　海洋表面和运输

10.3.1　SIR-C：浮油和内部波浪

雷达在海上的应用包括船舶探测和浮油探测。图 10.5 显示了雷达对水面抗干扰的敏感性，尽管水对雷达信号能量的反射不够强，但这种敏感性也比较明显。通常，较小的风波（超过 3～4m/s）就会产生雷达回波信号。这些小信号的回波幅度取决于风速大小和水的表面张力大小，水的表面张力会因油的作用而略微改变。如图 10.5 所示，这一变化使回波发生充分改变后而产生了特殊的信号。水温还影响了不同波长下回波的相对幅度大小。

图 10.5 是位于印度孟买西面约 150km 处阿拉伯海域的一个海上钻井场的雷达图像。黑色条纹是围绕在许多钻井平台周围的大量浮油，其显示为白色斑点状。较窄的条纹代表的是最近的泄漏情况。随着时间的流逝，扩散区域已经

逐步扩大。最终，浮油层可能会薄到一个分子的厚度。浮油可能是由于自然海床以及人为造成的渗漏所致。

图 10.5　NASA / JPL PIA01803，拍摄于 1994 年 10 月 9 日。该图像位于北 19.25° 和东 71.34° ，覆盖 20km×45km（12.4mile×27.9mile）。互补色方案：黄色区域在 L 波段反射相对较高的能量，蓝色区域在 C 波段反射相对较高的反射率。在 VV 极化中都观察到了两个波段（见彩插）

在此图中显示了两种形式的海浪。主要的大波浪（右中）是在热水和冷水层之间的边界处的表面下方形成的内部波。由于修改表面的方式，使它们出现在雷达图像中。这些波的特征波长为 200～1600m。

10.3.2　RADARSAT：船舶探测

加拿大 RADARSAT 系统使用 C 波段合成孔径雷达（5.4GHz）。RADARSAT-1 仅限于 HH 方向偏振。RADARSAT-2 于 2007 年 12 月 14 日发射升空，实现的分辨率高达 2m（原称 1×3m）。后一种系统具备多种偏振选项，包括全偏振模式（VV、VH、HH），其空间分辨率可达 10m。

两者均处于轨道高度 798km、轨道倾角 98.6° 和轨道周期 100.7min 太阳同步（黎明至黄昏）圆形轨道。该轨道允许用户在同一本地时间可以重复观测场景，并且在 18:00 处的上升节点将数据下行传输到地面站时，将冲突最小化。这是雷达卫星所采用的常见轨道，因为它简化了太阳阵列指向的维护并且具有最大的功率源（无蚀间隔），尽可能精确地维持圆形轨道，以保持成像过程中的可重复性。图 1.19 显示了圣地亚哥港的 RADARSAT-2 影像。图 10.6 是新加坡海港的图像，显示了类似的海上焦点。货船的插图显示了船舶识别的初步效果。

图 10.6 中显示的 RADARSAT-2 数据提供了船舶探测的示例。1～3m 的空间分辨率当然可以进行船舶检测，并且在某种程度上可以进行船舶识别。沿着

船身方向上的构型能够反映船的结构（起重机等）和甲板上的集装箱。

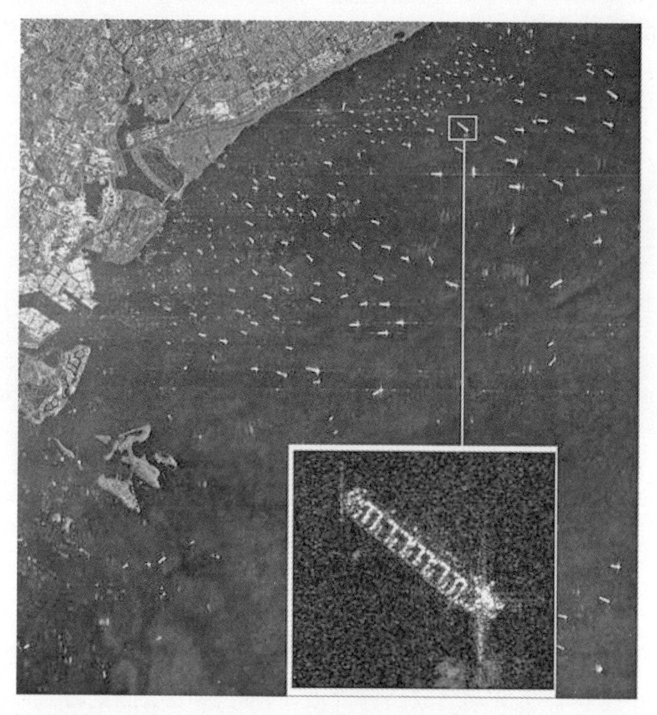

图 10.6　2009 年 5 月 5 日 22：46：33Z，新加坡附近的 RADARSAT-2 在 HH 极化下拍摄的超精细（2m 像素）舰船探测图像。场景中心为 1° 40 5100 N，103° 520 13.700E。RADARSAT-2 数据©加拿大航天局 2009。加拿大遥感中心，RADARSAT International 处理和分发的数据

10.3.3　TerraSar-X：直布罗陀海峡

德国 TerraSAR-X 系统于 2007 年 6 月 15 日发射，并迅速成为民用领域中空间分辨率最高的雷达系统。它提供了一个常规的高空间分辨率“聚光灯模式”，具有 1m 的空间分辨率以及各种较低的空间分辨率模式，以便在更大范围的区域收集数据（如 18m 分辨率，区域范围为 100km×150km）。在此之前一两年，因为国际上对影像分辨率限制的提高，该系统已开始以 25cm 的模式收集数据，覆盖范围为 4km×3.7km。在图 1.20 和图 10.7 中给出了这种更高分辨率的图示。与 RADARSAT-2 一样，可以使用不同的偏振态，而空间分辨率与偏振态模式相关，并且该系统也处于晨昏轨道，对应的轨道高度在 512～530km。同一轨道的正式重访时间为 11 天，但变轨后，可以每 2.5 天收集一次数据。

图 10.7 显示了直布罗陀海峡的 TerraSAR-X 数据。左侧的大部分场景描绘了西班牙的南端、直布罗陀海峡和非洲（摩洛哥）的北端。在水域中，不计其数的亮点代表着船只，显示出了该海峡的繁忙交通情况。在非洲西北部的水域

中，出现了“风尾流”的现象。只有几艘船可以看到尾迹现象。在右侧，显示了海峡中一艘船的放大视图，其中尾流在船下方。船与尾流之间的偏移量是船相对于卫星的速度方向的偏移。在此图中，船以 5～10m/s 的速度移动，使得这个位移达到数十米。

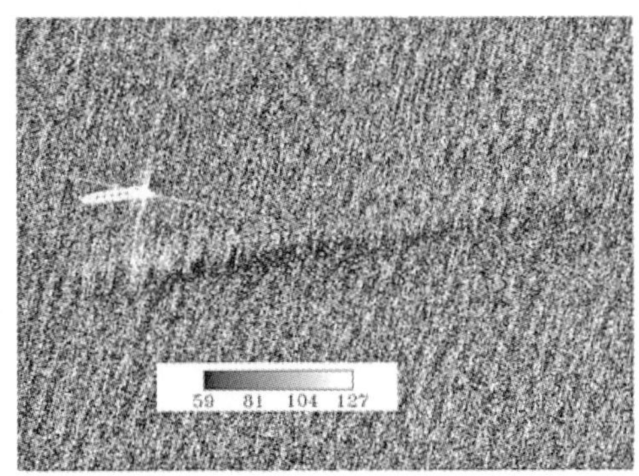

图 10.7　2008 年 5 月 12 日在 T06：30：00 Z 处以下降模式（Strip-Mode，HH，GSD—1～3m）采集的 TerraSAR-X 数据。对数缩放数据以稍微扩展动态范围。在右边的船舶尾迹图示中，尾迹中的平均 DN 为 40，相邻水域的平均值为 70，因此，存在可以检测并用于船舶检测的相当大的差异。将此图与图 8.10 中所示的尾流的热信号进行比较

10.3.4　ERS-1：船尾和多普勒效应

这里使用欧洲雷达卫星（ERS）的插图给出了第三个船尾插图。图 10.7 显示了船只和尾流的示意图。在该图中，由于雷达图像处理中的伪影未能正确解释多普勒效应，船只与尾流出现了错位现象。图 10.8 显示了 ERS 观察到的两艘船及其尾流情况。船与尾流之间的位移可以显示出它们的移动速度。船速可通过以下公式估算，即

$$V_{\text{ship}} = V_{\text{sat}} \frac{\Delta x}{R\cos\varphi} \tag{10.1}$$

式中：V_{ship} 为船舶的速度；V_{sat} 为卫星的轨道速度；Δx 为船舶从其尾流后的位移；R 为倾斜距离；φ 为船舶速度矢量方向与 SAR 视线方向之间的夹角（如果目标运动方向和卫星运动方向平行，则这个角度就自然变成了零度）。测得的速度分量和观测到的位移实际上是在卫星运动的沿轨方向上。

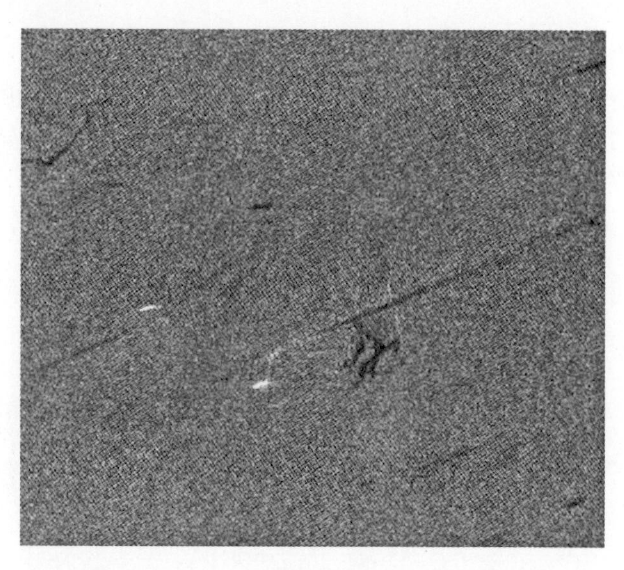

图 10.8　ERS-2 SAR 图像显示了两艘正在移动的船只及其尾流。左边的船，速度估计为 6m/s。对于右边的船，可以观察到湍流的尾流、开尔文包络线和横波。它的速度估计约为 12.5m/s。ERS-2：1996 年 4 月 3 日 03:29:29；入射角：23°；纬度/经度+ 01.64 / 102.69；VV 偏振

10.4　多时相影像：罗马

在图 10.9 运用了一种遥感技术，此技术特别适用于雷达影像处理。罗马和

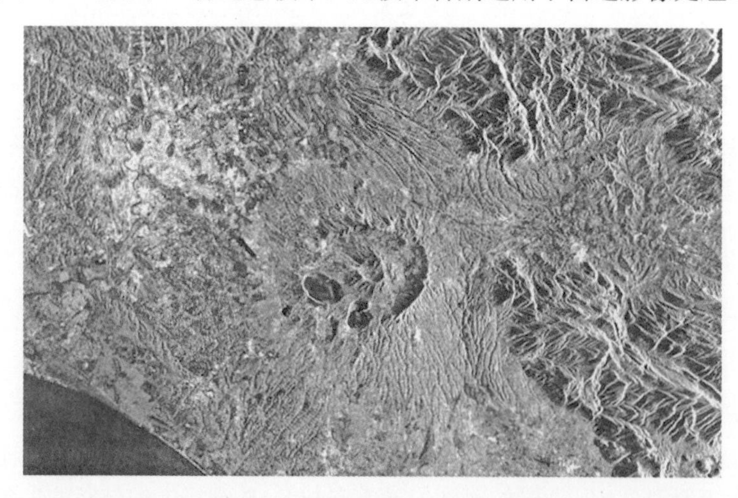

图 10.9　罗马的 ERS-1 多时相图像，入射角为 23°，空间分辨率为 30m，幅宽为 100km。编码了 3 个色带：绿色（1992 年 1 月 3 日）、蓝色（1992 年 3 月 6 日）和红色（1992 年 6 月 11 日）。图片©ESA，1995，Eurimage.发行的原始数据（见彩插）

位于其东南面的 Castelli Romani 丘陵的多时间图像通过颜色显示了洼地的农场以及丘陵的草地和森林的各种变化。然而，因为第一幅图像和最后一幅图像之间的时间间隔很短，城市的图像都显示为灰色，原因在于生成的图像是通过在一定范围内给定相同灰度值确定的 RGB 颜色，而不是通过颜色确定的。

10.5　桑迪亚 Ku 波段机载雷达：非常高的分辨率

通过一个机载传感器最终获取的两个图像表明，如果采用点模式进行成像的方法是可行的。由桑迪亚国家实验室开发研制的雷达能够在 2～15km 的范围内提供 1m 的分辨率。15GHz SAR 通常由 Sandia Twin Otter 飞机携带，但可以在中等大小的无人机上工作运行。如图 10.10 和图 10.11 所示的该 SAR 飞行过华盛顿特区所获得的数据，该数据覆盖了华盛顿特区大量的范围，然后是美国国会大厦的详细图像信息。

图 10.10　华盛顿特区，由 Sandia Ku 波段机载 SAR 成像

图 10.11　华盛顿特区的国会大厦

桑迪亚雷达的后续改进型号（2005 年 5 月）将分辨率提高到了 0.1m。机载系统的数据可与光学系统的图像相媲美，当然，在该分辨率下区域覆盖范围受到了一定限制。

10.6　雷达干涉仪

雷达干涉测量法是通过研究由两组雷达信号叠加而产生的干涉图案的技术。除了产生文字图像之外，此技术还为 SAR 数据提供了许多强大的附加用途。两个更重要的应用领域是地形图像摄影和变化检测领域。两者都利用了 SAR 图像同时包含幅度和相位信息的基本原理。

10.6.1　相干变化检测

干涉式合成孔径雷达（IFSAR）之所以可行的关键特性是信号的相干性以及能够同时记录回波信号的相位与幅度信息的能力。如图 10.12 部分内容所示，这些因素使按顺序拍摄的雷达图像不仅可以在强度上也可以在相位上进行比较。在图 10.12 的顶部显示了前后两幅带树运动场的图像，这两幅图像似乎是

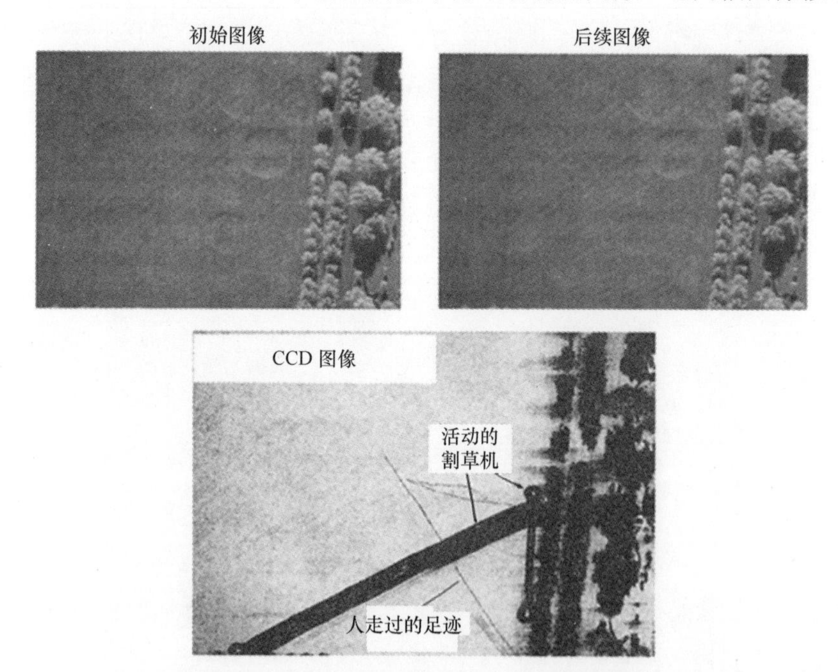

图 10.12　在 Hardin 阅兵场上，原始参考合成孔径雷达活动前后的相干变化检测（CCD）图，时间间隔为 20min。数据说明了人类足迹和割草机活动的检测和进展。消息来源：由桑迪亚国家实验室提供

一样的。底部图像显示了上方两个图像通过移动进行了很好的关联，这个方法与在第 6 章讨论滤波器时的核心算法不同。通常，这个方法会用到 3×3 或 5×5 的窗口。这一过程可以应用到一组简单的强度图像处理之中，但几乎很难被查看到。在考虑了相位信息之后，可以计算出对变化极其敏感混合相关性信息。在图 10.12 中，移动的树木在相位级别（几毫米到几厘米）上是不相关的，呈现出来的是黑色。草大部分是白色的，表明除了被修剪部位的草地外，其余部分的相关性很高。

相反，如果可以在感兴趣的空间尺度上获取一组几乎没有变化的图像，则绘制出地形图将成为可能。该过程已成为卫星和机载 SAR 系统最有用的技术之一。

10.6.2　地形图绘制

地形图图像绘制利用在具有一定适度的空间基线内（通常在千米数量级）和相对短的时间间隔上获取的多组图像。后者的定义是，在两次观察期间，场景会出现轻微的变化。对于诸如 ERS-1 和 2 以及 RADARSAT 之类的卫星，通常可以通过比较来自几乎相同轨道的卫星在几天之内彼此观测到的数据来获得这些条件。要获取这些图像信息就要求约束了这些卫星需要具有近圆形轨道的特点。

如图 10.13 所示的几何关系，目标 1 和 2 分别在两个独立的轨道卫星上进

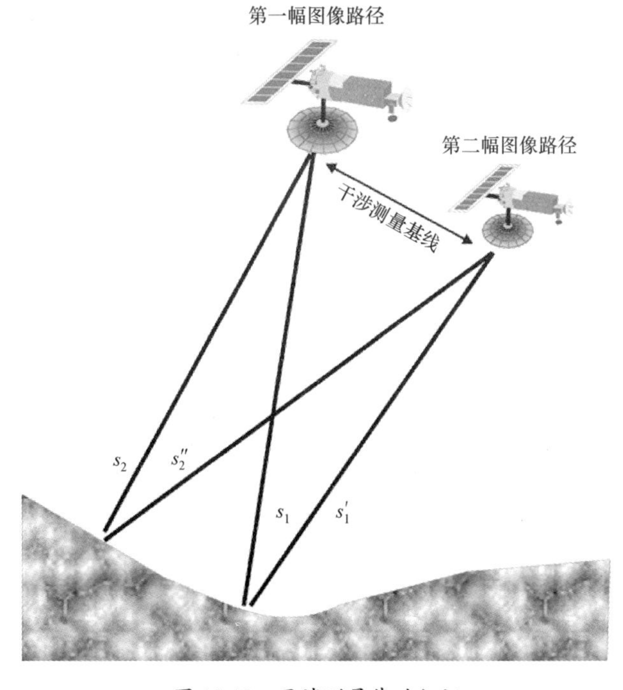

图 10.13　干涉测量基础知识

行成像。考虑到卫星间的位置偏移量（以此处表示为基线的距离），到目标的路径中将存在一定的相对差异（$s_2' - s_2 \neq s_1' - s_1$），该差异可以准确地确定到一个波长以内的尺度精度。相位的差异可以转换为高程差异。

图 10.14 展示的通过 1994 年 10 月 SIR-C 任务的相位差观测结果说明了这一概念。每天拍摄的复杂图像与由于仰角引起的差异高度相关。

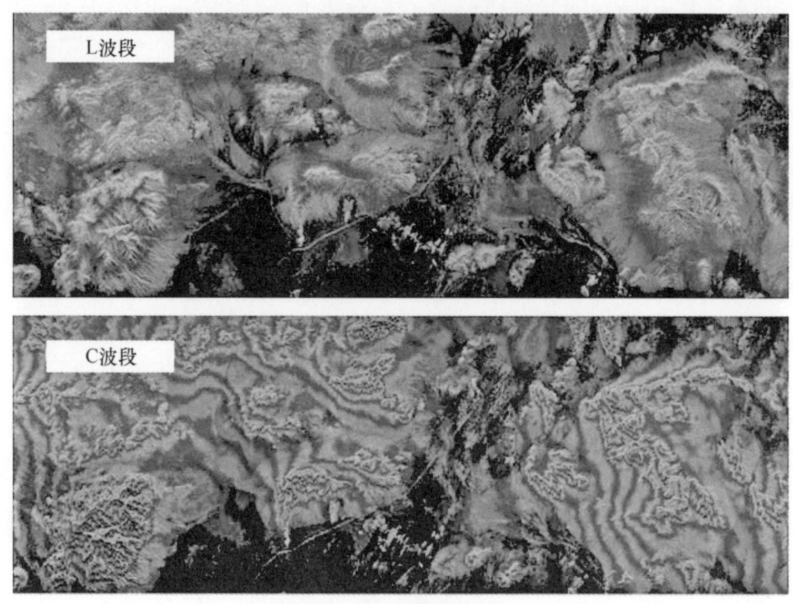

SIR-C的L、C波段干涉图
加利福尼亚欧文堡

图 10.14　这张位于加利福尼亚莫哈韦沙漠的欧文堡照片显示了 1994 年 10 月 7 日至 8 日由 SIR-C L 和 C 波段传感器拍摄的两个（复杂）SAR 图像之间的相位差。图像覆盖约 25km×70km。显示的颜色轮廓与地形标高成正比。对于给定的高度变化，波长为 L 波段 1/4 的 C 波段通过颜色轮廓的速度快了 4 倍。一个（C 波段）周期对应于与干涉式 SAR.14 卫星视线平行的 2.8cm 地面位移

按照时间先后顺序等间隔获取的多组干涉图像要求场景在观测值之间不发生任何重大变化，两个复杂的图像需要高度相关。在这里已经开发出一种技术，该技术可以用于同时拍摄出干涉图像。图 10.15 展示了航天飞机进行地形任务成像过程中的几何位置关系图。航天飞机的机架上安装了一个天线，在悬臂 60m 处还有第二个天线。由两个天线接收到的雷达能量信号形成了图像信息，最终通过计算两个复杂图像之间的差异来确定干涉相位信息。

图 10.15 说明了在不同高度层的地面要素将如何产生不同的雷达回波。每一个高度层上的目标到天线基线末端的距离差值的大小取决于目标的高度。对

于较高的目标（目标 2），对应的距离差大于较低的目标对应的距离差（目标 1）。因此，目标 2 的干涉相位大于目标 1 的干涉相位。在该图片中可以看出，随着雷达与目标的入射角（$\theta_1<\theta_2$）变大，微分距离也逐渐变大。干涉相位差 Φ 与入射角的变化量可以通过下面的近似精确公式得到，即

$$\Phi = 2\pi B \frac{\sin\theta}{\lambda} \tag{10.2}$$

式中：B 为基线长度；θ 为入射角度。相位 Φ 以 rad 为单位。可以对该方程进行修正，以从相位 Φ 并求解出 θ，从而得出地形高度为

$$\delta h = \frac{\lambda R}{2\pi L} \delta \Phi \tag{10.3}$$

式中：δh 为与相位 $\delta\Phi$ 变化有关的高度变化值。

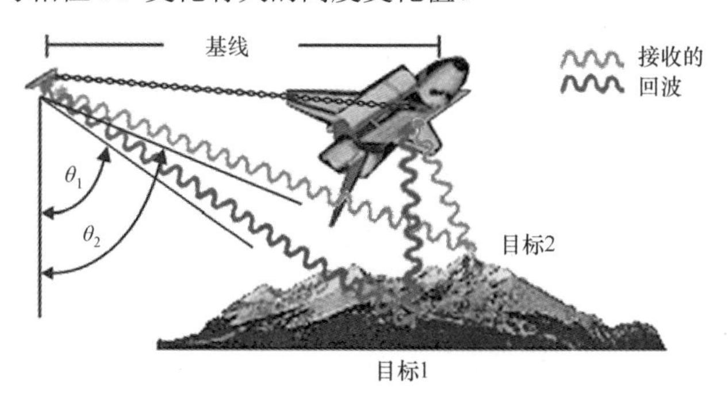

图 10.15　航天飞机的雷达地形任务的几何形状

对 SIR-C 系统参数进行简要说明：以基线为 60m，距离范围为 310km（海拔 222km，俯仰观测视角为 45°），波长为 6cm。对式（10.3）做一个假设，即天线方向垂直于地面。当假设不成立时，公式需要进一步修正。对于下一部分描述的 SRTM，垂直分辨率约 10m 对应于约 10° 的相位差，如

$$\delta h = \frac{\lambda R}{2\pi L} \delta \Phi \Rightarrow \delta \Phi = \frac{2\pi L}{\lambda R} \delta h$$

$$\delta \Phi = \frac{2\pi \cdot 60}{0.06 \times 310 \times 10^3} = 0.2\text{rad} \quad （或 11°）$$

10.7　穿梭雷达地形图任务

2000 年 2 月 11 日星期五，Endeavour 航天飞机在 1743Z 发射，SRTM 任务开始执行，在为期 11 天的任务内收集了大量惊人的数据。在 SIR-C 第三次飞行过程中，只使用了 C 波段和 X 波段系统。C 波段雷达（λ=5.6cm），幅宽 225km，

扫描了大约 80%的陆地表面（HH 和 VV）。德国的 X 波段雷达（λ=3cm，VV），幅宽 50km，能够获取比 C 波段的数据还要稍高的分辨率的地形图数据，但这些数据没有如 SRTM 一样实现近乎全球的覆盖。

值得关注的一些任务参数包括以下数据获取值。

（1）映射阶段的总时长为 222.4h。

（2）99.2h 的 C 波段工作状态（8.6TB）。

（3）90.6h 的 X 波段工作状态（3.7TB）。

（4）总数据 12.3TB。

10.7.1 任务设计

通常，上述内容阐述的干涉技术需要两个卫星或一个卫星在目标上进行多次扫描通过。在图 10.16 所描述的 SRTM 任务中，一种创新的方法将第二个天线部署在从有效载荷舱延伸 60m 的桅杆上，为该技术提供了足够的基线，并大大减少了与目标区域变化相关的问题，包括像树上吹来的风一样微妙的变化。这次飞行任务还非常有启发性地说明了卫星技术和航天飞机的独特能力。

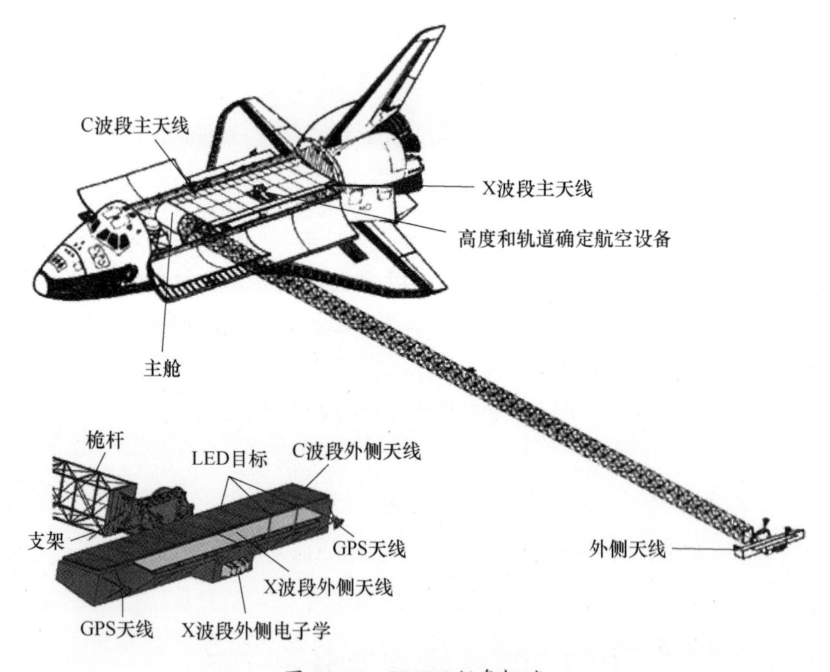

图 10.16 SRTM 任务概述

挑战在于该结构必须相对于航天飞机保持几乎完美的姿态。预期桅杆长度约有 1cm 的振动。相对于航天飞机的 1cm 无补偿顶杆运动将导致产生地球表面以上 60m 的高度误差。因此，需要知道桅杆相对于航天飞机的位置要优于 1mm。

图 10.17 和表 10.2 显示了用于 SRTM 任务的桅杆，这是由加利福尼亚州 Goleta 的 Able Engineering Company 制造的 Able Deployable Articated Mast（ADAM）。桅杆由一个桁架组成，该桁架包括 87 个称为海湾的立方体形截面。桁架对角线上的独特闩锁使该机构可以从桅杆罐中逐个展开到 60m（200 英尺）的长度。在 SRTM 发射和着陆阶段，桅杆罐存储着桅杆，最后缩回了桅杆。

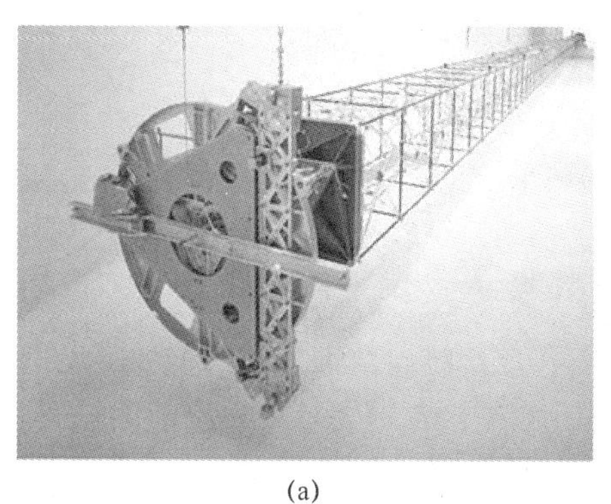

(a)

(b)

图 10.17 桅杆完全部署在 AEC 上（从尖端显示）(a)，以及在 ATK-Able Engineering Company，Inc.的罐中部署了前几个托架的桅杆（b）

表 10.2 航天飞机雷达地形任务桅杆

桅杆长度	60m
桅杆标称直径	1.12m 标称间隔
长翼宽度	79.25cm 标称
间隔长度	69.75cm
间隔数	87
载荷高度/间隔	1.59cm
载荷总高度	128cm

桅杆顶端支撑着一个 360kg 的天线结构，并且还在其长度方向上携带了 200kg 多股铜绞线、同轴电缆、光缆和推进器等。

这项非凡的技术按照预期进行了有效工作。如图 10.18 所示，桅杆部署成功。不幸的是，桅杆末端的姿态控制喷气机堵塞了，只有通过航天飞机宇航员进行大量的飞行，该系统才能获取有用的数据。以上问题减慢了数据分析过程，并且在一定程度上降低了产品的准确性。

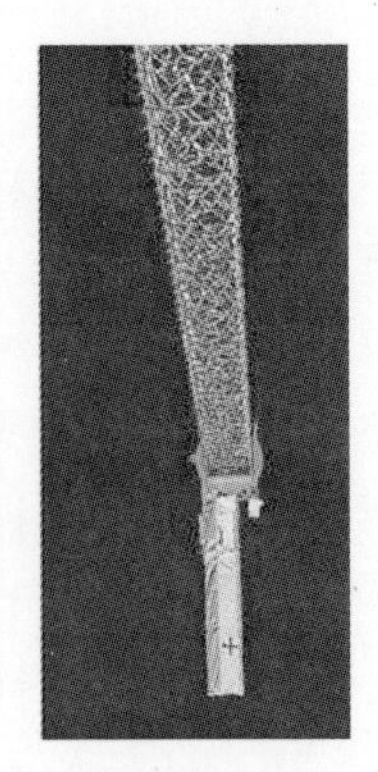

图 10.18 部署的 SRTM 天线杆。左图显示了绕轨道飞行器尾巴和桅杆周围的航天飞机辉光。这是由于高层大气中的原子氧与航天器和天线表面之间的相互作用

10.7.2 任务结果：2 级地形高度数据集（数字地形图）

2 级地形高度数据集包含了任务期间获取的 C 波段数据处理后的数字地形数据。2 级地形高度数据中的每一个位置信息代表了一个以 m 为单位的测量值，该测量值是相对于 WGS84 椭球表面的高度测量值（发布）。

绝对水平精度（90%圆形误差）为 20m。绝对垂直精度（90%线性误差）为 16m。对于从赤道到纬度为 50° 的数据，间隔为纬度 1″乘以经度 1″。在赤道处，这些间距约为 30m×30m。

图 10.19 说明了成像任务的一些产品。从已知的海拔高度（海平面）开始，

图 10.19 一些夏威夷群岛的 DEMS。该图转载自
http://photojournal.jpl.nasa.gov/catalog/PIA02723

通过展开相位变化来获得高度。图 10.19 显示了 Lanai 岛和 West Maui 岛一部分地区的相位变化情况。可以将此图像与图 10.14 的欧文堡的图像进行比较。

一旦确定了海拔高度，便可以在多种应用中使用它。SRTM 数据库已成为大多数正射矫正过程的标准，该数据库可以提供 90m 长的全球数据记录。

10.8　TerraSAR-X 和 TanDEM-X

德国航空航天中心（DLR）提出了一种新颖的方法，该方法是通过将两个飞行的 SAR 系统串联而获取常规的高程干涉测量结果，从而推出了 TerraSAR-X（于 2007 年推出）——用于数字高程测量的 TerraSAR-X 及附加组件于 2010 年 6 月发布。这两颗卫星以螺旋状飞行，使其能够保持数百米的间距，从而为双基地干涉式 SAR 提供了近乎理想的基线。2015 年 8 月，DLR 使用近 4 年的观测结果发布了世界地图，其 GSD 明显高于 SRTM 基线。对于商业产品，TSX/TanDEM-X 衍生产品的标称分辨率为 2m。

10.9　问题

1．对于诸如 SIR-C 之类的 SAR 系统，德国 X 波段系统所标称的 12.5m 方位角分辨率与标称的天线宽度是否很好地对应？要与距离分辨率相匹配需要多宽的脉冲长度？将该值与实际脉冲宽度进行比较。

2．商业 SAR 系统（如 Radarsat、ERS）使用的是什么波长和偏振？

3．图 10.6 中数据从 RADARSAT-2 的基于图像随附的元数据获取需要 3.3s，数据采集的几何结构如图 10.20 所示。对于此 C 波段系统，图像期望的最佳方位 GSD 是什么？线性调频带宽为 7.8163×10^{7}Hz。对于该带宽，可以得到什么范围的分辨率？入射角为 38°～39°（仰角为 51°～52°），卫星高度为 7.95×10^{5}m，到目标的距离是 975km。中心频率为 5.405×10^{9}Hz。

4．图 10.7 显示了一个船尾迹的插图，其中在尾迹与邻近水域之间有些相当细微的 DN 值差异，图 10.21 显示了尾流内部和外部数据值的直方图分布。以“尾迹之外的水”sigma 为单位，两种方法在 DN 上有什么差异？平均值大大高于峰值，特别是对于开阔水域，DN 值分布都是高度歪曲的。

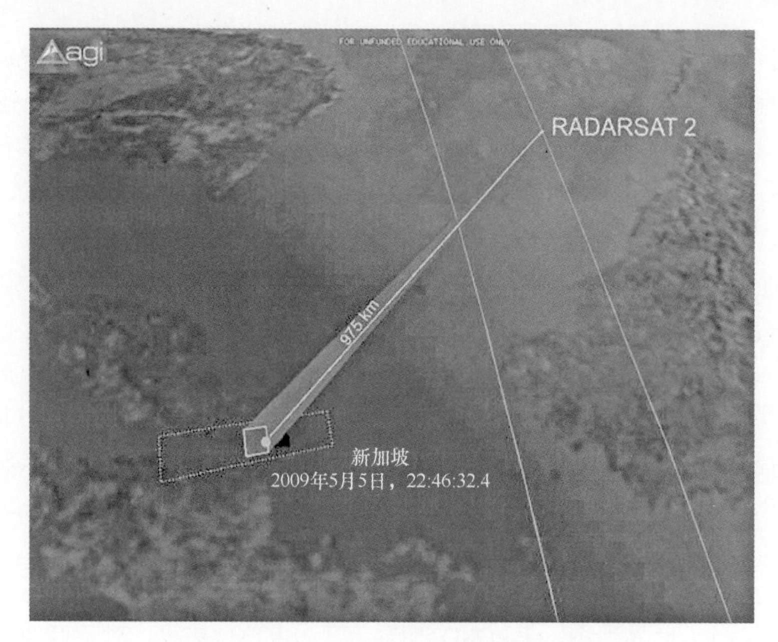

图 10.20　数据采集的 RADARSAT-2 轨道透视图

卫星下方的卫星轨道和地面轨道以淡蓝色表示（见彩插）

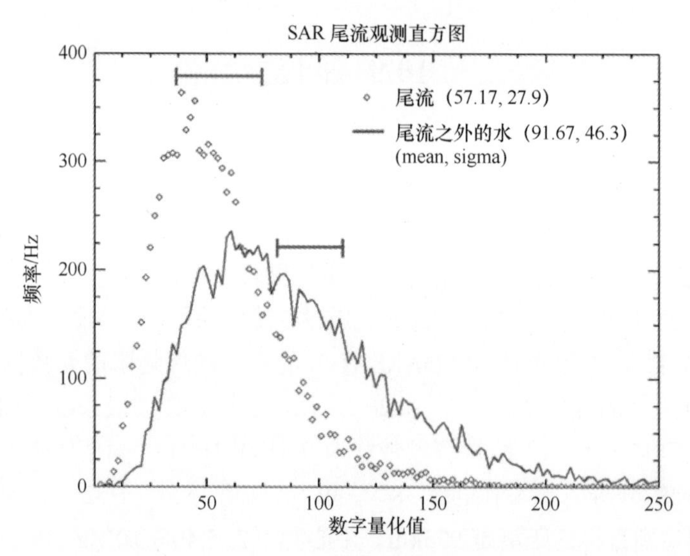

图 10.21　在 2008 年 5 月 12 日获取的 TSX 数据中，相应区域的直方图

第 11 章　光探测与测距（激光雷达）

11.1　引言

光通过受激辐射而放大。激光可以追溯到 1957 年，出现在 Townes 和 Schalow 的理论论文中[①]。“激光”一词是古尔德（Gould）创造的，并最终因此获得认可[②]。从遥感的角度来看，激光的概念具有 3 个基本要素。激光发出的光是单色的，这意味着它具有单个离散波长。光谱线宽度通常很窄，即几埃。激光通常是线偏振光。激光器可以输出连续光（CW）或脉冲光。激光具有快速开关的能力，使其对遥感十分有用。

在休斯研究实验室（HRL）工作的 Maiman（1960）因第一台可工作的激光器而获得认可[③]。其红色（594nm）的红宝石激光器是现代固态和二极管激光器的先驱，用于陆地遥感。随后，可实现高速脉冲激光的 Q 开关也是 HRL 研发的[④]。至此将激光用于测距的想法得以实现，应用于飞机和地面。光探测和测距或激光雷达[⑤]，与雷达原理相同，但其较短的波长使其数据具有不同的应用。激光雷达类型很多，本书中关注的是设计用于地球遥感的激光雷达。其他激光雷达对于大气研究十分有意义，特别是气溶胶和尘埃的研究（图 11.1）。

最早公布的机载激光雷达地形轮廓数据似乎出版于 1965 年，数据采集于费城乔治华盛顿高中的足球场。图 11.2 显示了沿飞行路线测量的地形高程轮廓。SpectraPhysics 研制的 HeNe 激光器输出 50～60mE 的 632.8nm 连续激光。激光

---

① A. L. Schawlow, and C. H. Townes, “Infrared and Optical Masers,” Physical Rev. 112(6), 1940–1949 (December 15, 1958)。

② R. G. Gould, “The LASER, Light Amplification by Stimulated Emission of Radiation,” Ann Arbor Conf. Optical Pumping, pp. 128 (June 15–18, 1959)。

③ T. H. Maiman, “Stimulated optical radiation in ruby,” Nature 187(4736): 493–494 (1960)。

④ F. J. McClung and R. W. Hellwarth, “Giant optical pulsations from ruby,” J. Appl. Phys. 33(3), 828–829 (1962); F. J. McClung and R. W. Hellwarth, “Characteristics of giant optical pulsations from ruby,” Proc. IEEE 51(1) (1963)。

⑤ 激光雷达的缩写有多种选择方式。我逐渐确信 LIDAR 这种缩写是错误的，而 LiDAR 和 lidar 是可商讨的。LADAR 则似乎有些夸张。我希望 lidar 成为一个常用名词，就如同 radar（雷达）一样。

图 11.1　从机载激光雷达系统获得的海军研究生院校园的点云高程数据。数据按海拔高度进行颜色编码，以彩虹色标（6～32m）中红色（高）和绿色/蓝色（低）表示（见彩插）

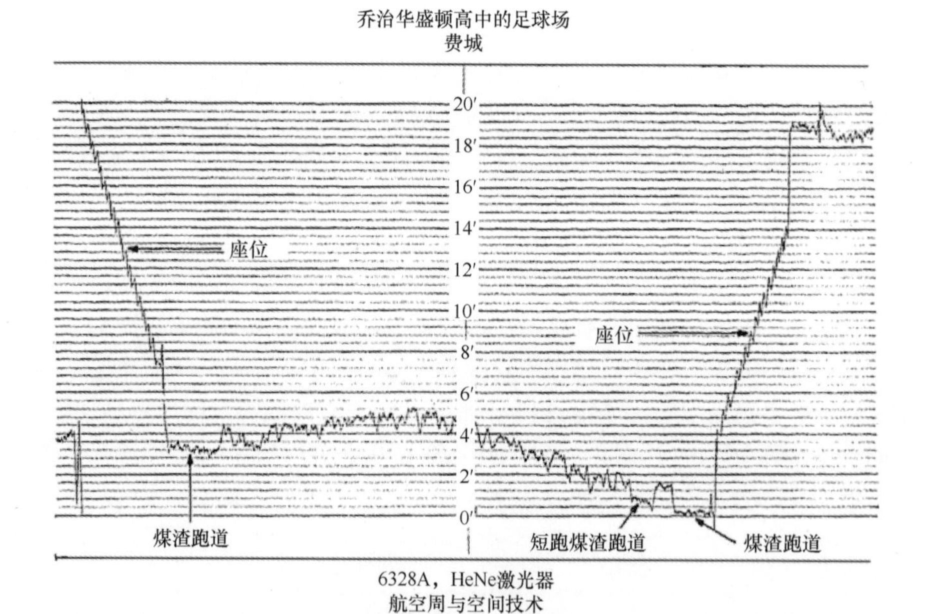

图 11.2　道格拉斯（Douglas）A-26 飞机从 1000 英尺高空获取的激光测量轮廓。视场中有一个两英尺高的“皇冠”，但由于飞机高度估测的限制，存在总漂移[①]

① B. Miller, “Laser Altimeter May Aid Photo Mapping,” Aviation Week & Space Technology, page 60, March 29, 1965。

调制后输出频率为 25MHz[①]，从而可以在 330 英尺/s 的飞行速度下获得 0.3 英尺的分辨率（垂直分辨率为 9cm）。激光器和探测器运行良好，但是飞机的稳定性以及姿态和高度测量精度使该项技术在当时并不实用。大约 30 年后，GPS 系统的出现使机载激光雷达技术蓬勃发展。连续激光调制技术当前用于近场测量系统，如 FARO 研制的建筑物内部扫描系统。机载系统已转向脉冲激光技术，本章中将会介绍该项技术。

11.2　物理与技术：机载和陆地测量扫描仪

典型的激光雷达系统包括半导体激光器、探测器和位姿信息。半导体激光器通常为近红外谱段（1.05～1.55μm）。探测器用于测量返回时间，精度达 ns 级。位姿信息则通常通过 GPS 获得（图 11.3）。采用距离门测量返回的激光脉冲，即探测器按时间顺序进行采样，并且这些时间对应于目标距离。扫描镜完成穿轨方向的激光扫描，从而实现区域覆盖。

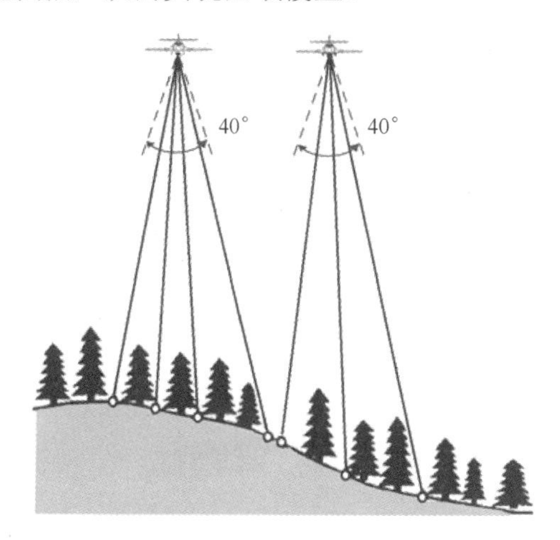

图 11.3　飞机平台发出激光脉冲。传感器记录 xy 位置返回的能量，然后提供 z 或高程分量。此类系统有时称为 3D 成像仪。成像仪的成像依赖于高精度的平台位置信息，通常通过 GPS 获取[②]

11.2.1　激光器与探测器

最常用的激光技术之一是半导体介质 Nd：YAG（掺钕钇铝石榴石或

① H. Jensen, "Performance of an Airborne Laser Profiler," Proc. SPIE 0008, 84 (1967). The Aero Service Corporation (a Litton subsidiary) conducted this work in cooperation with SpectraPhysics。

② 钛氧磷酸钾 KTiOPO4 (KTP); http://www.lc-solutions.com/product/ ktp.php。

Nd:$Y_3Al_5O_{12}$），由 Geusic 等人于 1964 年在贝尔（Bell）实验室开发[①]。这种材料与早期的红宝石激光器没有太大区别，但具有更好的热导率。Nd：YAG 激光器通常工作在 1.064μm（1064nm），这是 YAG 结构中 Nd^{3+}的荧光线。利用 KTP 晶体[②]将其倍频至 532nm，可以应用于水深测量。该波长也可三倍频至 355nm。

同样，半导体激光器也很流行，尤其在 1.55μm。这些激光器用于光纤通信领域，并极大地促进了发展。它们具有显著的人眼安全优势，但是与较短波长相比，受水蒸气的影响更大。

以同时具有近红外及绿光谱段的海岸带测绘和成像激光雷达（CZMIL）系统为例，10kHz 输出时，532nm 激光输出功率约为 30W，脉冲半高宽小于 2.5ns，1064nm 激光输出约为 20W[③]。Nd：YVO4 激光器输出的单脉冲经放大后仅为十分之几毫焦。图 11.4 显示了输出脉冲的时域分布。该系统使用的功率比典型的地面激光雷达扫描仪高得多，这是因为测水会产生很大的衰减。典型的高重频（100～500kHz）Nd：YAG 激光器输出单脉冲能量约为 10μJ。

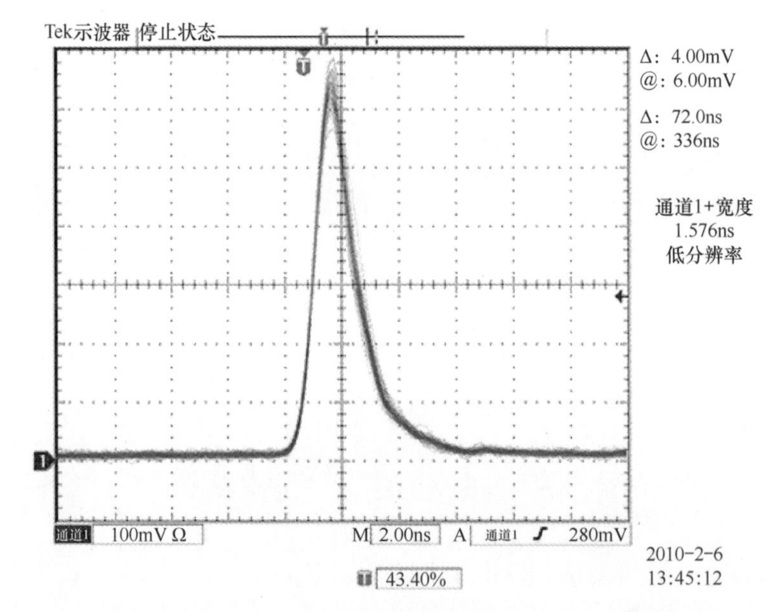

图 11.4 CZMIL 输出绿光的时域分布。脉冲宽度小于 2ns，前沿不到 1ns。
图片经 Pierce 等人许可转载（2010）

① J. E. Geusic, H. M. Marcos, and L. G. van Uitert, “Laser oscillations in Nd-doped yttrium aluminum, yttrium gallium and gadolinium garnets,” Applied Physics Letters 4, 182–184 (1964)。

② K. Kraus and N. Pfeifer, “Determination of terrain models in wooded areas with airborne laser scanner data,” ISPRS Journal of Photogrammetry and Remote Sensing 53(4), 193–203 (1998); with thanks to David Evans, MSU, Dept of Forestry。

③ J. W. Pierce, E. Fuchs, S. Nelson, V. Feygels, and G. Tuell, “Development of a novel laser system for the CZMIL lidar,” Proc. SPIE 7695, 76960V (2010)。

11.2.2　激光测距分辨力与激光雷达方程

激光的关键技术模式是脉冲模式，类似于成像雷达系统，其典型脉冲宽度为几纳秒（ns）。即使对于这些非常短的脉冲，空气中的等效脉冲长度也有 1m。其与雷达相比较是非常接近的，当前的主要区别在于脉冲调制模式当前并不应用于机载系统①。

因此，标称距离分辨力与雷达相同，即

$$R_{\text{resolution}} = \frac{c\tau}{2} \tag{11.1}$$

但是，对于离散回波激光雷达系统，光电探测系统采用脉冲前沿触发，该脉冲上升时间很短，通常为十分之几纳秒。例如，CZMIL 的绿光输出如图 11.4 所示。脉冲的时域分布类似高斯分布，虽然不是特别准确，但是与处理这种脉冲的技术是相符的。

激光雷达方程表示的回波功率也与雷达相似②，因激光束足够小，输出的所有能量通常都到达目标上的被测区域。对于均匀目标（表面），该公式形式可以简化。返回光束功率与距离平方成反比衰减。

所得公式为

$$P_{\text{received}} = P_{\text{transmitted}} \cdot \alpha \frac{1}{4\pi R_{\text{range}}^{2} e} G_{\text{detector}} \tag{11.2}$$

式中：P_{received} 为接收功率；$P_{\text{transmitted}}$ 为发射功率；α 为反照率（反射率）；G_{detector} 为探测器增益（与探测器面积和量子效率成比例）。成像激光雷达系统距离方程取决于距离平方，而成像雷达系统则取决于距离的 4 次方。

例： 为了说明该公式的数值与含义，假定工作波长 1.06μm、单脉冲能量 10μJ 的机载系统。假设其通光口径为 30cm，光束发散角为 1mrad。假设为理想探测器，增益只是接收光学面积。植被的典型反照率约为 0.9，假设为各向同性散射。假设其高度（距离）为 500m，则有

$$P_{\text{received}} = 10\times10^{-6}\times0.9\frac{1}{4\pi500^{2}}\left(\pi\times0.15^{2}\right) = 2.02\times10^{-12}\,\text{J}$$

1.06μm 光子的能量为 1.9×10^{-19} J，因此，返回脉冲包含约 10^{7} 个光子。在商用系统中，探测器的典型效率约为 10%，因此，在几十纳秒的时间内，传感

① 一些供应商售卖测量连续波信号相位的系统，如图 11.2 中早期由 SpectraPhysics system 开发的系统，这种系统在较短的距离内有很好的分辨率，尤其是 FARO 公司。这些是用于短距离扫描的地面测量系统，测距范围从几十米到 100m。

② Wagner 等人给出了更详细的公式及更完整的推导过程，ISPRS Journal of Photogrammetry and Remote Sensing, Volume 60, Issue 2, April 2006, Pages 100–112。

器探测到约 10^6 个光子。

大多数激光雷达系统的探测器是第 2 章中介绍的各种结构的光电倍增管（PMT）。光电倍增管的固态版本是光电二极管，或更具体地说，是雪崩光电二极管。较长的波长（1.55μm）需要高速（GHz）InGaAS 光电二极管[①]。该技术是光纤通信基础设施的一部分，因此，该领域正在发生重大的技术进展。光子计数探测器阵列已经研发出来，并开始出现在商业系统中。

11.3　机载与陆地测量激光雷达

11.3.1　机载海洋激光雷达

Krabill 等人（1984 年）采用早期的测深激光雷达（绿色激光）生成地表轮廓，是早期的技术验证之一。图 11.5 展示了 NASA 机载海洋激光雷达（AOL）的测量数据。该系统使用了氖激光器（540.1nm、7ns、2kW 脉冲），30cm 的卡

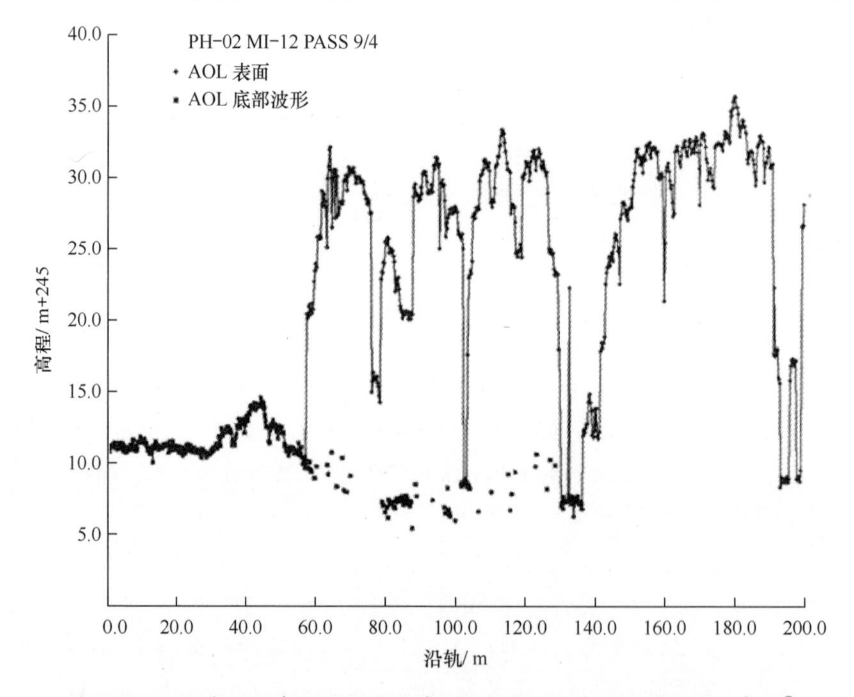

图 11.5　1980 年 9 月在田纳西州孟菲斯附近的沃尔夫河流域测得的高程[②]

① L. E. Tarof, "Planar InP/InGaAs avalanche photodetector with gain-bandwidth product in excess of 100 GHz," Electron. Lett. 27(1), 34–36 (1991)。

② W. B. Krabill, J. G. Collins, L. E. Link, R. N. Swift, and M. L. Butler, "Airborne laser topographic mapping results," Photogrammetric Engineering and Remote Sensing 50, 685–694 (1984)。

塞格林望远镜和光电倍增管[①]。激光系统的最大脉冲重复频率（PRF）为 400 脉冲/s。EMI D-279 光电倍增管的输出导入时间分辨率为 2.5ns 的后续探测系列中，为了稳定性，将分辨率改进为 4ns。在这些测试中，飞机通常在 150m 的高度上飞行。结果表明，日间工作可克服太阳的背景光影响，并且可穿透树冠用于地形测图（对于某些新兴的激光雷达技术，太阳背景光仍然是一个问题）。11.5 节中展示了来自 AOL 的测深数据。

目前，商用机载系统的飞行高度适中（几千英尺），激光在地面上形成的足印直径小于 1m，可能只有几十厘米（激光光束发散角通常小于 1mrad）。传感器通常工作在摆扫模式，穿轨扫描角度受限于硬件，约为 40°，如图 11.3 所示。根据设计者的喜好和应用场景，可以使用其他多种扫描模式，常见的是测深系统的螺旋或圆形扫描模式。

11.3.2 商业激光雷达系统

脉冲之间的间隔通常大于光斑大小，直至 2005 年光斑直径通常为 1～3m，现在通常为几十厘米。脉冲重复频率决定了传感器的扫描速率（和角度范围）f_d，初期的速率很低。图 11.6 给出了 Optech 传感器的发展（省略了 1983 年的第一个传感器，其重频为 100Hz）。重频的选择在某种程度上取决于飞行平台的

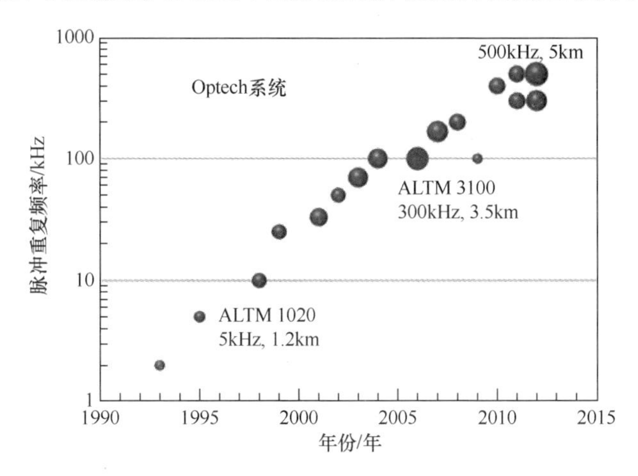

图 11.6 Optech 系统：脉冲重复频率（或频率）随时间的变化。标记点的直径与工作高度成正比。ALTM 3100 是商业成像系统发展过程中的关键系统，直到最近才被更新、更快的系统所取代。截至 2013 年，Pegasus HA-500 是 Optech 产品中测距高度最高且最快的设备，能够在 100m～5km 工作，其重频为 100～500kHz。双波长激光系统允许其在空中多脉冲工作（multiple pulses in the air，MPIA）

① F. E. Hoge, R. N. Swift, and E. B. Frederick, “Water depth measurement using an airborne pulsed neon laser system,” Appl. Opt. 19, 871–883 (1980)。

高度，因此指标取决于高度。在图11.6中，与最大高度对应的最大重频通过标记点的大小表示。Optech制造了当今正在使用的大部分商用系统，因此，图表很好地反映了整个领域的概况。随着重频的提高，在给定区域的飞行成本降低。2005年的一次商业测试中，在1天的时间飞行内，完成了蒙特雷以北10km×20km区域的成像，约1个采样点/m^2。相较于该区域的Quickbird图像，Quickbird图像大约仅需要8s来获取。更高的激光重复率可以实现更高的点密度或更大的扫描面积，具体选择取决于应用场景。

徕卡测量系统公司也经营类似的技术。图11.7展示了一个相当典型的机载系统的组成：激光器、电子设备以及用于控制（和测量）的便携式计算机。在右侧，显示了空中单波束（SPIA）和空中多波束（MPIA）的海拔高度与脉冲重复率（PRR）二者之间的关系。这些曲线表示了脉冲在空中传输的有限时间所带来的限制。

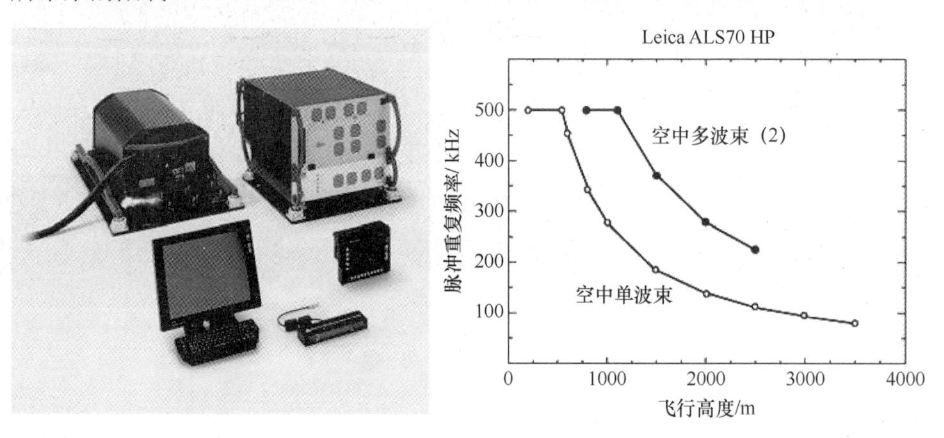

图11.7　带有飞行电子设备的Leica ALS70。激光器是输出波长1.064μm的Nd：YAG激光器。ALS70的最大激光脉冲频率为250kHz，最大平均光功率为8W。在此条件下，每个脉冲的能量为8W/250000Hz=32μJ。受激光器的热量限制，较低的重频时可工作在更高的功率。脉冲宽度为4.5ns或9ns，取决于系统设置。探测器是Si APD[①]

11.4　点云和表面模型

下面展示一个来自现代商业系统的示例。数据是由Airborne 1 Corporation获得的，该公司在洛杉矶的博览会公园上方飞行，对大体育场和体育馆（图11.8右下方的椭圆形）成像。图11.9显示了穿过该区域的水平横截面，大致沿着足

① Courtesy: Wolfgang.Hesse@leicageosystems.com; January 03, 2014。

球场的长中心线。倾斜的体育场墙通向一个低于体育场外地面水平的区域。临时座位（看台）显然是在体育场柱廊的末端设置的。来自 1.06μm 激光的强度图像如图 11.10 所示。在图 11.11 中，来自整个树冠的散射回波显示了激光如何穿透树叶，到达地面并返回。

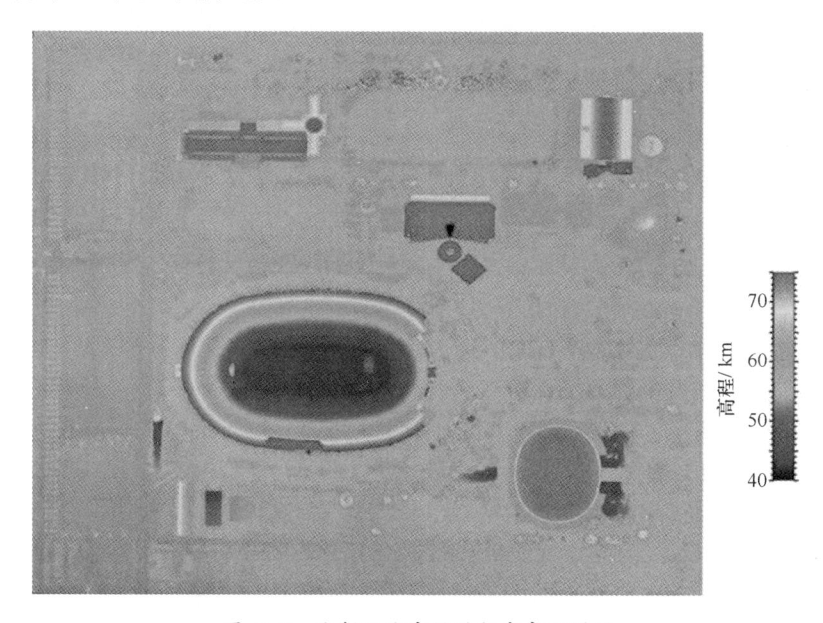

图 11.8　洛杉矶体育馆的数字高程模型

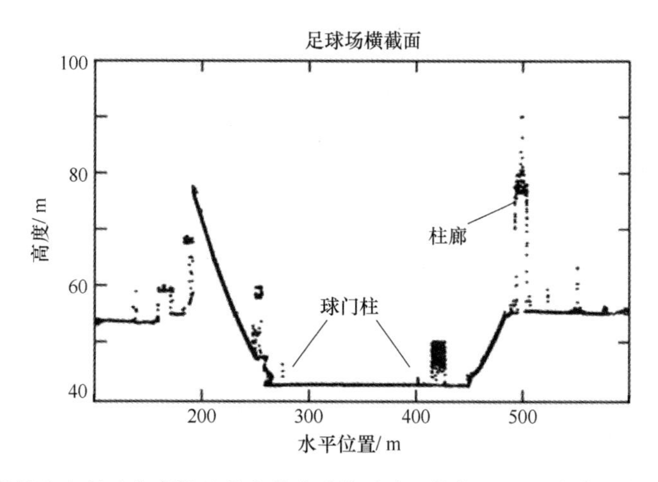

图 11.9　拍摄于洛杉矶体育场的激光雷达图像（球门柱相距 120 码（1 码=0.9144m），看台位于 420m 处）。数据由加利福尼亚州洛杉矶的 Airborne 1 提供

图 11.10　1.06μm 主动照射激光雷达生成的强度图像

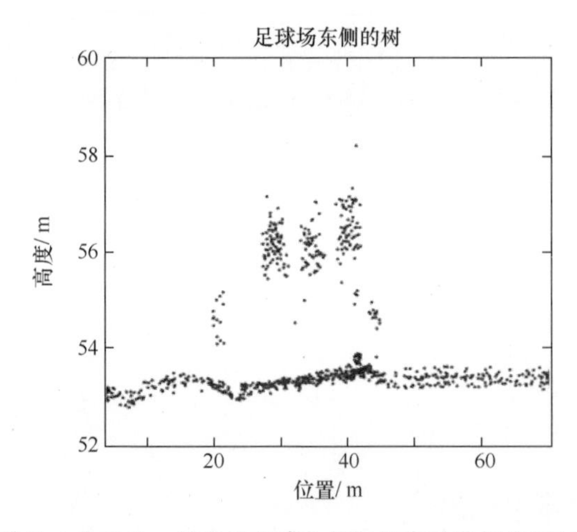

图 11.11　第一个/最后一个回波、裸露的土壤和提取体育场西侧几棵树的回波的详细视图

光学成像中最棘手的问题之一是供电线和电话线，通常对于任何常规探测器来说，它们都是亚像素级的，根本不会出现在光学图像中。激光雷达具有相对较小的光斑尺寸，这些小尺寸的光斑被以一定的间隔发射至电线表面，即可探测到电线。图 11.12 中相当精确地探测到电线。通道测绘是机载激光测绘的主要业务领域之一。

图 11.12　NPS 园区附近的电线，由 Optech C-100 通道测绘仪测量。电线上的沿线方向点密度范围为 12.5～13.5 点/m。表面的背景点密度范围为 60～110 点/m^2，峰值为 80～90 点/m^2。根据现行的测绘标准（2015 年），该测绘的总体点密度相对较高，典型的电线点密度是略低于此的

11.5　测深

激光雷达提供的一项强大功能是能够测量水深，即进行水深勘测。Hoge 等人最早开展了一些此类测量，通过机载海洋激光雷达（AOL）在大西洋上空采集的数据，如图 11.13 所示。获取这些数据使用与 Krabill 等人相同的系统（1984），如图 11.5 所示。这个早期的系统成功地进行了 10m 深的测量。当前的系统测量清澈水体通常可以实现 50～100m 的深度测量。Avco C-500 型氖激光器工作在 540.1nm 处，具有 400Hz 重频。7ns、2kW 的脉冲进行锥形扫描，回波光通过 PMT 探测，并将其数字化，采样间隔 2.5ns（以现在的标准衡量，其时间分辨率仍然可观）。

为了进行比较，2014 年在蒙特雷湾地区使用了现代化的商用激光雷达系统进行测量，图 11.14 所示为双色 AHAB 系统测量返回的激光信号的波形。这些系统通常用于清澈的沿海水域，深度为 10～20m。

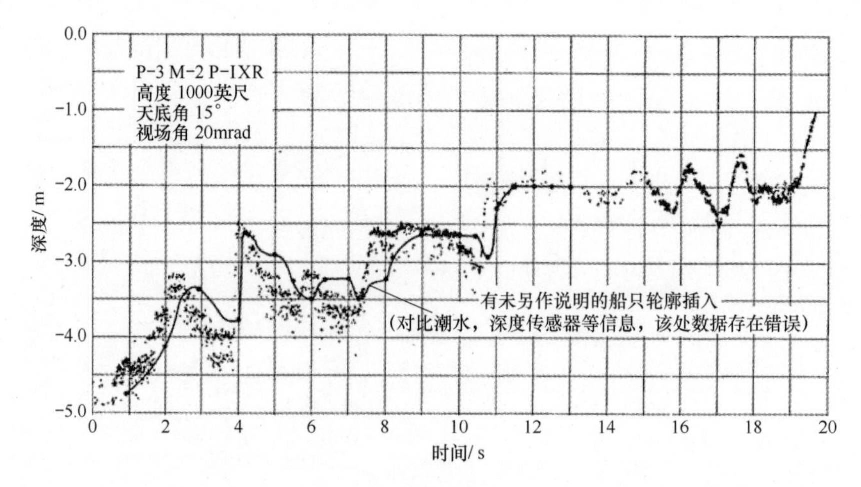

图 11.13　AOL 数据与 NOAA 水下测量数据的横截面比较。显示了 20s 的数据：点是激光雷达的回波，实线来自原位测量（声纳）。纵轴表示以 m 为单位的深度，范围从 0 到 5。误差可能是源于导航系统，即位置/时间。图片经 F.E. Hoge 等人许可转载（1980）[①]

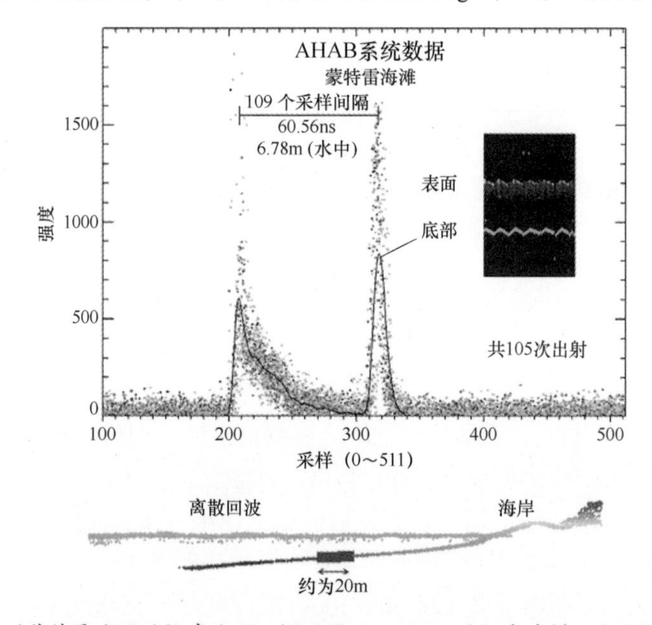

图 11.14　加州蒙特雷海滩的轮廓波形。探测器以 1.8GHz 的频率采样，即间隔约为 0.5ns。上方的图像中，时间向右递增。在 200～220 范围的采样波峰来自表面反射，近似以 320 为中心的采样波峰由底部反射。此处水深约为 6.8m。插入的图片展示了水面的扫描模式，圆形扫描模式更利于水底测量。底部的图片展示了离散回波获取的深度剖面。颜色表示高度（或深度），红色表示高于地表几米，绿色表示海平面，不同深度的颜色表示水深（见彩插）

① F. E. Hoge, R. N. Swift, and E. B. Frederick, " Water depth measurement using an airborne pulsed neon laser system," Appl. Opt. 19, 871–883 (1980)。

11.6　空间激光雷达

目前，激光扫描主要应用于陆地测量和机载，但是已经开展了多项激光雷达飞行任务，以研究地球、火星、月球和水星的地形。它们针对目标具有相似的飞行条带，因此数据与本章开头所示的数据相差不大。受激光飞行时间和激光功率问题的限制，这些“大足印”系统通常以几赫的频率运行，地面上的光斑直径在 50～100m 范围内。

第一个空间应用激光雷达应用于“阿波罗”登月计划，以协助选择登陆点（1971 年）。开创性的克莱门汀（Clementine）任务携带了激光雷达，环绕月球飞行并在 1994 年完成了大部分的测绘工作，从而引发了小型卫星革命。使用航天飞机（1994 年、1996 年、1997 年）对地球进行了几次地表测量任务，覆盖了有限的范围。ICESAT 任务对南极地区进行了测绘，低纬度地区也获取了有用数据。

火星全球探测器携带着火星轨道激光高度计（MOLA），在几年（1997 年至 2001 年）中绘制了整个火星的地形，高程精度为 30m，这与 SRTM 获取的地球高程图没有什么不同。激光高度计光学系统产生的表面光斑大小为 130m。Nd:YAG 激光器脉宽 8ns 脉冲，重频 10Hz，足印间隔 330m。可以将图 11.15 与第 8 章开头显示的热图像进行比较，两者似乎都反映了火星表面演化的重要特征。

图 11.15　由火星轨道着陆器测量的火星地形图。
右上角的彩色图例表示的高度范围为 0～12km（见彩插）[①]

---

① O. Aharonson et al., “Mars: Northern hemisphere slopes and slope distributions,” Geophys. Res. Lett. 25, 4413–4416 (1998). http://mola.gsfc.nasa.gov/images.html。

11.7 问题

1．对于垂直分辨率为 5cm 的激光雷达，脉宽的上限是多少？像雷达一样，假设它是一个方形脉冲。

2．对于发射脉冲能量 32μJ 的激光雷达，有多少能量返回到探测器？多少光子被发射并返回？假设测距范围为 1500m，波长为 1.55μm，并且接收器（望远镜）的直径为 20cm。假设理想的朗伯面（反射率 α=1）。

3．对于飞行高度 1000m 的机载系统，计算飞机正下方反射激光脉冲的飞行时间。确保包括向下和向上双向飞行时间。将你的结果与 ALS-70 操作参数进行比较。

4．对于在 705km 高度运行的卫星（如 ICESAT），计算天底方向激光脉冲的飞行时间。在空中单脉冲条件下，允许的最大频率是多少？

编　后　记

前面的章节展示了快速发展的遥感世界。关于合成孔径雷达（SAR）和激光雷达的最后几章并没有完全阐述硬件的快速变化，对于现代计算机技术的影响方面也是如此。在 20 世纪 90 年代中期，SAR 处理主要是将原始数据转换为真实图像，到最近几年，干涉测量已经成为常规应用（DEM 和 CCD）。计算机技术对推动该技术发展具有重要作用。类似地，激光雷达有助于定义“大数据”。在博客上有关常用软件包的例行帖子通常以“我有 8TB 的数据，并且我需要这样做……”开头。

就是说，我希望本书为计算与（小型）无人机技术之间令人兴奋的融合保留空间。现在可以使用轻型无人机搭载大小适中的相机（几百万像素），以几厘米的空间分辨率快速构建可见或红外图像，然后使用计算机视觉技术将其转换为准确的 3D 模型。这种综合能力的出现是颠覆性技术的一个很好的例子。无人机正在驱动传感器技术，从而使导航和成像传感器大大缩小。这些技术将遥感带给更多人，并将推动下一次变革。

作为结束说明，图 1 是位于火星南半球的称为 Terra Sirenum 的地形图，该图来源于 Mars Express 高分辨率立体相机，其空间分辨率为 14m。生成此图像的分析方式利用了计算机视觉技术，使用该技术生成相关产品是在近一两年才实用化。您可以将其与第 11 章末尾显示的激光雷达生成的地图进行比较，该地图是 10 年前获得的，分辨率为 30m。

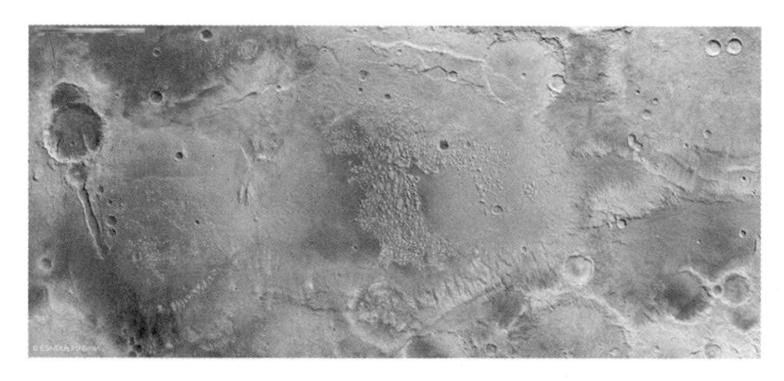

图 1　火星亚特兰蒂斯 Sirenum 地形图。高程范围从 8000m 到 3000m。
版权所有 ESA/DLR/FU 柏林，CC BY-SA 3.0 IGO

对过去一年的经验进行总结，或者引用美国棒球运动员（也是哲学家）Satchel Paige 的话：“别回头，有些事已经赶超你。”这足以作为总结。

R. C. Olsen

附录 1　推导

A1.1　玻尔原子模型的推导

光谱线可以用玻尔在 1913 年提出的第一个原子“量子”模型来解释。尽管氢原子的玻尔模型最终被替换（图 A1.1），但与观测到的光谱线对照，它的计算值是正确的，总体来讲其揭示了原子结构。以下推导的目的是获得玻尔原子模型的能级。如果能够获得能级，则可以再现氢原子光谱。

推导过程包含 3 个主要部分：首先，使用力平衡将速度与电子轨道的半径相关联；然后，使用量子假设获得半径；最后，求解能量。

A1.1.1　假设 1：原子通过库仑力保持稳定

实验证明，两个间距为 r 的点电荷 q_1 和 q_2 之间的力为

$$F = \frac{q_1 q_2}{4\pi\varepsilon_0 r^2} \tag{A1.1}$$

式中：$1/(4\pi\varepsilon_0)=8.99\times10^9$（$\mathrm{N\cdot m^2}$）$/\mathrm{C}^2$；$q_1$ 和 q_2 以 C 为单位；距离 r 以 m 为单位。电荷可以是正的或负的。

对于单电子原子，原子核 q_1 的电荷表示为 $+Z_e$，其中 Z 是原子的原子序数（原子核中的质子数）。对于氢，Z=1。电子 q_2 的电荷为 $-e$。将值代入式（A1.1）得

$$F = -\left(\frac{Ze^2}{4\pi\varepsilon_0 r^2}\right) \tag{A1.2}$$

力的负号表示力是“向内”或引力。

A1.1.2　假设 2：电子在原子核周围的椭圆轨道上运动（如行星运动一样）

我们假设电子沿原子核绕圆形轨道运动，如图 A1.1 所示。这里运用了牛顿第二定律（$F = ma$），使库仑力等于向心力。公式为

$$\frac{-Ze^2}{4\pi\varepsilon_0 r^2} = -mv^2/r \tag{A1.3}$$

公式揭示半径与速度的关系。

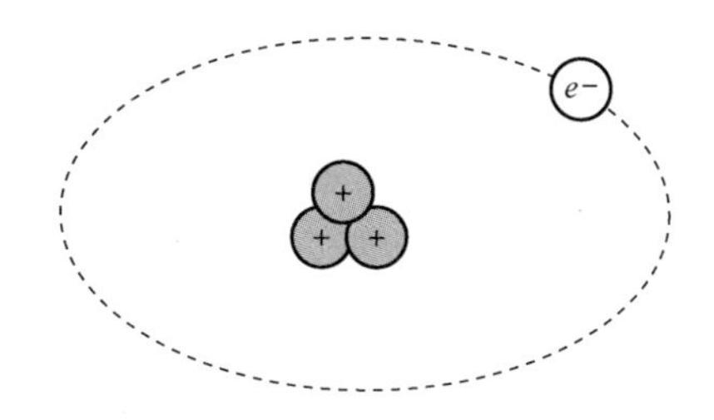

图 A1.1 玻尔原子模型（其中 $Z=3$）

A1.1.3 假设 3：量子化角动量

玻尔再次引入他的两个新假设中的第一个，即允许的轨道都是角动量 L 满足

$$L = mvr = n \tag{A1.4}$$

式中：m 为电子质量；v 为速度；r 为轨道半径；n 为整数（1,2,3,⋯），并且

$$n = \frac{h}{2\pi} = 1.054 \times 10^{-34}(\mathrm{J \cdot s}) = 0.658 \times 10^{-15}(\mathrm{eV \cdot s})$$

其中，和以前定义一样，这里的 h 是普朗克常数。

对该假设的物理基础的解释是：如果将电子视为波长为 $\lambda=h/p=h/mv$ 的波，那么，整数个波长必须与轨道所定义的圆周对应，或 $n \cdot h / mv = 2\pi r$；否则，电子会“干扰”自身。这样就得出电磁波是能量为 $E = hf$ 的粒子的推论，如上所述，因此光子的动量 $p = E/c = hf/c = h/\lambda$。

这种关系足以证明

$$v_n = \frac{n}{mr_n} \tag{A1.5}$$

对于电子在其轨道上的速度，不同的允许轨道有对应的系数 n，并遵循

$$\frac{mv_n^2}{r_n} = \frac{Ze^2}{4\pi\varepsilon_0 r_n^2} = \frac{mn^2\hbar^2}{m^2 r_n^3} \tag{A1.6}$$

求解轨道半径 r_n 得到

$$r_n = \frac{n^2\hbar^2}{m} \times \frac{4\pi\varepsilon_0}{Ze^2} = n^2\left(\frac{4\pi\varepsilon_0\hbar^2}{Zme^2}\right)$$

或者

$$r_n = n^2 \times 0.528 \times 10^{110} / Z \tag{A1.7}$$

这仅适用于单电子原子（实际如 H 和 He^+），在此限制内其完全适用。对于氢（$Z = 1$），玻尔半径 $r_1 = 0.528 \times 10^{-10}$m 是最小轨道半径。玻尔氢原子的半径为半埃。$He^+$（单电离氦，$Z = 2$）中唯一电子的轨道半径是多少？

求解能量水平：

与库仑力相关的势能为

$$U = \frac{q_1 q_2}{4\pi\varepsilon_0 r} \tag{A1.8}$$

设 $U(r=\infty)=0$ 并将电荷代入，得到

$$U = -\left(\frac{Ze^2}{4\pi\varepsilon_0 r}\right) \tag{A1.9}$$

负势能表示电子处于势阱中。已给出势能的表达式，动能也需要类似的表达式。

动能 T 可以轻易地从式（A1.3）获得，即

$$T = \frac{1}{2}mv^2 = \frac{1}{2}\left(\frac{Ze^2}{4\pi\varepsilon_0 r}\right) \tag{A1.10}$$

因此，获得了电子 E 的总能量为

$$E = U + T = -\frac{Ze^2}{(4\pi\varepsilon_0)r} + \frac{1}{2}\left(\frac{Ze^2}{(4\pi\varepsilon_0)r}\right) = -\frac{1}{2}\left(\frac{Ze^2}{(4\pi\varepsilon_0)r}\right) \tag{A1.11}$$

总能量为负是束缚轨道的特性。该公式还表明，如果已知轨道半径（r），则可以计算出电子能量 E。

将 r_n 表达式（式（A1.7））代入式（A1.11），得到

$$E = -\frac{1}{2}\left(\frac{Ze^2}{4\pi\varepsilon_0}\right) \times \frac{1}{n^2}\left(\frac{Zme^2}{4\pi\varepsilon_0 \hbar^2}\right)$$

或

$$E = -\left(\frac{1}{2}\right)\left(\frac{Ze^2}{4\pi\varepsilon_0 \hbar}\right)^2 \frac{m}{n^2} = Z^2 \frac{E_1}{n^2} \tag{A1.12}$$

式中：$E_1 = -\left(\frac{me^4}{32\pi^2 \varepsilon_0{}^2 \hbar^2}\right) = -13.58\ \text{eV}$ 是电子能量最小值，或氢原子处于基态。

A1.1.4 假设 4：仅在不连续能级之间跃迁时发射辐射

第二个玻尔假设定义了由这些能级产生的光谱的性质。该假设认为，当电子从较高能级跃迁到较低能级时，将发射单个光子。该光子的能量等于两个能级的能量之差。以此类推，仅当光子的能量对应于初始状态和最终状态的能量差时才能被吸收。

A1.2 介电理论

为什么复介电常数意味着吸收？答案可以追溯到麦克斯韦方程和电磁波的传播。解答的两部分如下。

（1）对于平面波，电磁场按照以下形式传播，即

$$E_n = E_o \mathrm{e}^{-\mathrm{i}(kx-\omega t)}$$

或者

$$E_o \mathrm{e}^{-\mathrm{i}\left(\frac{2\pi x}{\lambda}-2\pi f t\right)} \tag{A1.13}$$

这样的波以速度 $v=\lambda f=\omega/k$ 传播，其中

$$\omega = 2\pi f\text{，}\ k=(2\pi)/\lambda$$

（2）速度是 $v=\dfrac{1}{\sqrt{\varepsilon\mu}}$，真空中为 $c=\dfrac{1}{\sqrt{\varepsilon_0\mu_0}}=3\times10^8\,\mathrm{m/s}$。因此，$v=c/n$ 和 $n=\dfrac{\sqrt{\varepsilon\mu}}{\sqrt{\varepsilon_0\mu_0}}$，$\dfrac{\sqrt{\varepsilon}}{\sqrt{\varepsilon_0}}=\sqrt{\varepsilon_r}$，其中：磁导率 μ 通常以其真空值带入计算。

此处，ε_r 是相对介电常数，不仅可为实数。如果 ε_r 是复数（$\varepsilon_r=\varepsilon'+i\varepsilon''$），那么速度也是如此，因为它取决于 ε_r 的平方根。这一情况将导致一个问题需要解释，因为将波速作为复数并没有实际意义。无论如何，可以回到 $v=w/k$ 的定义来继续讨论。至少两者之一必须是复数。对于雷达应用，最好将频率设为实数，使 k 为复数，则式（A1.13）有以下变化，即

$$E_n = E_o \mathrm{e}^{-\mathrm{i}(kx-\omega t)} = E_o \mathrm{e}^{-\mathrm{i}\left((k_r+\mathrm{i}k_i)x-\omega t\right)} = E_o \mathrm{e}^{-\mathrm{i}(k_r x+\omega t)}\mathrm{e}^{-k_i x} \tag{A1.14}$$

现在，波的传播是指数递减项的乘积，即水或其他吸收元素对雷达能量的吸收。

A1.3 方孔的波束方向图推导

本章中研究推导方形天线的波束方向图。波束方向图基本上是孔径的傅里叶变换，其一般结果超出了当前讨论范围。回到与杨式双缝实验相似的几何形状，图 A1.2 显示了一个程式化相控阵天线的平面截面。左侧的每个小单元代表一个雷达脉冲源，然后向右侧传播。阵列单元在 y 方向上间隔距离为 d。

每个阵列单元代表一个由球面波传播方程定义的电场单元，即

$$E_n \approx \frac{E_o}{r_n^2}\left(a_n \mathrm{e}^{\mathrm{i}\varphi_n}\right)\mathrm{e}^{-\mathrm{i}kr_n} \tag{A1.15}$$

式中：E_n 为第 n 个阵列单元产生的电场分量；E_o 为由源定义的电场强度（在这

种情况下都相同)；a_n 为第 n 个阵列单元产生的振幅分量（此处取决于长度的平方)；φ_n 为第 n 个数组单位的相位；r_n 为从第 n 个阵列单元到观测点的距离；$k=(2\pi)/\lambda$ 为波数。电场和磁场的经典原理是：总电场是所有分量之和，当然，需要考虑不同的相位。

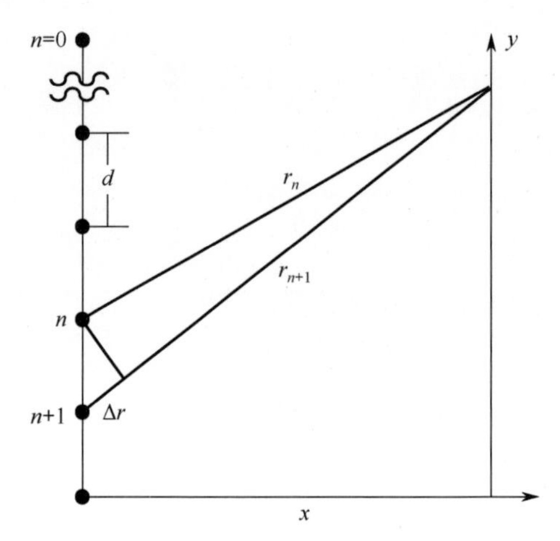

图 A1.2　每个阵列单元都是球面波的源，该球面波传播一定距离后到达右侧“屏幕”，传播的距离取决于 y 的值

所有辐射单元产生的总场强为各单元之和，即

$$E_{\text{total}}=\sum_n \frac{E_o}{r_n^2}\left(a_n \mathrm{e}^{\mathrm{i}\varphi_n}\right)\mathrm{e}^{-\mathrm{i}kr_n} \tag{A1.16}$$

尽管数据是准确的，但这种形式很难进行分析处理。因此，做一些假设进行简化。首先假设观察点与阵列的距离较大（$r_n \gg d$），基于该假设，相较于相位的快速变化，振幅在 y 方向随距离的变化是缓慢的。为进行简化，a_n 是一个常数，而 $\varphi_n=0$（发射器全部同相）。因此，简化方程为

$$E_{\text{total}}=\frac{E_o}{r_o^2}\sum_n \mathrm{e}^{-\mathrm{i}kr_n} \tag{A1.17}$$

其中已分离了幅度的缓慢平方反比变化。下一部分处理求和内的复数项，以解决指数随 n 的变化如何变化的问题。

如果假设 $y_0=0$ 对应于 $n=0$ 的元素，则

$$\begin{cases} r_o=\sqrt{x^2+y^2} \\ r_n=\sqrt{x^2+\left(y+nd\right)^2} \end{cases} \tag{A1.18}$$

这种形式是正确的，但是技巧是从 r_n 项中分离 r_o 项。因为 d 是小量，所以这样的操作是可能的。首先，展开根号内部分

$$r_n = r_o \frac{\sqrt{x^2 + (y + nd)^2}}{\sqrt{x^2 + y^2}} = r_o \frac{\sqrt{x^2 + y_o^2 + 2ynd + n^2d^2}}{\sqrt{x^2 + y^2}} \quad \text{(A1.19)}$$

不做近似处理，将分母变成根号并分离

$$r_n = r_o \sqrt{\frac{x^2 + y^2 + 2ynd + n^2d^2}{x^2 + y^2}} = r_o \sqrt{1 + \frac{2ynd}{x^2 + y^2} + \frac{n^2d^2}{x^2 + y^2}} \quad \text{(A1.20)}$$

这里使用了一个微妙的技巧。首先，考虑第三项非常小，然后对第二项较小的平方根使用近似值

$$r_n = r_o \sqrt{1 + \frac{2ynd}{x^2 + y^2} + 0} \approx r_o \left(1 + \frac{ynd}{x^2 + y^2}\right) = r_o \left(1 + \frac{ynd}{r_o^{\,2}}\right) \quad \text{(A1.21)}$$

（作为练习，通过典型数字来检查第三项是否较小：d =1cm，y =500m 和 x=2000m。）现在使用熟悉的极性形式 $\theta = y/\,r_0$，并简化其余项

$$E_{\text{total}} = \frac{E_o}{r_o^2} \sum_n \mathrm{e}^{-\mathrm{i}kr_n} = \frac{E_o}{r_o^2} \sum_n \mathrm{e}^{-\mathrm{i}kr_o - \mathrm{i}knd\sin\theta} = \frac{E_o}{r_o^2} \mathrm{e}^{-\mathrm{i}kr_o} \sum_n \mathrm{e}^{-\mathrm{i}knd\sin\theta} \quad \text{(A1.22)}$$

它定义了波束方向图中的零点。对于连续的天线单元，总和由天线长度 $L = nd$ 的积分代替，即

$$E_{\text{total}}(\theta) = \frac{E_o}{r_o^2} \mathrm{e}^{-\mathrm{i}kr_o} \sum_n \mathrm{e}^{-\mathrm{i}kr_o(nd\sin\theta)} = \frac{E_o}{r_o^2} \mathrm{e}^{-\mathrm{i}kr_o} \int_{-\frac{L}{2}}^{\frac{L}{2}} \frac{a_o}{L} \mathrm{e}^{-\mathrm{i}ky\sin\theta} \mathrm{d}y \quad \text{(A1.23)}$$

式中：单元总和被 $y = -L/2$ 到 $L/2$ 上的积分所代替，并且振幅部分暂时放回，除以积分变量成反比的长度。右侧的积分只是长度为 L 的方孔的傅里叶变换，即

$$E_{\text{total}}(\theta) = \frac{E_o}{r_o^2} \mathrm{e}^{-\mathrm{i}kr_o} \int_{-\frac{L}{2}}^{\frac{L}{2}} \frac{1}{L} \mathrm{e}^{-\mathrm{i}ky\sin\theta} \mathrm{d}y = \frac{E_o}{r_o^2} \mathrm{e}^{-\mathrm{i}kr_o} \frac{\sin\left[(kL\sin\theta)/2\right]}{(kL\sin\theta)/2} \quad \text{(A1.24)}$$

在任何特定位置的功率将与电场强度的平方成正比。所得函数与 sinc 函数的平方成正比，即 $\sin^2\alpha/\,\alpha$ 。

附录 2　科罗纳

A2.1　任务概述

表 A2.1　科罗纳任务概要（1959 年至 1972 年）

	KH-1	KH-2	KH-3	KH-4	KH-4A	KH-4B
运行周期	1959—1960	1960—1961	1961—1962	1962—1963	1963—1969	1967—1972
回收舱数量	1	1	1	1	2	2
任务系列	9000	9000	9000	9000	1000	1100
寿命	1 天	2～3 天	1～4 天	6～7 天	4～15 天	19 天
高度/n mile						
近地点	103.5(e①)	136.0(e)	117.0(e)	114.0(e)	u/a②	u/a
远地点	441.0(e)	380.0(e)	125.0(e)	224.0(e)		
平均值	u/a	u/a	u/a	110(e)	100(e)	81(e)
任务						
总数	10	10	6	26	52	17
成功数	1	4	4	21	49	16

① 估算；
② 不可用

A2.2　相机数据

表 A2.2　科罗纳系统的相机数据

	KH-1	KH-2	KH-3	KH-4	KH-4A	KH-4B
型号	C	C′	C″	Mural	J-1	J-3
类型	单一	单一	单一	立体	立体	立体
扫描角度/（°）	70	70	70	70	70	70
立体角/（°）	—	—	—	30	30	30
快门	u/a①	u/a	u/a	u/a	焦面	焦面
镜头（24 英寸焦距）	f/5 天塞镜头	f/5 天塞镜头	f/3.5 匹兹瓦镜头	f/3.5 匹兹瓦镜头	f/3.5 匹兹瓦镜头	f/3.5 匹兹瓦镜头
分辨率（估算）						
地面（英尺）	40	25	12～25	10～25	9～25	6

（续）

	KH-1	KH-2	KH-3	KH-4	KH-4A	KH-4B
胶片/（线/mm）	50～100	50～100	50～100	50～100	120	160
覆盖范围	u/a	u/a	u/a	u/a	10.6×144 n mile	8.6×117 n mile
胶片基底	醋酸纤维	聚酯纤维	聚酯纤维	聚酯纤维	聚酯纤维	聚酯纤维
胶片幅宽	2.1″	2.10″	2.25″	2.25″	2.25″	2.25″
图像格式	2.10″(e②)	2.19″(e)	2.25×29.8″	2.25×29.8″	2.25×29.8″	2.25×29.8″
胶片负载	u/a	u/a	u/a	u/a	—	—
相机	—	—	—	—	8000′	8000′
回收舱	—	—	—	—	16000′	16000′
任务	—	—	—	—	32000′	32000′
① 估算； ② 不可用						

A2.3　任务概要

日期	任务	代号	成功与否①	备注
1959年				
1959.2.28-002A(β)				“发现者”1号，“雷神-阿金纳”A火箭，在轨5天
				“探索者”1号（1958.2.21）的1年后
1959.4.13-003A(γ_1)				“发现者”2号②，“雷神-阿金纳”A火箭
6.3				未能进入轨道
6.25	9001	KH-1	否	“发现者”4号，“阿金纳”未进入轨道
8.13	9002	KH-1	否	“发现者”5号，相机回收失败，回收舱未找回
8.19	9003	KH-1	否	“发现者”6号，相机回收失败，制动火箭故障，回收舱未找回
11.7	9004	KH-1	否	“发现者”7号，“阿金纳”未入轨
11.20	9005	KH-1	否	“发现者”8号，轨道有问题，相机失效，未回收
1960年				
2.4	9006	KH-1	否	“发现者”9号，“阿金纳”未入轨
2.19	9007	KH-1	否	“发现者”10号，“阿金纳”未入轨
4.15	9008	KH-1	否	“发现者”11号，相机可工作，自旋火箭失效，未回收
6.29	N/A	N/A	N/A	“发现者”12号，诊断飞行，“阿金纳”未入轨
8.10	N/A	N/A	N/A	“发现者”13号，诊断飞行成功③

（续）

日期	任务	代号	成功与否[①]	备注
8.18	9009	KH-1	是	“发现者”14号，KH-1任务第一次成功，发射入轨的物体第一次成功大气回收
9.13	9010	KH-1	否	“发现者”15号，相机可工作，再入过程俯仰姿态错误，未回收（舱体沉没）
10.26	9011	KH-2	否	“发现者”16号，“阿金纳”未入轨
11.12	9012	KH-2	否	“发现者”17号，空中捕获，载荷故障
12.7	9013	KH-2	是	“发现者”18号，KH-2任务第一次成功，空中捕获
12.20	N/A	N/A	N/A	“发现者”19号，辐射测量任务（MIDAS导弹探测测试）
1961年				
2.17	9014A	KH-5	否	“发现者”20号，第一次ARGON飞行：轨道程序失效，相机失效，未回收
2.18	N/A	N/A	N/A	“发现者”21号，辐射测量任务
3.30	9015	KH-2	否	“发现者”22号，“阿金纳”失效，未入轨
4.8	9016A	KH-5	否	“发现者”23号，相机正常，未回收
6.8	9018A	KH-5	否	“发现者”24号，“阿金纳”失效，动力和导航失效，未回收
6.16	9017	KH-2	是	“发现者”25号，水域着陆，回收
7.7	9019	KH-2	部分	“发现者”26号，相机在回收过程中失效，回收成功
7.21	9020A	KH-5	否	“发现者”27号，未入轨，“雷神”火箭问题
8.3	9021	KH-2	否	“发现者”28号，未入轨，“阿金纳”导航失效
8.30	9023	KH-3	是	“发现者”29号，第一次KH-3飞行，空中回收
9.12	9022	KH-2	是	“发现者”30号，空中回收（第5次）
9.17	9024	KH-2	否	“发现者”31号，未回收，动力失效
10.13	9025	KH-3	是	“发现者”32号，空中回收
10.23	9026	KH-2	否	“发现者”33号，“阿金纳”入轨失败
11.5	9027	KH-3	否	“发现者”34号，未回收
11.15	9028	KH-3	是	“发现者”35号
12.12	9029	KH-3	是	“发现者”36号
1962年				
1.13	9030	KH-3	否	“发现者”37号，“阿金纳”入轨失败
2.27	9031	KH-4	是	“发现者”38号，第一次KH-4飞行，空中回收
4.18	9032	KH-4	是	空中回收
4.28	9033	KH-4	否	未回收，降落伞弹出失败
5.15	9034A	KH-5	是	
5.30	9035	KH-4	是	

（续）

日期	任务	代号	成功与否[①]	备注
6.2	9036	KH-4	否	未回收，降落伞撕裂
6.23	9037	KH-4	是	
6.28	9038	KH-4	是	
7.21	9039	KH-4	是	
7.28	9040	KH-4	是	
8.2	9041	KH-4	是	
8.29	9044	KH-4	是	
9.1	9042A	KH-5	是	
9.17	9043	KH-4	是	
9.29	9045	KH-4	是	
10.9	9046A	KH-5	是	
11.5[④]	9047	KH-4	是	
11.24	9048	KH-4	是	
12.4	9049	KH-4	是	
1963				
12.14	9050	KH-4	是	
1.8	9051	KH-4	是	
2.28	9052	KH-4	否	分离失败
3.18	8001	KH-6	否	第一次 KH-6 飞行，未入轨，导航失效（“阿金纳”）
4.1	9053	KH-4	是	
4.26	9055A	KH-5	否	未入轨，姿态传感器问题
5.18	8002	KH-6	否	入轨，“阿金纳”飞行失效
6.13	9054	KH-4	是	
6.26	9056	KH-4	是	
7.18	9057	KH-4	是	
7.31	8003	KH-6	部分	相机 32h 后失效
8.24	1001	KH-4A	部分	第一次 KH-4A 飞行[⑤]，2 个回收舱，回收舱 2 丢失
8.29	9058A	KH-5	是	
9.23	1002	KH-4A	部分	回收舱 1 回收，回收舱 2 丢失
10.29	9059A	KH-5	是	
9.9	9060	KH-4	否	失败，发射失稳
11.27	9061	KH-4	否	“阿金纳”飞行失效，阻止回收
12.21	9062	KH-4	是	最后的 KH-4 任务
1964				
2.15	1004	KH-4A	是	
3.24	1003	KH-4A	110	未入轨，“阿金纳”动力失效

（续）

日期	任务	代号	成功与否[①]	备注
4.27	1005	KH-4A	否	无在轨操作，“阿金纳”失效，回收舱在委内瑞拉受撞击
6.4	1006	KH-4A	是	
6.13	9063A	KH-5	是	
6.19	1007	KH-4A	是	
7.10	1008	KH-4A	是	
8.5	1009	KH-4A	是	
8.21	9064A	KH-5	是	
9.14	1010	KH-4A	是	
10.5	1011	KH-4A	部分	回收舱 2 未回收
10.17	1012	KH-4A	是	因恶劣天气，回收舱 2 水上回收
11.2	1013	KH-4A	部分	两台相机在回收过程中失效
11.18	1014	KH-4A	是	
12.19	1015	KH-4A	是	
1965				
1.15	1016	KH-4A	是	
2.25	1017	KH-4A	是	
3.25	1018	KH-4A	是	
4.29	1019	KH-4A	部分	回收舱 2 未回收
5.18	1021	KH-4A	是	
6.9	1020	KH-4A	是	回收舱 2 水上回收
7.19	1022	KH-4A	是	
8.17	1023	KH-4A	部分	前视相机失效
9.2	N/A		否	在安全范围内发射损毁
9.22	1024	KH-4A	是	
10.5	1025	KH-4A	是	
10.28	1026	KH-4A	是	
12.9	1027	KH-4A	是	控制气体泄露
12.24	1028	KH-4A	是	
1966				
2.2	1029	KH-4A	是	
3.9	1030	KH-4A	是	
4.7	1031	KH-4A	是	
5.3	1032	KH-4A	否	“阿金纳”与助推器分离失败
5.24	1033	KH-4A	是	
6.21	1034	KH-4A	是	

（续）

日期	任务	代号	成功与否[①]	备注
8.9	1036	KH-4A	是	
9.20	1035	KH-4A	是	
11.8	1037	KH-4A	是	
1967年				
1.14	1038	KH-4A	是	
2.22	1039	KH-4A	是	
3.30	1040	KH-4A	是	
5.9	1041	KH-4A	是	
6.16	1042	KH-4A	是	回收舱2水中回收
8.7	1043	KH-4A	是	
9.15	1101	KH-4B	是	第一次KH-4B任务（PERS）
11.2	1044	KH-4A	是	
12.9	1102	KH-4B	是	
1968年				
1.2	1045	KH-4A	是	
3.14	1046	KH-4A	是	
5.1	1103	KH-4B	是	
6.20	1047	KH-4A	是	
8.7	1104	KH-4B	是	
9.18	1048	KH-4A	部分	前视相机失效
11.3	1105	KH-4B	是	
12.12	1049	KH-4A	是	胶片潮解
1969				
2.5	1106	KH-4B	部分	后视相机失效
3.19	1050	KH-4A	部分	被终止，“阿金纳”失效
5.2	1051	KH-4A	是	胶片潮解
7.24	1107	KH-4B	部分	前视相机失效，回收舱1水中回收
9.22	1052	KH-4A	是	最后的KH-4A任务
12.4	1108	KH-4B	是	
1970				
3.4	1109	KH-4B	是	
5.20	1110	KH-4B	是	
7.23	1111	KH-4B	是	
11.18	1112	KH-4B	是	
1971				
2.17	1113	KH-4B	否	“雷神”助推器失效

（续）

日期	任务	代号	成功与否[①]	备注
3.24	1114	KH-4B	是	
9.10	1115	KH-4B	是	
1972				
4.19	1116	KH-4B	是	
5.25	1117	KH-4B	是	最后的“科罗纳”观测任务

① 此列中是主观评价；

② 由于失误，该舱体降落在斯匹茨卑尔根岛上，显然是被苏联回收了；

③ 这是“发现者”系列中首次成功的诊断飞行。它的任务以首次成功回收送入太空的物体结束。回收舱（RV）是从太平洋中回收的，并且该回收舱现位于史密森尼国家航空航天博物馆中；

④ 1962年10月26日，执行了非摄影侦察工程任务；

⑤ 里切尔森说，第一架KH-4A相机飞行是1963年5月18日

A2.4 轨道：一个例子[①]

此处给出了科罗纳早期观测任务的轨道参数。这些系统不同于大多数现代卫星，它们轨道高度低，并且为椭圆轨道（相对于圆形轨道），整个任务期间轨道高度迅速下降。倾斜角度为80.0°，不同于98°的极轨。参数包括时间（年、月、日、时、分、秒）。周期P，近地点高度h_P，远地点高度h_A。

1959-005A (ε_1)——“发现者”5号

任务名称	“发现者”5号
	KH-1任务9003 [锁眼]
	“阿金纳”1028
	FTV-1028 [飞行测试载具]
	“科罗纳”5号
SSC	18
发射	1959-08-13 19:00:08, 西部导弹试验场，“雷神-阿金纳”A

轨道参数

时期	周期/min	近地点高度/km	远地点高度/km
59-08-13.8	94.19	217	739
59-08-14.36	94.07	215	732
59-08-20.29	93.59	193	707
59-08-28.39	92.94	215	622

① http://www.lib.cas.cz/www/space.40/1959/005A.HTM。

（续）

时期	周期/min	近地点高度/km	远地点高度/km
59-09-02.23	92.60	215	588
59-09-05.44	92.31	215	560
59-09-08.64	91.96	215	526
59-09-10.23	91.85	215	515
59-09-15.01	91.39	185	501
59-09-18.18	91.00	185	462
59-09-21.33	90.45	163	430
59-09-24.46	89.67	163	354
59-09-26.32	89.10	137	323

附录 3　跟踪和数据中继卫星系统

A3.1　中继卫星：TDRSS

在空间探测的早期，NASA 和美国空军维护了许多地面站，用于卫星通信。地面站很昂贵，并且不能提供连续覆盖，特别是对于 LEO 卫星。NASA 提出了建立全球通信卫星系统的构想，并最终于 1983 年 4 月 4 日发射 TDRS-1。1986 年，“挑战者”号事故中丢失 TDRS-2 之后的 9 年中，又发射了 5 颗 TDRS 卫星。TRW 最初制造的卫星由波音制造的 TDRS 8-10 卫星进行了补充（替换）。TDRS-11 和 TDRS-12 分别于 2013 年和 2014 年发射，与第二代卫星相比仅有少量变化。

完整的系统称为跟踪和数据中继卫星系统，即 TDRSS，由卫星、位于白沙综合站的两个地面终端、位于关岛的地面终端扩展以及用户和数据处理设施组成。这个卫星星座为航天飞机、国际空间站、哈勃太空望远镜以及众多 LEO 卫星、气球和研究飞机提供全球通信与数据中继服务[①]。

A3.2　白沙

WSC 位于新墨西哥州拉斯克鲁塞斯附近，包括两个功能相同的卫星地面终端。图 A3.1 显示了地面站。这些终端称为白沙地面终端（WSGT）和第二个 TDRSS 地面终端（STGT）。地面站包括 3 个 18.3m 的 Ku 波段天线、3 个 19m 的 Ku 波段天线和 2 个 10m 的 S 波段遥控指令（TT＆C）天线，如图 A3.2 所示和表 A3.1 所列。

① http://tdrs.gsfc.nasa.gov/tdrsproject/about.htm。

图 A3.1　白沙地面站的第二个 TDRSS 地面终端

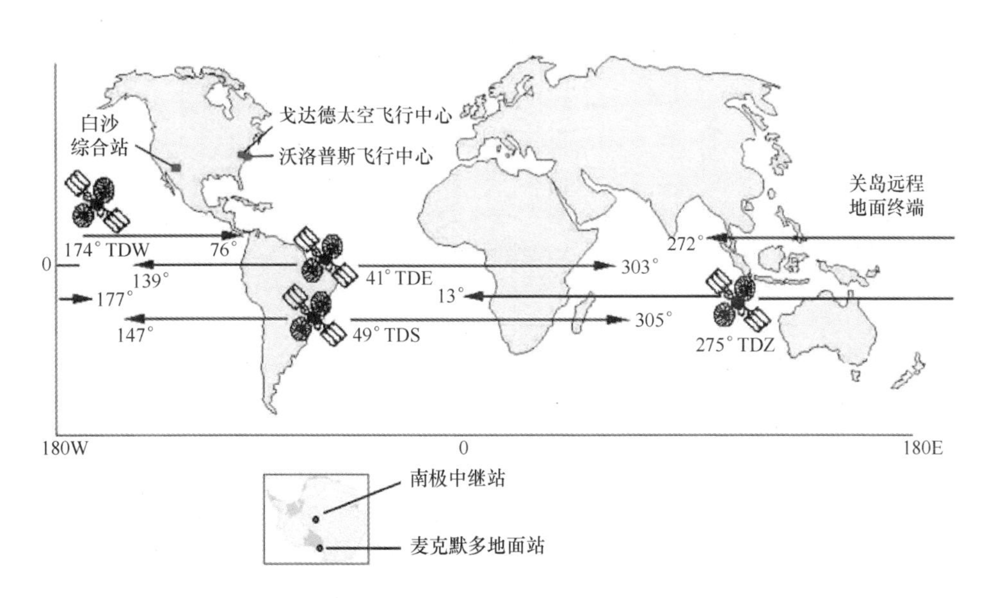

图 A3.2　对于活动 TDRS 星座，有 4 个标称站点：TDE（东部 TDRS）、TDW（西部 TDRS）、TDZ［TDRS 盲区（ZOE）］和 TDS（TDRS 备用）。原始计划仅涉及前两个站点。原始计划中存在盲区，最终增加了第三个站点

表 A3.1　TDRS 星座：卫星位置。TDRS-7 和-8 由关岛远程地面终端（GRGT）控制

卫星	发射日期	位置
TDRS-1	1983 年 4 月 4 日，STS-6（“挑战者”）	2010 年 6 月退役
TDRS-2	1986 年 1 月 27 日，STS 51-L（“挑战者”）	
TDRS-3	1988 年 9 月 29 日，STS-26（“发现者”）	备用 43° 西（储存中）
TDRS-4	1989 年 3 月 13 日，STS-29（“发现者”）	2011 年 12 月退役
TDRS-5	1991 年 8 月 2 日，STS-43（“亚特兰蒂斯”）	168° 西（TDW）
TDRS-6	1993 年 1 月 13 日，STS-54（“奋进”号）	46° 西（TDE）
TDRS-7	1995 年 7 月 13 日，STS-70（“发现者”）	90° 东（TDZ）
TDRS-8	2000 年 6 月 30 日，Atlas IIA	85° 东（TDZ）
TDRS-9	2002 年 3 月 8 日，Atlas IIA	41° 西（TDE）
TDRS-10	2002 年 12 月 5 日，Atlas IIA	174° 西（TDW）
TDRS-11	2013 年 1 月 30 日，Atlas V	171° 西（测试中）
TDRS-12	2014 年 1 月 23 日，Atlas V	150° 西（测试中）

A3.3　TDRS1–7

A3.3.1　卫星

跟踪和数据中继卫星系列始于 TRW 建造的航天器（图 A3.3、表 A3.2）。

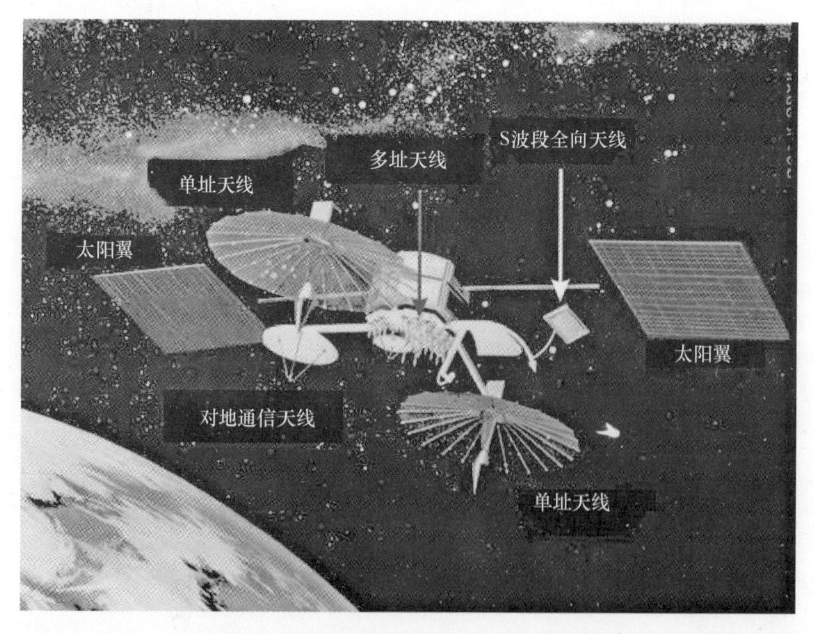

图 A3.3　TDRS1-7 航天器：宽 45 英尺，长 57 英尺，5000lb，功率 1800W（EOL）

该系统是当时（20 世纪 80 年代初期）典型的通信卫星。太阳能电池阵列的总输出功率约为 1800W。航天器的遥测和指令通过 Ku 波段通信系统执行，而紧急备用则由 S 波段系统提供①。

表 A3.2　TDRS 遥测特性（数据转载自 http://tdrs.gsfc.nasagov/tdrsproject/spacecraft.htm）

基线服务	服务		TDRS1–7	TDRS8–10
单址访问（SA）	S 波段	发送	300kb/s	300kb/s
		接收	6Mb/s	6Mb/s
	Ku 波段	发送	25Mb/s	25Mb/s
		接收	300Mb/s	300Mb/s
	Ka 波段	发送	N/A	25Mb/s
		接收	N/A	800Mb/s
	每个航天器的链路数		2S SA	2S SA
			2Ku SA	2Ku SA
				2Ka SA
每个航天器的多址链路数量	发送		1@10kb/s	1@300kb/s
	接收		5@100kb/s	5@3Mb/s
客户追踪			150m	150 m
			3sigma	3sigma

A3.3.2　有效载荷②

卫星有效载荷是一组旨在支持中继任务的天线。

（1）**两个单通道（SA）天线。**每个天线均为直径 4m 的钼丝网金属天线，可用于 Ku 波段和 S 波段链路。每个天线均可沿 2 个轴转向，每次只能与一个目标航天器通信。

（2）**一个多通道（MA）S 波段天线阵列。**这是一个电子可控相控阵列，由 30 个固定螺旋天线组成。MA 阵列可同时从多达 20 个用户卫星接收数据，且每次可进行一电子控制的发送服务（传输）。12 个螺旋可以发送和接收，其余的只能接收。支持相对较低的数据速率 100b/s～50kb/s。③

（3）**一个空地链路（SGL）天线。**这是一个 2m 的抛物面天线，工作在 Ku 波段，提供了卫星和地面之间的通信链路。所有客户数据、常规 TDRS 命令和遥测信号都通过此天线发送。天线在两个轴向均为万向调节。

① http://tdrs.gsfc.nasa.gov/tdrsproject/tdrs1.htm#1。

② http://msl.jpl.nasa.gov/QuickLooks/tdrssQL.html。

③ NASA Press Release, Tracking And Data Relay Satellite System (TDRSS) Overview; Release No. 91-41; June 7, 1991。

（4）**一个S波段全向天线**。圆锥形对数螺旋天线，在卫星部署阶段使用，在航天器紧急情况下用作备用天线。该天线不支持客户连接。

A3.4　TDRS8–10

第二代TDRS航天器基于自稳定波音（休斯）601卫星（图A3.4）。这是在电信行业中大量使用的标准通信平台。它具有比早期型号更高的指向能力，新的Ka波段服务所需的窄带宽特性要求其具有这样的能力。电力系统鲁棒性更强。两个太阳能电池阵列在15年寿命末期提供约2300W的电量。与早期卫星中使用的较旧的镍镉电池相比，新系统使用了镍氢电池。

图A3.4　TDRSH

A3.4.1　TDRS8–10：有效载荷特性[①]

TDRS H、I和J为用户的航天器提供了18个服务接口。卫星上的通信有效载荷可以描述为弯管中继器，TDRS不会进行任何处理。

① http://spaceflightnow.com/atlas/ac139/000626tdrsh.html。

A3.4.1.1　S 波段多接入天线

MA 阵列由两根天线组成，每根天线用于向用户发送和接收数据。相控阵天线设计为在一次发射时同时接收来自 5 个航天器的信号。

A3.4.1.2　两个单通道天线

这两个很大的天线（直径 15 英尺），非常轻巧，指向单个用户卫星，可以使用一个或两个波段（RF）通道（S 波段、Ku 波段或 Ka 波段二者之一）发送和接收数据。S 波段访问用于支持载人任务，包括哈勃太空望远镜在内的科学数据任务以及卫星数据转储。Ku 波段的更高带宽支持高分辨率数字电视，包括所有航天飞机的视频通信。NASA 卫星上的记录器可以高达 300Mb/s 的速率转储大量数据。Ka 波段是由 15 英尺天线提供的一种新型的可调式宽带高频服务，其数据速率高达 800Mb/s。

A3.4.1.3　空间地面链路天线（Ku 波段）

这种较小的（直径 2m）天线始终指向新墨西哥州白沙市的 TDRS 地面站。

A3.5　TDRS K, L, M

新一代 TDRS 卫星于 2013 年开始运行。它们与第二个系列（基于波音 601 平台）类似。已发射其中两颗，截至 2014 年初，它们都处于检校阶段（图 A3.5）。

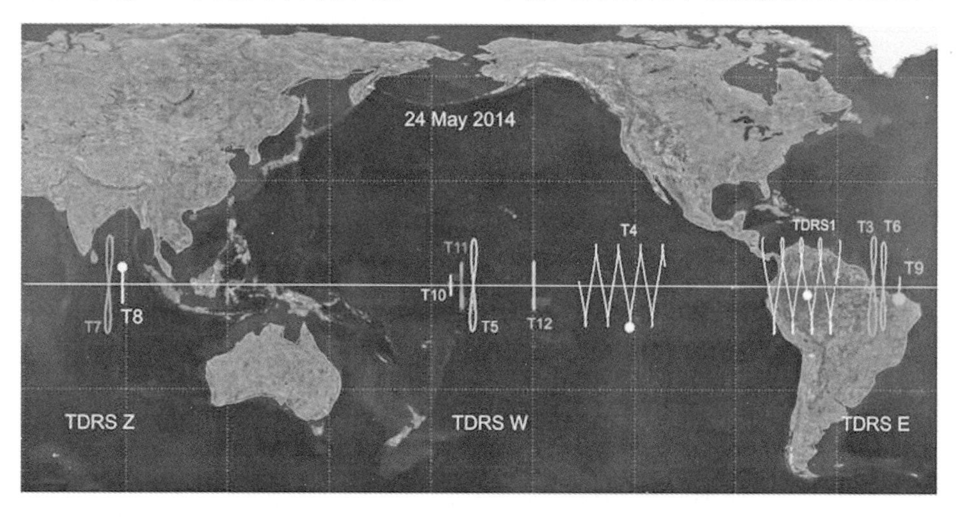

图 A3.5　2014 年的 TDRS 星座。图中所示为一天中，TDRS-1 和 TDRS-4 相对于地面的轨迹漂移。活跃卫星相对于地球表面波动几度，这说明了地球同步与地球静止之间的差异。后者比较少，维护难度大。TDRS-9 和 TDRS-10 几乎是对地静止的，仅几度倾斜

附录 4　有用的方程和常量

电磁波

$$\lambda f = c; E=hf; \lambda = \frac{hc}{\Delta E}; c = 2.998\times 10^{8}; 1\text{eV} = 1.602\times 10^{-19}\text{ J}$$

$$h = \text{Planck'c constant} = \begin{Bmatrix} 6.626\times 10^{-34}\ \text{J}\cdot\text{s} \\ 4.136\times 10^{-15}\ \text{eV}\cdot\text{s} \end{Bmatrix}$$

$$\Delta E(\text{eV}) = \frac{1.24\times 10^{-6}}{\lambda(\text{m})} = \frac{1.24}{\lambda(\mu\text{m})}$$

玻尔原子模型

$$r_n(m) = n^2 \times 0.528\times 10^{-10}/Z$$

$$E_n = -\left(\frac{1}{2}\right)\left(\frac{Ze^2}{4\pi\varepsilon_0\hbar}\right)^2 \frac{m}{n^2} = Z^2\frac{E_1}{n^2}; E_1 = -\left(\frac{me^4}{32\pi^2\varepsilon_0^2\hbar^2}\right) = -13.58\text{eV}$$

$$\text{number} \propto \text{e}^{-\left(\frac{\text{bandgap energy}}{\text{thermal energy}(kT)}\right)}$$

黑体辐射理论

$$c = 3\times 10^{8}\ \text{m/s}; h = 6.626\times 10^{-34}\ \text{J}\cdot\text{s}; k = 1.38\times 10^{-23}\ \text{J/K}$$

$$\text{radiance} = L = \frac{2hc^2}{\lambda^5}\frac{1}{\text{e}^{\frac{hc}{\lambda kT}} - 1}$$

$$\text{Stefan-Boltzmann Law}: R = \sigma\varepsilon T^4\left(\frac{\text{W}}{\text{m}^2}\right)$$

$$\varepsilon = \text{emissivity}; \sigma = 5.67\times 10^{-8}\left(\frac{\text{W}}{\text{m}^2\cdot\text{K}^4}\right); T = \text{temperature(K)}$$

$$\text{Wien's Law}: \lambda_{\max} = a/T; a = 2.898\times 10^{-3}(\text{mK})$$

$$T_{\text{radiative}} = \varepsilon^{1/4} T_{\text{kinetic}}$$

光学

$$\frac{1}{f} = \frac{1}{i} + \frac{1}{o}; f/\# = \frac{\text{focallength}}{\text{diameter}}$$

$$\text{Rayleigh criteria}: \text{GSD} = \Delta\theta\cdot\text{range}$$

$$= \text{range} \cdot \begin{cases} \dfrac{\lambda}{\text{diameter}} : \text{rectangular apertures} \\ 1.22 \cdot \dfrac{\lambda}{\text{diameter}} : \text{circular optics} \end{cases}$$

反射与折射

$$n = \frac{c}{v}; n_1 \sin\theta_1 = n_2 \sin\theta_2$$

$$r_{\perp} = \frac{n_1\cos\theta_1 - n_2\cos\theta_2}{n_1\cos\theta_1 + n_2\cos\theta_2}; r = \frac{n_2\cos\theta_1 - n_1\cos\theta_2}{n_2\cos\theta_1 + n_1\cos\theta_2}; R = \left(\frac{n_1 - n_2}{n_1 + n_2}\right)^2$$

轨道动力学

$$\boldsymbol{F} = -G\frac{m_1 m_2}{r^2}\hat{r}; F = g_0 m\left(\frac{R_{\text{earth}}}{r}\right)^2 G = 6.67\times10^{-11}\,\text{N}(\text{m}^2/\text{kg}^2); g_o = G\frac{m_{\text{earth}}}{R_{\text{earth}}^2} = 9.8\text{m/s}^2$$

$$R_{\text{earth}} = 6.38\times10^6\,\text{m}, m_{\text{earth}} = 5.9736\times10^{24}\,\text{kg}$$

$$v = \omega r; \omega = 2\pi f; \tau = \frac{1}{f} = \frac{2\pi}{\omega}$$

$$F_{\text{centripetal}} = m\frac{v^2}{r} = m\omega^2 r; \text{circulal motion}: v = \sqrt{\frac{g_o}{r}}R_{\text{earth}}$$

$$\text{Ellipses:}\frac{x^2}{a^2} + \frac{y^2}{b^2} = 1; \varepsilon = \frac{\sqrt{a^2 - b^2}}{a} \text{ or } \varepsilon = \sqrt{1 - \frac{b^2}{a^2}}$$

$$\text{Distance from center to focus}: c = \varepsilon a = \sqrt{a^2 - b^2}$$

$$\text{Elliptical orbit: } v = \sqrt{GM\left(\frac{2}{r} - \frac{1}{a}\right)}; \tau^2 = \frac{4\pi^2}{g_o R_{\text{earth}}^2} r^3 = \frac{4\pi^2}{M_{\text{earth}} G} r^3$$

内 容 简 介

航空航天遥感拓展了人类的视野，已经广泛应用于农业、气象（大气）、海洋学以及军事侦察等方面。近年来，航空航天遥感技术发展迅速，成像能力不断提升，商业遥感的分辨率已经达到 0.3m。遥感成为继通信和导航之后新的空间经济增长点。

本书从军事应用可以从遥感图像中获得的信息分析入手，全面、系统地介绍了航空航天遥感系统。从遥感信息获取的链路角度看，本书包括光学卫星系统、光学成像系统、轨道对成像系统的影响以及图像分析和应用等内容；从遥感系统的类别看，本书包括可见光成像系统、光谱和偏振成像系统、热红外系统、微波雷达系统和激光雷达系统以及这些领域涉及的相关物理学基础知识，是专业人员不可多得的参考书。

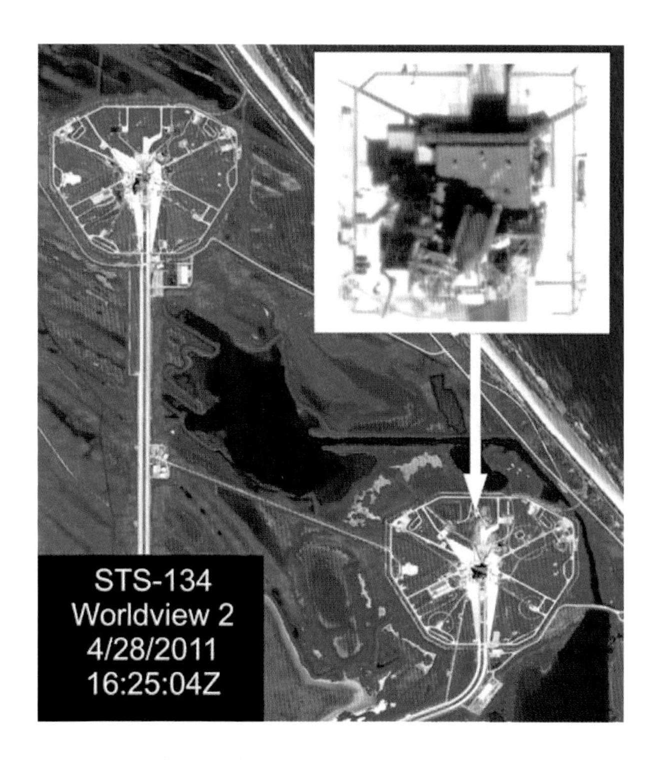

图 1.5　Worldview-2 卫星拍摄的“奋进”号航天飞机（STS-134）在发射台上的场景。图中上方是北，这张图像使用了近红外、红色和绿色谱段。植被呈现鲜红色。而巧合的是，原本为红色的航天飞机外部燃料箱却呈现出橘色。该图像的全色分辨率为 0.6m。图片由 DigitalGlobe 提供

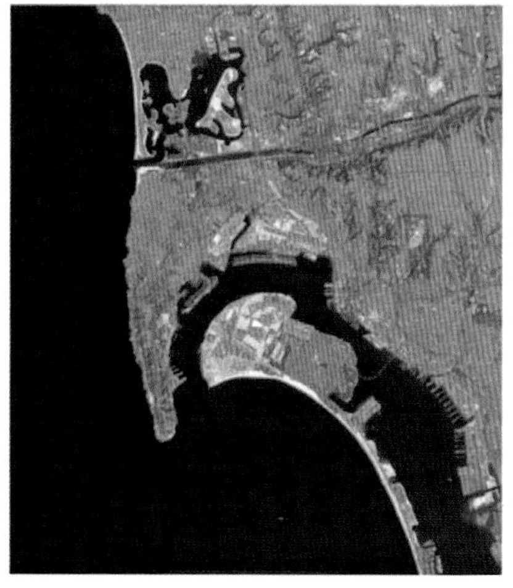

图 1.12　“陆地”7 号卫星拍摄的图像的放大图（2001 年 6 月 14 日 18:12:08.07Z 拍摄），左侧为“真彩色”图像，右侧为长波热红外图像。右图使用的是红外波段 6 和 7；红色是 11μm 谱段，绿色和蓝色是 2.2μm 谱段

图 1.13 “陆地”7 号卫星上的增强型专题成像仪（ETM+）拍摄的全色图像，分辨率为 15m，图中的科罗纳多大桥清晰可见。因为这个传感器的光谱响延伸到近红外谱段，所以高尔夫球场是明亮的（具体见第 6 章）

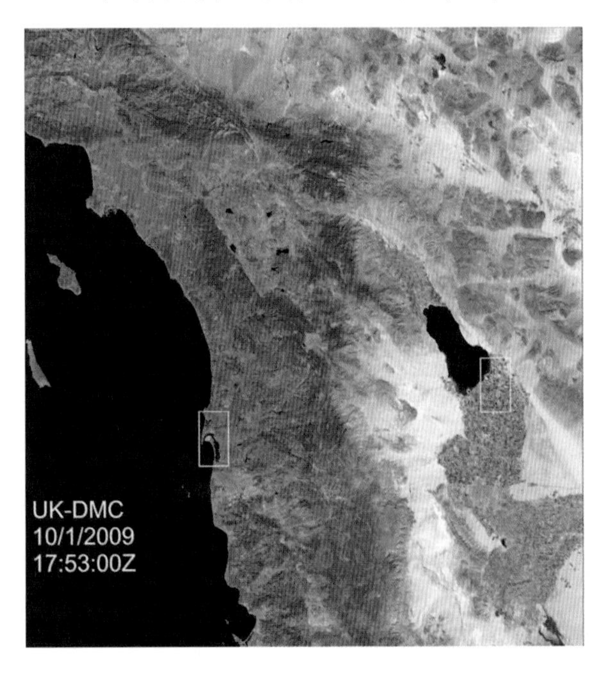

图 1.14 由英国 DMC 拍摄的全帧图像，2009 年 10 月 1 日 17 时 53 分拍摄。假彩色“红外”图像的像素为 14400×1555，地面像元分辨率（GSD）为 30m。红色的区域表示植被丰富。图像由英国 DMC 国际成像公司提供，版权归英国 DMC 国际成像公司

图 1.15　由英国 DMC 拍摄的全帧图像，2009 年 10 月 1 日 17 时 53 分拍摄。假彩色“红外”图像的像素为 14400×1555，地面像元分辨率（GSD）为 30m。红色的区域表示植被丰富。图像由英国 DMC 国际成像公司提供，版权归英国 DMC 国际成像公司

图 1.16　2014 年 9 月 16 日，Worldview-3 卫星拍摄的加州圣迭戈的科罗纳多岛的图像。“北”约在右边，太阳在左上角。左上角的插图为德尔 - 科罗纳多酒店，下面的插图为“中途岛”号航空母舰，为 0.3m 分辨率全色图像。图像由 DigitalGlobe 提供

图 1.17　美国地质调查局利用激光雷达拍摄的加利福尼亚州圣迭戈的科罗纳多岛。拍摄使用的传感器是 Optech 公司研制的机载激光地形绘图仪（ALTM）1225。这些激光雷达数据采集于 2006 年 3 月 24 日至 25 日，激光脉冲频率为 25000Hz，扫描频率为 26Hz，扫描角为 ±20°，飞行高度为 300 ～ 600m，相对地面所的速度为 95 ～ 120kts

图 2.3　位于海军研究生院校园内的赫尔曼礼堂的彩色照片。左图中，低空的云朵在相对较暗的蓝天的映衬下显而易见；来自云层的反射光并没有被过度极化。拍摄的相机是尼康 D70，相机的曝光设置是固定的。另一类似的现象参见第 6 章（图 6.25）

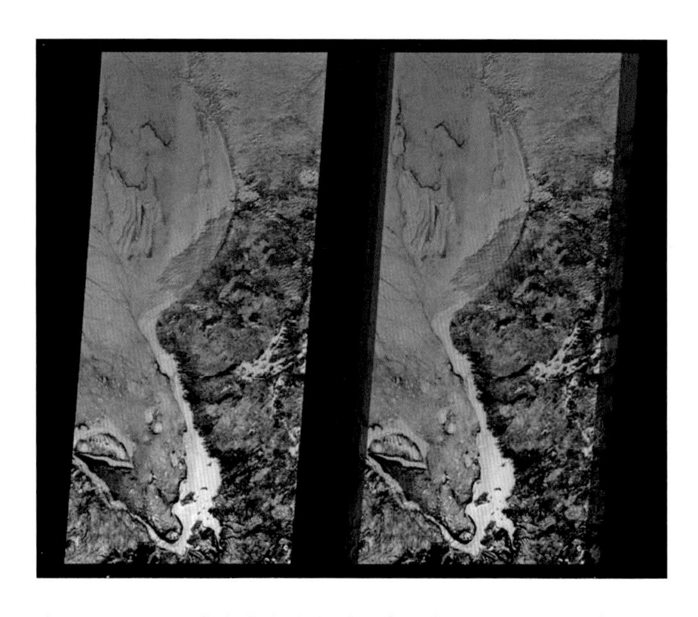

图 2.17　2000 年 2 月 24 日，多角度成像光谱仪在加拿大哈德逊湾和詹姆斯湾拍摄的图像。这个例子说明了如何通过多角度观察实现物理结构和纹理的区分。两个图像宽约 400km，空间分辨率约 275m。图片的顶端是北向。照片来自 NASA/GSFC/JPL，MISR 科学团队（PIA02603）

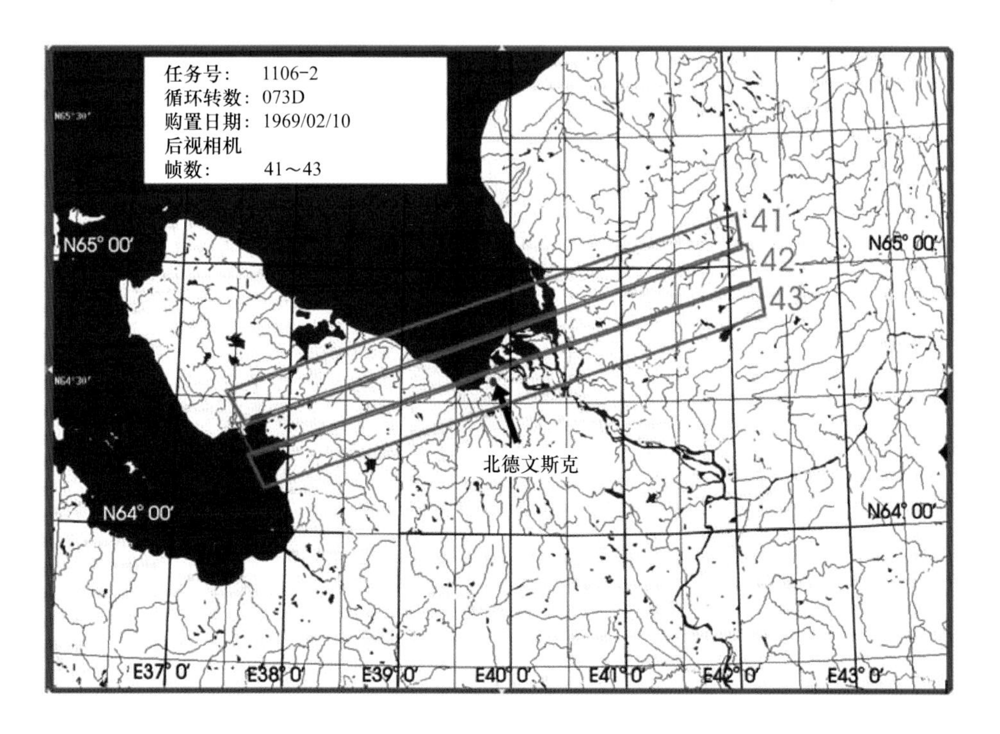

图 3.9　Corona 卫星的覆盖图（图片来源：美国地质调查局）

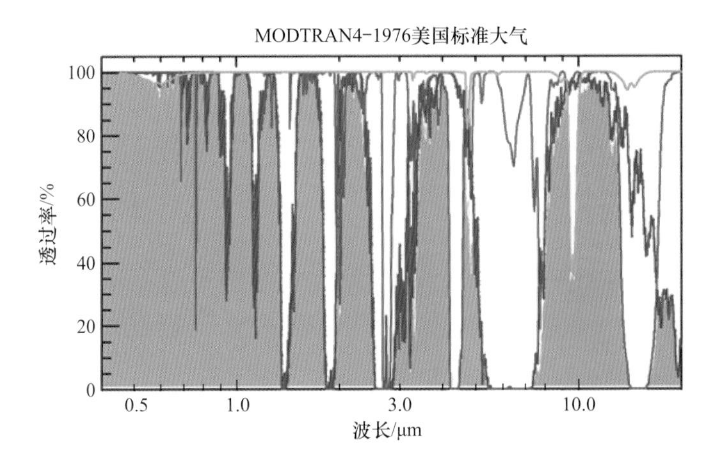

图 3.11　大气吸收。透射率曲线是由 MODTRAN 4.0 软件（第 2 版）仿真得出。1976 年 10 月，美国国家海洋和大气局（NOAA）出版了《美国标准大气（1976）》（NOAA0S/T-1562），由华盛顿特区出版

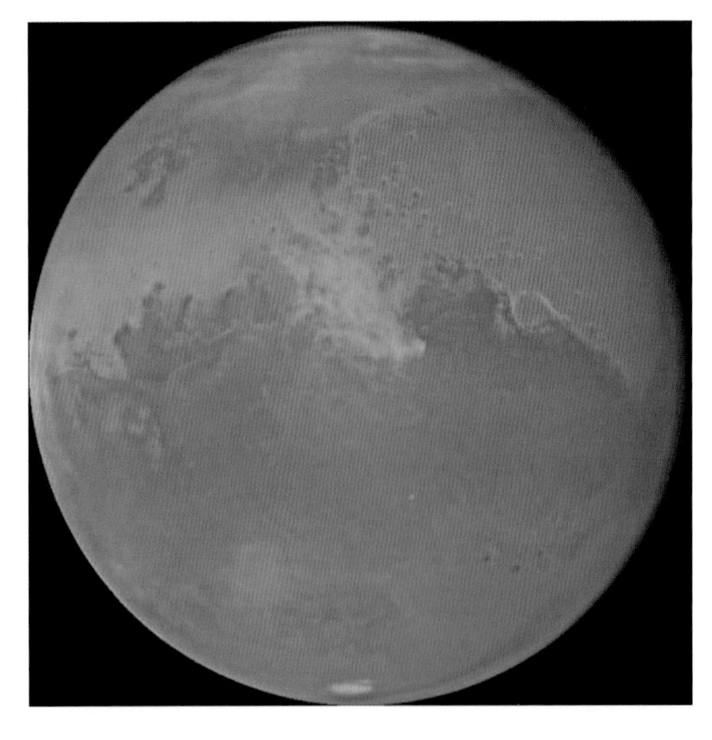

图 4.8　这张火星的图像是由哈勃望远镜的 WFPC2 于 2005 年 10 月 28 日拍摄的，当时火星距离地球约 7000 万 km。图像显示了来自 3 个滤光轮位置的数据，蓝色、绿色和红色（410nm、502nm 和 631nm），空间分辨率 10km。供图：NASA（美国航天局）、ESA（欧洲航天局）、哈勃遗产团队（STScI/AURA）、J.Bell（康奈尔大学）和 M.Wolff（空间科学研究所）

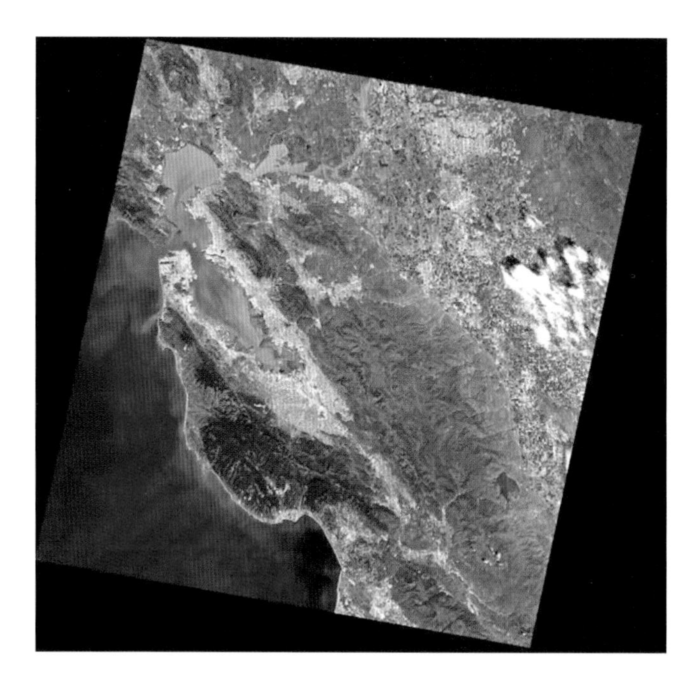

图 6.1 由 Landsat 7 卫星拍摄的旧金山可见光图像，该图像拍摄于 1999 年 4 月 23 日，第 9 飞行日，第 117 轨道，UTC。卫星尚未进入最终轨道而且不在标准参考栅格 WRS 上，因此，该场景拍摄于标称场景中心（径 44，行 34）以东面 31.9km 处。40 年来，Landsat 卫星一直是地球资源卫星中的佼佼者。图片转载特别感谢丽贝卡 · 法尔，美国国家环境卫星资料和信息服务局 / 美国国家海洋和大气局

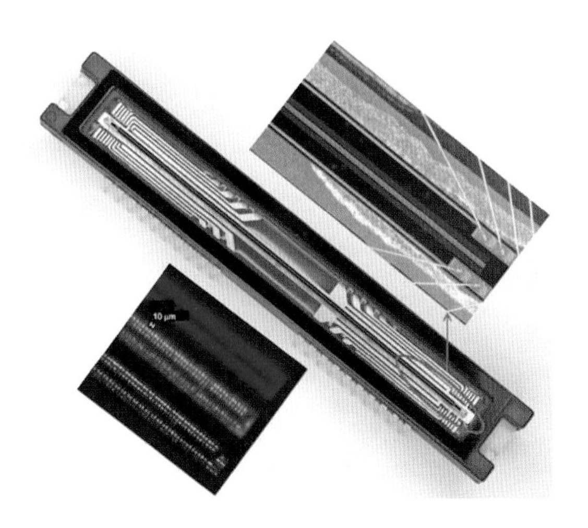

图 6.4 柯达 KLI-8023 图像传感器是用于彩色扫描成像的多光谱固态线阵图像传感器。该器件规模 8000×3，像元间距 9μm，具有红、绿、蓝三色滤光片。图中是传感器图片和其放大图片，从图中可以看到探测器中 3 行不同颜色的像素排列

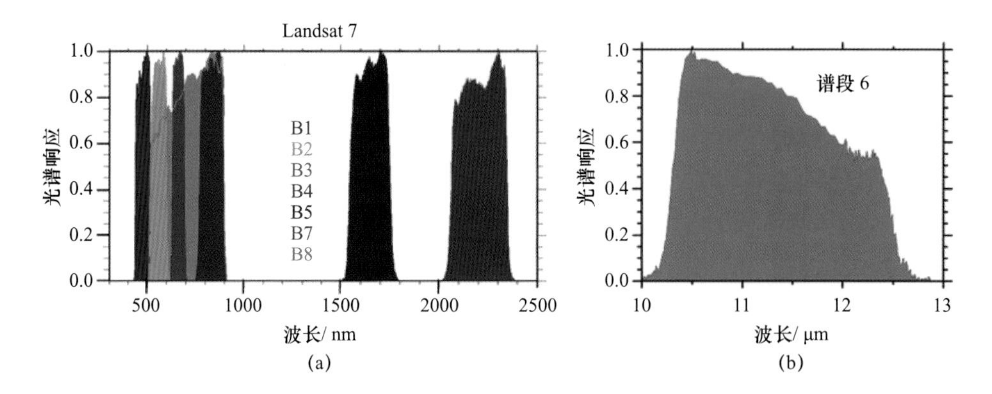

图 6.11　Landsat7 的光谱响应为波长的函数。这些数据来自由 NASA/GSFC 提供的地面定标结果。高分辨率全色谱段与谱段 2 ～ 4 对相同区域成像，谱段未延伸到蓝色谱段，以避免短波的大气散射影响

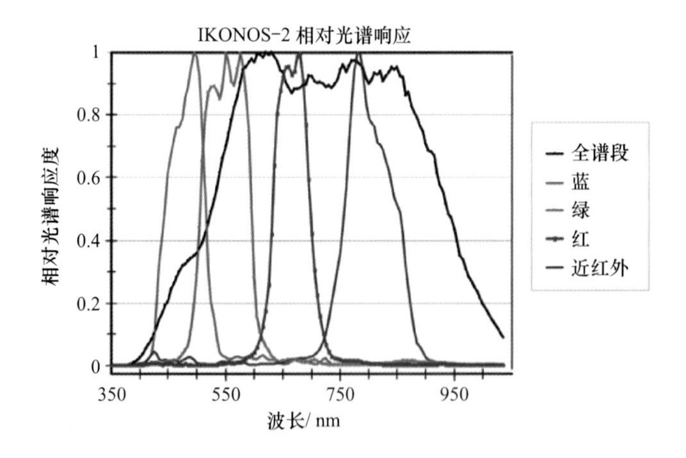

图 6.13　为了避免大气散射造成图像质量下降，全色谱段对蓝光几乎没有响应，全色谱段拓展至可见近红外。蓝色谱段为 450 ～ 520nm，绿色谱段为 520 ～ 600nm，红色谱段为 630 ～ 690nm，近红外谱段为 760 ～ 790nm

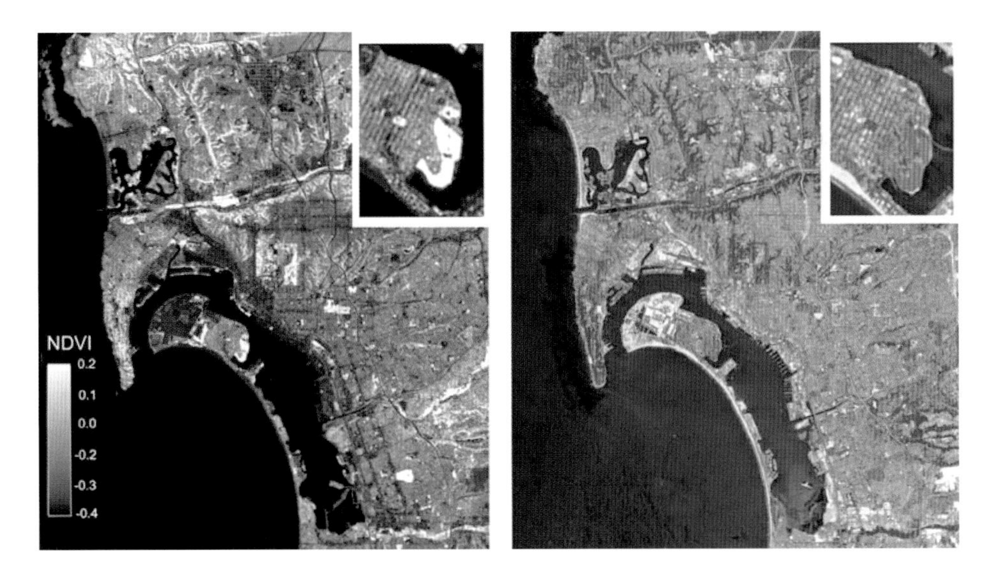

图 6.17　Landsat7 拍摄的光谱图像，拍摄于 2001-06-14。左图中显示了 NDVI 数值，右边是伪彩图像（近红外谱段、红谱段、绿谱段按照 RGB 显示），每幅图的右上部插图为高尔夫球场

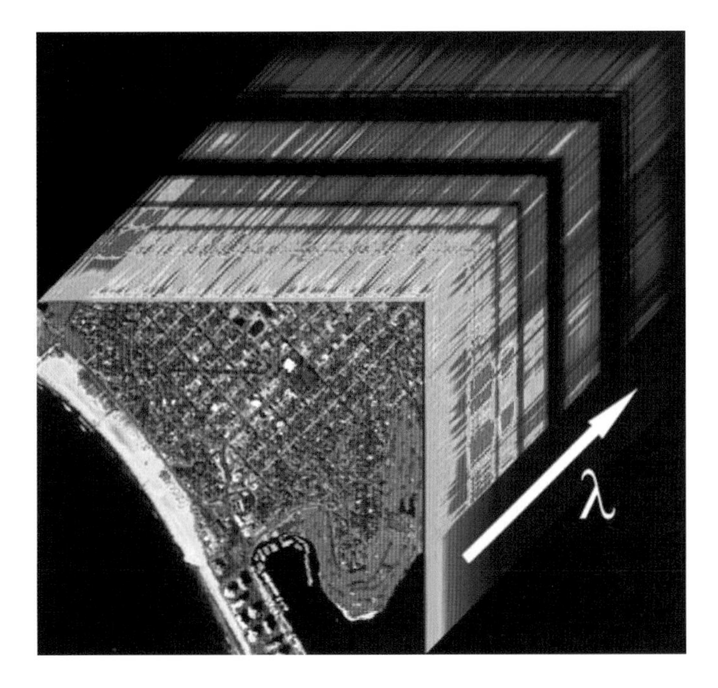

图 6.20　AVIRIS 的“高光谱立方”。该 3D 透视图展示了小部分伪彩色红外图像（750nm、645nm 和 545nm），其具备 3 个维度，前 2 个是空间维度，第 3 个是波长维度。辐射数据表明大气吸收相当明显。水的光强随波长而迅速降低。该图片的拍摄时间为 2011 年 11 月 16 日 20:40，图片的空间分辨率为 7.5m

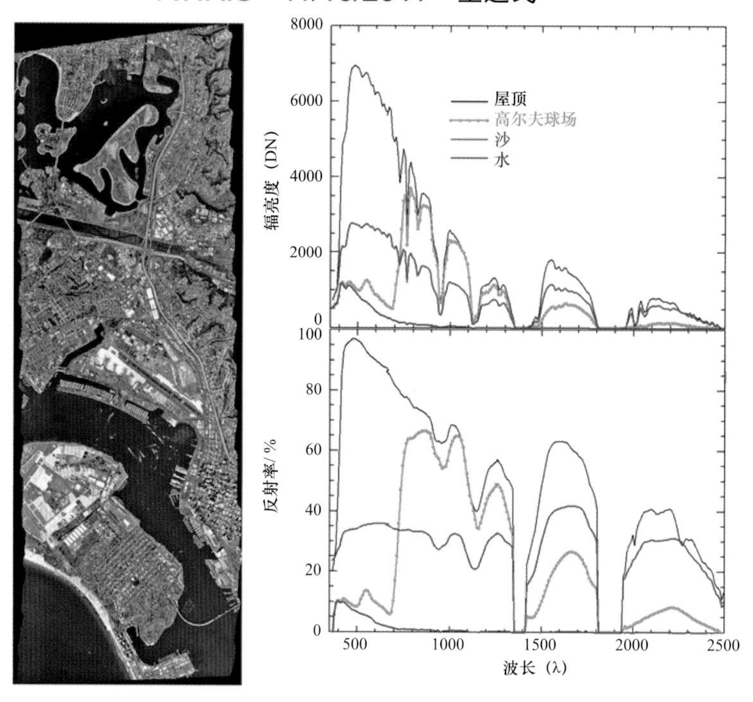

图 6.21 AVIRIS 在 2011 年 11 月 16 日所拍摄的图像。这次任务是在美国宇航局的 ER-2 飞机上拍摄的。飞机飞行高度为 7500m（25000 英尺）。左边图像是真彩色图像。右图选取了 4 个感兴趣的区域，并描绘了其随波长变化的辐亮度曲线（顶部图形）和反射率曲线（底部图像）。植被在绿色（550nm）和红外窗口表现出明显的小特征峰，尤其是在反射率曲线中。“白色屋顶”的光谱曲线来自于在图 1.15 右侧清晰可见的屋顶。而沙的光谱曲线来在于开阔的沙滩

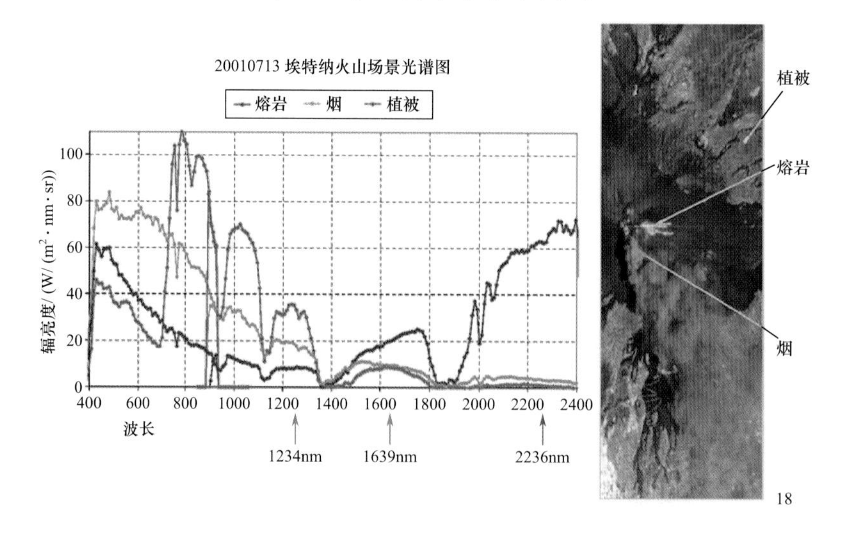

图 6.22 埃特纳火山。Hyperion 提供 12 位动态范围。辐亮度的单位是 W/（m^2 · str · nm），即单位面积、单位立体角、单位波长（nm）的功率

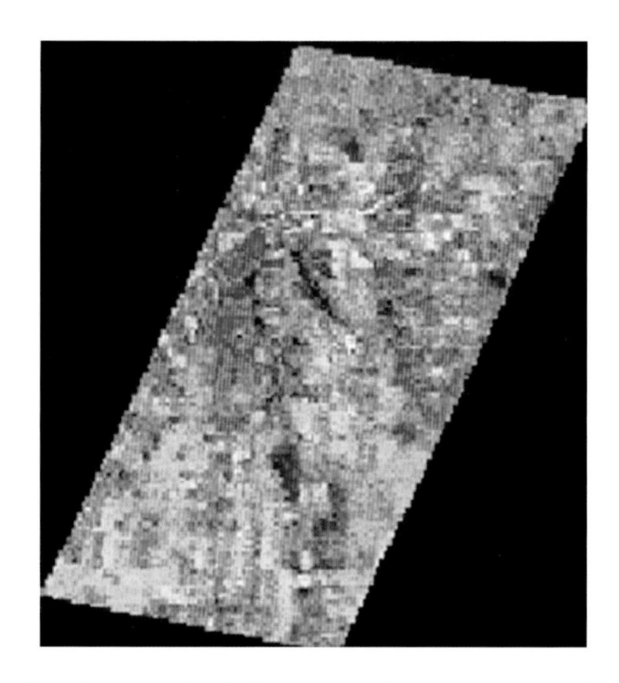

图 6.23　第一景 RGB 图像，在金斯堡附近拍摄，数据以伪彩红外图像呈现，红色代表植被

图 7.4　在科罗拉多州的博尔德采集的 Landsat TM 图像（2、3、4 谱段）。大角盆地位于北部怀俄明州黄石国际公园东部约 100mile 的位置。圆形图案为灌溉区。亮红色说明这个区域的近红外光谱有很高的反射率（TM 4 谱段），说明是植被。将这张图与图 6.15 进行对比

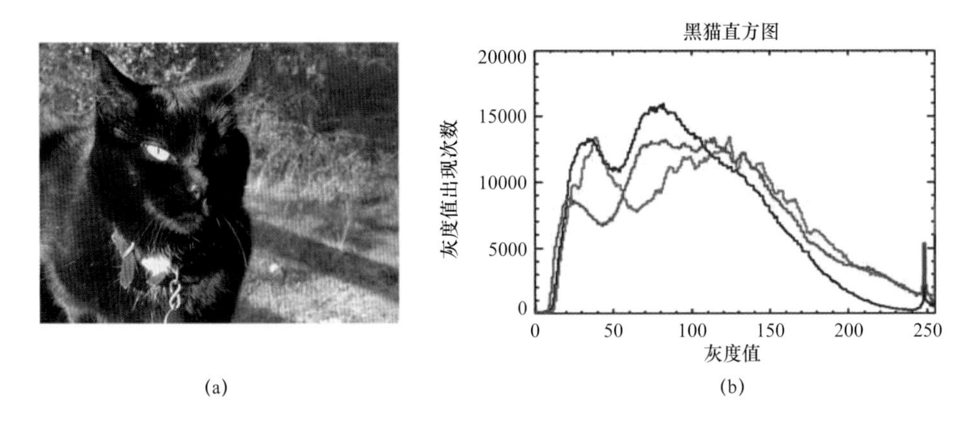

图 7.8　图（a）为一只黑猫的数码图像，图（b）为其直方图

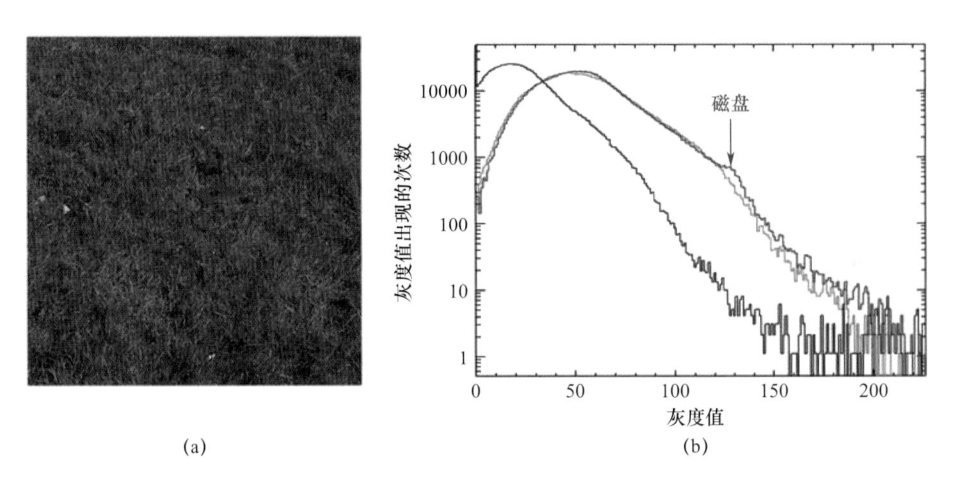

图 7.10　图（a）为草地上的红色磁盘图像，图（b）为红、蓝、绿三谱段的直方图

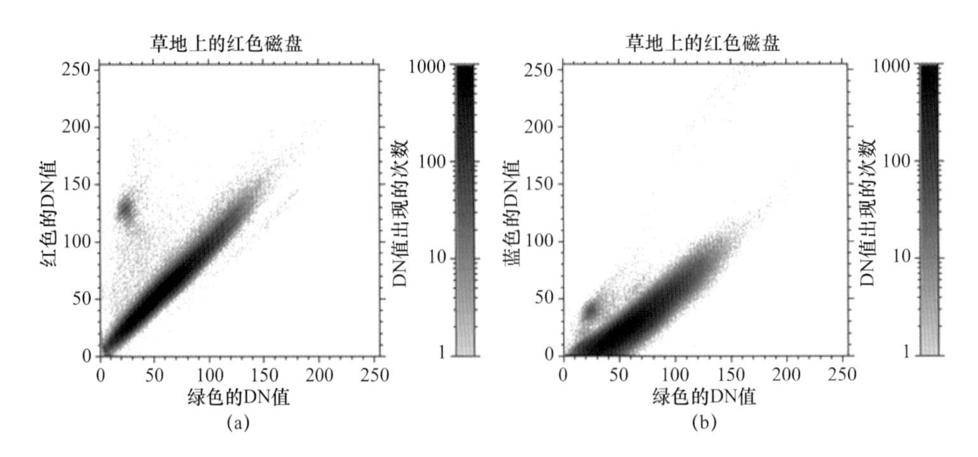

图 7.11　RGB 的散点分布图（见彩插）

（a）红色和绿色；（b）蓝色和绿色。

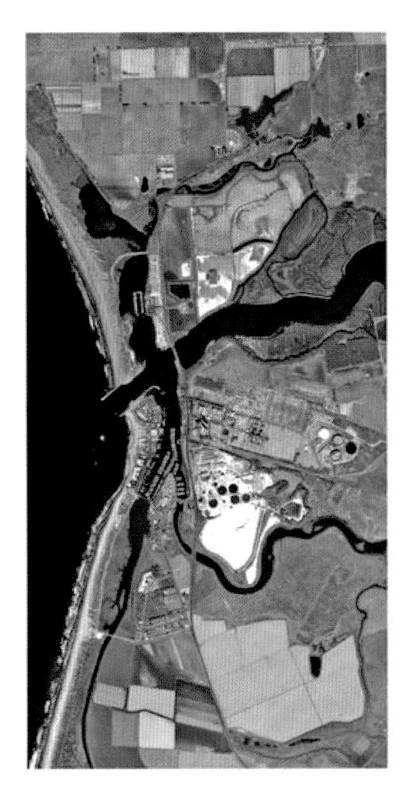
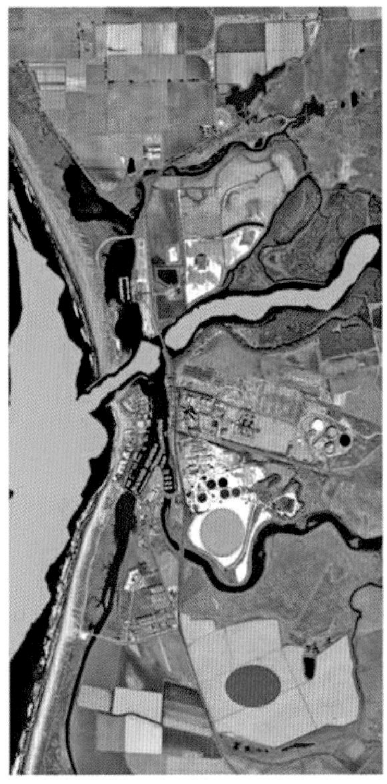

图 7.18　Moss Landing 精炼厂的耐火材料大约出现于 1942 年，白色的物质是来自 Gabilan 山脉的白云石，或者是提取自海水的镁渣

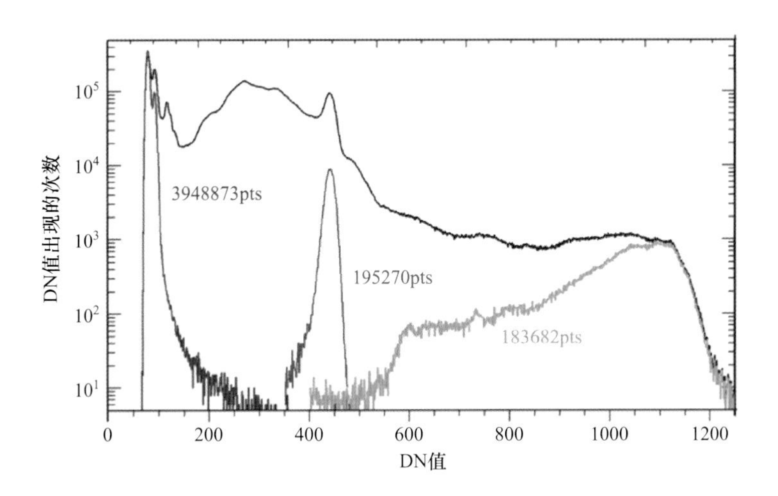

图 7.19　Elkhorn Slough 的直方图蒙特利北部的 Moss Landing/Elkhorn Slough 的直方图，图中的红线代表土壤，绿线为白云石，青线代表了图中的蓝色区域，黑线则是代表全图

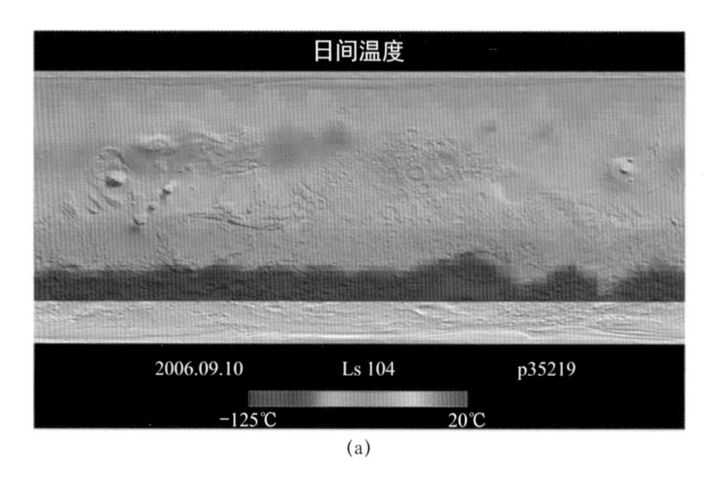

(a)

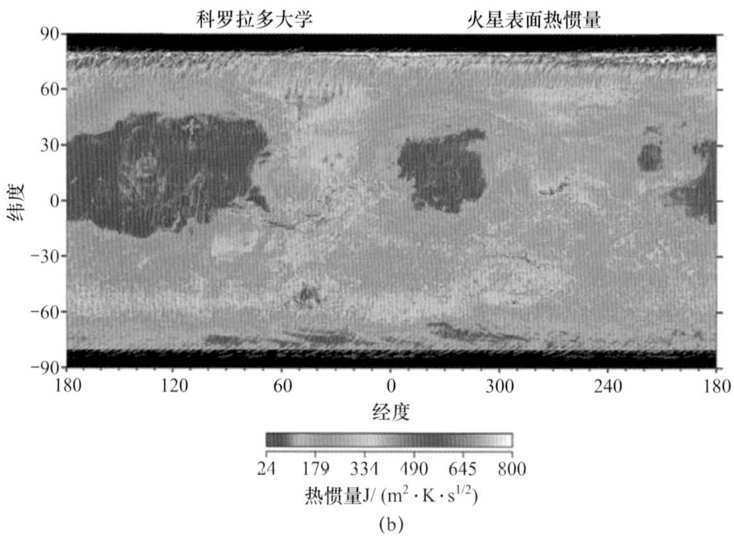

(b)

图 8.5 （a）火星环球探测器（Mars Global Surveyor, MGS）上热发射光谱仪上的数据。这幅图展示了某一天的白天的温度。数据标尺范围为 -125℃到 20℃。（b）比较昼夜温差获得的 MGS 的热惯量图。左边大片蓝色区域是奥林匹斯山（Olympus Mons.）。标尺范围 24 ～ 800J/（$m^2 \cdot K \cdot s^{1/2}$）

图 8.9　左侧是红外和全色融合图像；右边是全色（反射）图像。冰冻海洋在左上角。油库和道路比背景暖和。朝上是北。美国地质调查局的地球资源观测与科学（Earth Resources Observation and Science，EROS）数据中心的 Jim Stoery 对该图像进行了重采样和图像增强

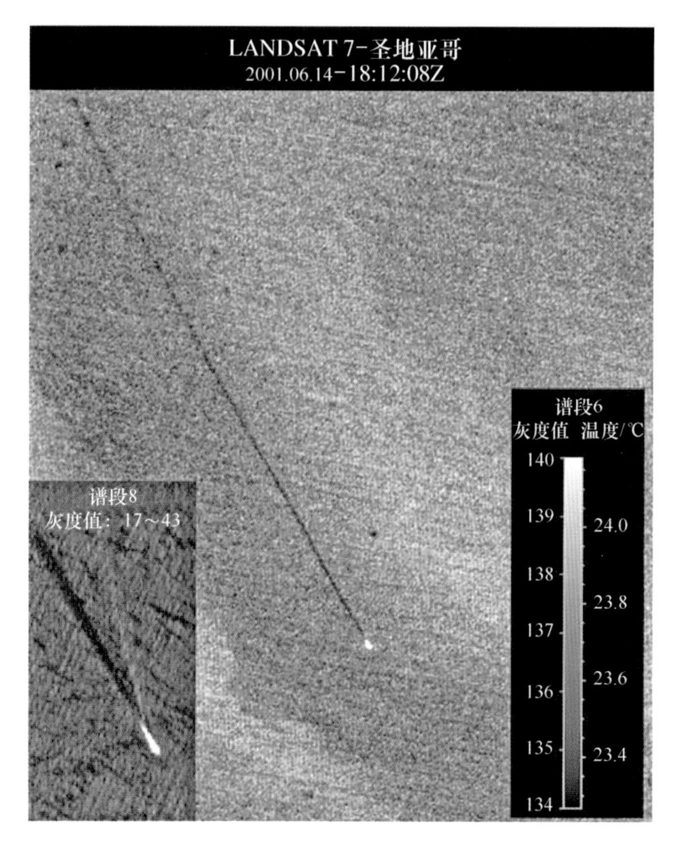

图 8.10　主图显示了 60m 分辨率的短波红外通道（B6 谱段）。插入的图是一幅空间分辨率为 15m 的全色图。通过融合 B6 的低增益和高增益通道引进了伪彩色。类似的尾迹特征也可以在合成孔径雷达（synthetic aperture radar，SAR）数据中找到

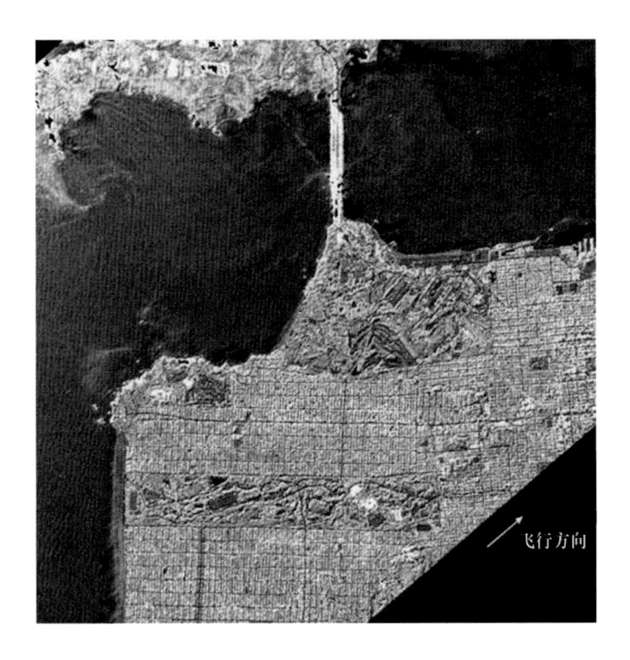

图 9.1　1996 年 10 月 18 日，利用 JPL AIRSAR（C 和 L 波段，VV 偏振，10mGSD，飞机航向 135°）拍摄的加利福尼亚旧金山的图片

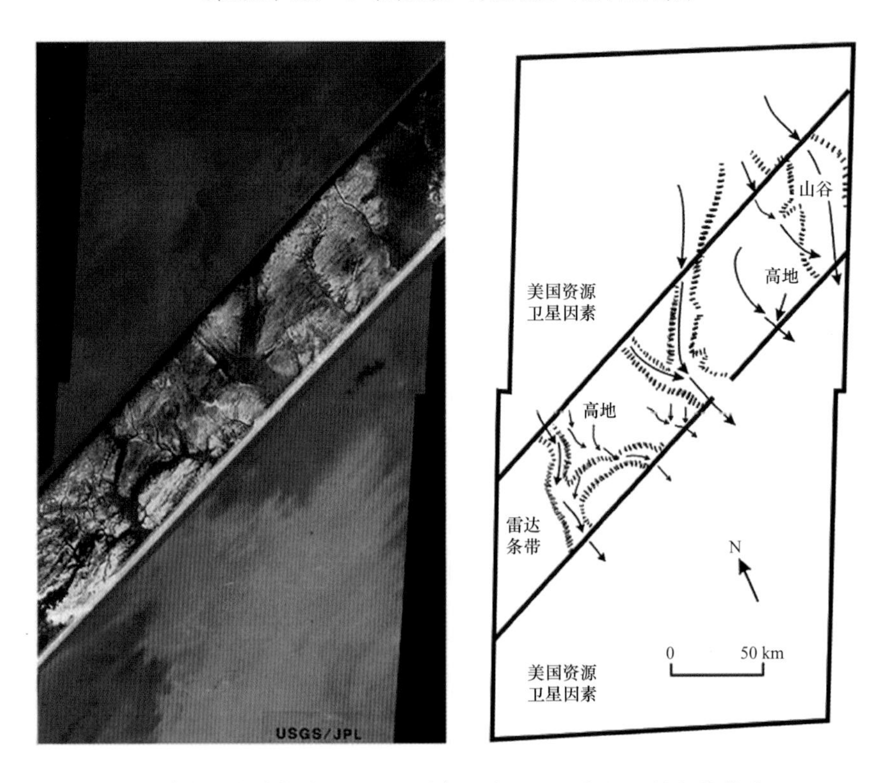

图 9.14　SIR-A 对地下地质构造的观测。斜条纹是 SIR-A 数据，橙色背景是 Landsat（可见）图像。Victor R. Baker 和 Charles Elachi 的作品

图 9.17 1994 年 10 月 3 日加利福尼亚州洛杉矶的 SIR-C/X-SAR 图像。显示穿梭成像雷达数据：C 波段 /HV（红色）、C 波段 /HH（绿色）和 L 波段 /HH（蓝色）。顶部的大青色区域是圣费尔南多市，以 5 号和 210 号州际为界，街道与这些高速公路基本平行且垂直。反过来，它们大致平行于 STS-68 飞行线，因为航天飞机沿对角线穿过场景向东飞行（这里向北朝上）。以类似的方式，圣莫尼卡市以该地区海岸线所定义的方向为导向。建筑物在 4 个“基数”方向上起到角反射器的作用，并在共极化的 C 波段和 L 波段数据中提供强大的回报。红色区域，圣莫尼卡最明显的 NW，由粗糙表面和植被引起的多次散射以及相对较高的能量进入交叉极化接收器（9.2 节中的 SVH）定义

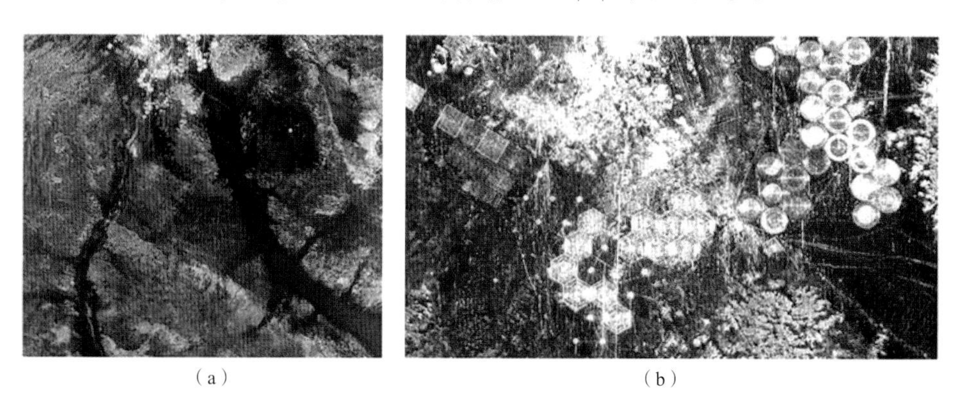

（a） （b）

图 10.4 北非撒哈拉沙漠的 JPL 图像 PIA01310（a）以及 Kufra 绿洲的放大图（b）。在这些图像中，北朝向左上方。红色为 L 波段，水平发送和接收。蓝色是水平发送和接收的 C 波段。绿色是两个 HH 频段的平均值。由于介电常数增加，雷达上灌溉良好的土壤非常明亮，如图 9.14 所示

图 10.5　NASA / JPL PIA01803，拍摄于 1994 年 10 月 9 日。该图像位于北 19.25° 和东 71.34° ，覆盖 20km×45km（12.4mile×27.9mile）。互补色方案：黄色区域在 L 波段反射相对较高的能量，蓝色区域在 C 波段反射相对较高的反射率。在 VV 极化中都观察到了两个波段

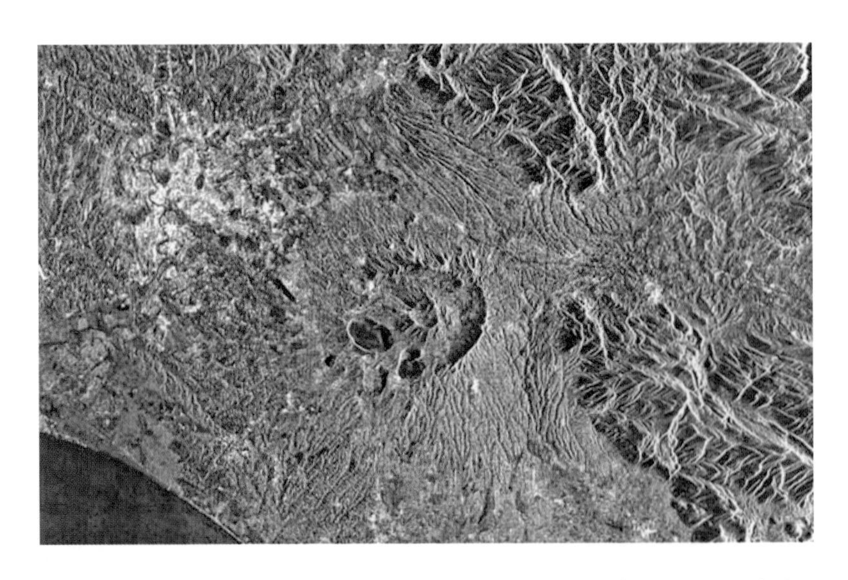

图 10.9　罗马的 ERS-1 多时相图像，入射角为 23° ，空间分辨率为 30m，幅宽为 100km。编码了 3 个色带：绿色（1992 年 1 月 3 日）、蓝色（1992 年 3 月 6 日）和红色（1992 年 6 月 11 日）。图片 ©ESA，1995，Eurimage. 发行的原始数据

图 10.20　数据采集的 RADARSAT-2 轨道透视图。
卫星下方的卫星轨道和地面轨道以淡蓝色表示

图 11.1　从机载激光雷达系统获得的海军研究生院校园的点云高程数据。数据按海拔高度进行颜色编码，以彩虹色标（6 ～ 32m）中红色（高）和绿色 / 蓝色（低）表示

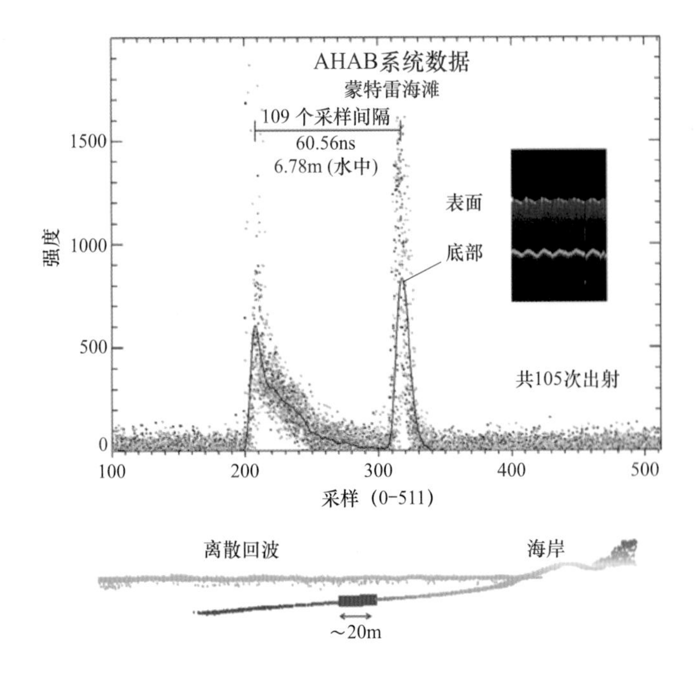

图 11.14　加州蒙特雷海滩的轮廓波形。探测器以 1.8GHz 的频率采样，即间隔约为 0.5ns。上方的图像中，时间向右递增。在 200 ～ 220 范围的采样波峰来自表面反射，近似以 320 为中心的采样波峰由底部反射。此处水深约为 6.8m。插入的图片展示了水面的扫描模式，圆形扫描模式更利于水底测量。底部的图片展示了离散回波获取的深度剖面。颜色表示高度（或深度），红色表示高于地表几米，绿色表示海平面，不同深度的颜色表示水深

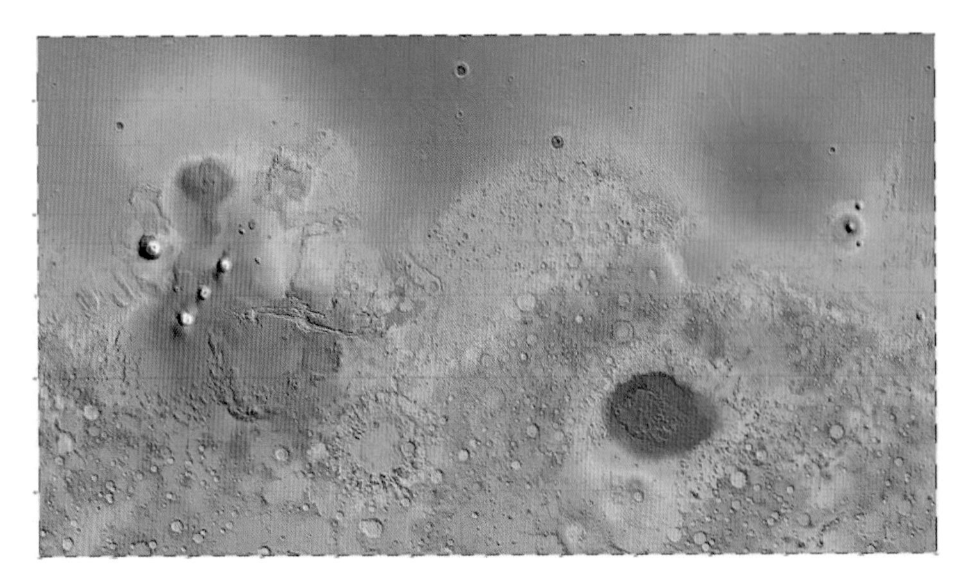

图 11.15　由火星轨道着陆器测量的火星地形图。
右上角的彩色图例表示的高度范围为 0 ～ 12km